U0134087

制

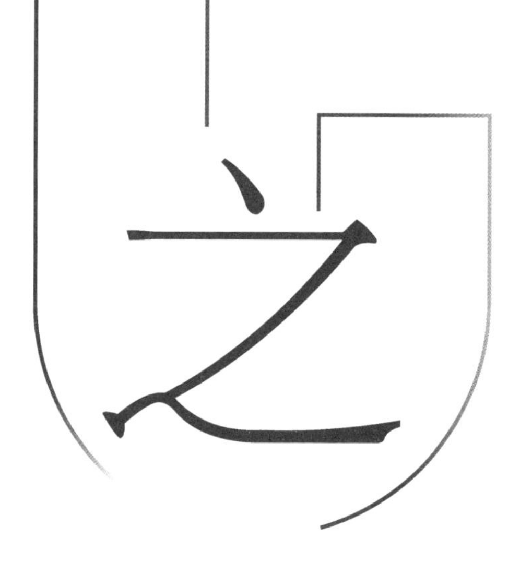

过程控制的理论与实践

［加］周风晞——著

机械工业出版社
CHINA MACHINE PRESS

本书分六部分。第一部分简述基本的反馈，动态系统和稳定性分析，在介绍根轨迹方法的时候，重点在于零极点对稳定性的作用，为后续的PID控制和回路稳定性分析做铺垫。第二部分介绍单回路PID控制，从比例、积分、微分特性和参数整定的深入讨论开始，展开到余差、纯滞后、信号噪声等特殊问题。在简单PID的基础上，对双增益、广义变增益、积分分离等PID变型及其特点进行介绍。最后讨论了正反作用、积分饱和、无扰动切换、初始化、输入输出特性等实际PID问题。第三部分讨论多回路的复杂PID控制，如串级控制、前馈控制、分程控制、比值控制、选择性控制、双自由度控制、阀位控制等，重点在于思路和具体应用。第四部分的重点是化工过程单元设备控制。从单元操作的特性和控制要求开始，介绍典型控制方案，如换热器控制、锅炉和加热炉控制、泵与压缩机控制、精馏塔控制、反应器控制等。第五部分从多变量和最优控制入手，介绍模型预估控制，包括基本推导、参数整定和与PID的关系，以及实施中的具体问题。第六部分介绍控制系统故障及异常的解决与预防，并对人工智能的作用进行讨论。

本书兼具专业性、思想性、实用性，既有一定深度，又通俗易懂，对初涉自控行业的读者而言是一部较实用的参考书，对自动化专业的本科生或研究生也有很高的参考价值。

北京市版权局著作权合同登记　图字：01-2023-2655号。

图书在版编目（CIP）数据

控制之道：过程控制的理论与实践/（加）周风晞著．—北京：机械工业出版社，2024.2

ISBN 978-7-111-74339-2

Ⅰ.①控…　Ⅱ.①周…　Ⅲ.①过程控制-研究　Ⅳ.①TP273

中国国家版本馆CIP数据核字（2023）第227977号

机械工业出版社（北京市百万庄大街22号　邮政编码100037）
策划编辑：李馨馨　　　　责任编辑：李馨馨
责任校对：韩佳欣　薄萌钰　韩雪清　　　　责任印制：郜　敏

北京瑞禾彩色印刷有限公司印刷

2024年2月第1版第1次印刷
169mm×239mm・13.5印张・1插页・239千字
标准书号：ISBN 978-7-111-74339-2
定价：89.00元

电话服务
客服电话：010-88361066
　　　　　010-88379833
　　　　　010-68326294

网络服务
机　工　官　网：www.cmpbook.com
机　工　官　博：weibo.com/cmp1952
金　　书　　网：www.golden-book.com
机工教育服务网：www.cmpedu.com

序

很多年前，在与友人网上的互动中，随手写下了一点对自控的感悟，后来扩充成《自动控制的故事》系列，以晨枫的名字贴在网上，据说流传甚广。多年后，《自动控制的故事》扩充成《大话自动化：从蒸汽机到人工智能》（以下简称《大话自动化》）。《大话自动化》的本意是科普自动化有关的知识，也想在自控人中博取会意的一笑，所以刻意避免一切过于数学化的描述。问题是，控制理论在本质上是应用数学的一个分支，所以当讨论深入到一定程度时，必然绕不开数学。与此同时，控制应用在很多地方又跳出了数学境界。

数学思维是将复杂的事物纯净化、抽象化，从中提取一般规律，最终成为普适的工具。纯净化可以归结为某些简化的假定，抽象化则超越问题的具体形态、尺度和变型，抽取深层的本质。这是非常有用的解决问题的科学方法，但不是唯一的解决问题的方法。

工程思维是反过来的，需要解决的是现实世界的具体问题，自带复杂性和多变性，普遍性和代表性也经常只存在于具体领域之中。有现成的理论工具，当然要遵循“拿来主义”。没有的话，创造工具也要解决问题，哪怕工具不具备理论上的严谨和普遍适用性，甚至可以不排除“运用之妙，存乎一心”。

控制工程就具有这样的特点。

还在大学的时候，有控制理论和控制工程两门课，当年就被控制工程里思维的火花迷住了。后来读硕、读博，在控制理论方面继续深造，但始终希望在控制工程方面也有成长。这个愿望在工作中实现了，30 多年的实战在多个层次零距离见证了自控之美，并有幸贡献了几颗小小的火花。

在写就《大话自动化》之后，意犹未尽。《大话自动化》不仅刻意回避数学，也尽量避免过于具体深入的技术细节。但自控之美只能用朦胧诗展现是不够的，于是萌生再写《控制之道：过程控制的理论与实践》的念头。

本书分六部分。第一部分简述基本的反馈，动态系统和稳定性分析，在介绍根轨迹方法的时候，重点在于零极点对稳定性的作用，为后续的 PID 控制和回路稳定性分析做铺垫。

第二部分介绍单回路PID控制，从比例、积分、微分特性和参数整定的深入讨论开始，展开到余差、纯滞后、信号噪声等特殊问题。在简单PID的基础上，对双增益、广义变增益、积分分离等PID变型及其特点进行介绍。最后讨论了正反作用、积分饱和、无扰动切换、初始化、输入输出特性等实际PID问题。

第三部分讨论多回路的复杂PID控制，如串级控制、前馈控制、分程控制、比值控制、选择性控制、双自由度控制、阀位控制等，重点在于思路和具体应用。

第四部分的重点是化工过程单元设备控制。从单元操作的特性和控制要求开始，介绍典型控制方案，如换热器控制、锅炉和加热炉控制、泵与压缩机控制、精馏塔控制、反应器控制等。

第五部分从多变量和最优控制入手，介绍模型预估控制，包括基本推导、参数整定和与PID的关系，以及实施中的具体问题。

第六部分介绍控制系统故障及异常的解决与预防，并对人工智能的作用进行讨论。

过程控制是个五彩缤纷和与时俱进的世界，个人只能管中窥豹。本书力图成为过程控制方面的有用工具，但错误和缺失在所难免，还请老师、同学和同行们批评指正。

周风晞

目录

引　言

控制理论方面的著述和教科书汗牛充栋，具体控制系统或者控制软件的使用攻略也琳琅满目。但在两者之间缺乏桥梁。“书上讲的用不上，需要用的书上不讲”，这是常听到的抱怨。本书试图搭接，从实用角度出发，为大量控制实践提供一点理论依据，也为控制理论研究提示一点工程实践中需要解决的问题。

理论与实践的结合是所有工程科学的共同挑战。几乎所有工程实践都先于理论而存在。远在材料力学、结构力学存在之前，人们已经开始造房子了。瓦特发明蒸汽机时，离心调速器是他成为工业革命之父的关键。纽可门的蒸汽机差的就是这临门一脚，做不到稳定、可靠、经济的长时间运转。但系统的控制理论和方法是到 20 世纪前半叶才形成的。

控制在本质上是通过对因果关系的运作，调整“因”，使得“果”从现有状态达到指定的新状态。在这个过程中，会有外力干扰。状态的变迁也需要有序进行。

一个情况是现有状态和新状态不同，这种情况下，有序的状态改变是主要问题，外力干扰相对次要。这是机电控制的典型情况，如导弹的追踪控制。这也称随动控制或者伺服控制，两种说法是等效的，可以互换。对于导弹追踪控制来说，不断移动的目标是新的指定状态，导弹本身的燃料消耗、推力变化和大气温度密度变化都是外力干扰，但对状态变迁的影响相对来说不占主导。

机电控制在机电设备中较常见，如各种机械、电机、汽车、飞机等。

另一个情况是状态要求维持在同一个位置，但外力干扰不断把现有状态带离指定状态，控制的目的主要是干扰抑制。这是过程控制的典型情况，如建筑温度控制。对建筑温度控制来说，典型外力干扰包括但不局限于昼夜温差、风速风向、开门关窗、建筑内的人数和流动等，需要对冷暖风进行相应补偿。

过程控制常用于过程工业，如化工、冶金、造纸、电力等。

随动控制和干扰抑制不是绝对的，不是互相排斥的。随动控制也有干扰抑制问题，干扰抑制也有状态变迁问题，如化工厂转产新产品所需的工艺条件变迁，水库水位在枯水、旺水季节也需要有序地调高调低。

几十年的发展下来，自动控制分为三路人马：应用数学、机电控制和过程控制。应用数学偏向理论，机电控制和过程控制更加偏向实践。但从更加基本的控制理论层面来说，这三者都是相通的，也都有理论与实践之间某种脱节的问题。

这不是谁怪谁的问题，“理论”和“实践”两方面都在努力密切结合，但现实世界是复杂的，现实挑战是紧迫的，谁都不能任性，也不能等待完美、严谨的理论到位才着手解决现实问题。

理论是黑白的，实践是彩色的。理论注重严谨性，一切从基本假定和数学框架出发；实践注重实用性和可实现性，一切从解决问题出发。

现实世界的复杂性会导致与理论所基于的简化、纯化假定对不上的情况，但现实世界的问题还是需要解决的。单凭食材、刀功、火功的清蒸、清炒不行了，那就用调料，用杂烩。在烹调门派上不再纯正，但只要口味好，品相诱人，上得了席，客人叫好，就是管用的。

久而久之，纯粹靠食材、刀功、火功的烹饪越来越成为传说中的故事，各种调料和杂烩成为各色菜系中的主力。这就是过程控制的现状。

具体来说，有的通过放大安全系数硬抗，有的通过理论上并不严谨的奇思妙想解决。比如，在控制理论中，控制量是没有约束的，可以在正负无穷之间任意变化。在现实中，控制阀关到底了，就是关到底了；全开了就是全开了，控制量是有界的。反应器温度有上限，超过了催化剂就失效了，或者出现设备的结构强度问题；也可能有下限，温度太低了，反应可能“熄火”，溶液有晶体析出，反应器和管道就堵死了。因此被控变量也可以有约束问题。

这样的约束控制问题在控制理论上不容易解决，但在实践中，有时候用数值计算中的约束最优化方法“强行”计算出一个控制解。这样的做法在控制理论上很难分析稳定性，但通过精心调整参数，通常是可以做到稳定的。

这并不是坏事。工程实践永远是科学与艺术的结合。这里科学指理性、严谨的思考和方法。这里的艺术不是诗和远方，而是跳出常规框框的创造性思维，像“战争艺术”“管理艺术”那样的艺术。科学与艺术相结合的另一个说法就是系统思维与跳跃思维相结合。任何工程师做不到这一点，两边缺一样，都不可能成为好的工程师。

自控工程师生来就是跨界的，一头跨工艺过程，一头跨过程控制，还有一头跨在计算机和仪表方面，更需要与运作过程和使用控制应用的工艺操作人员密切合作。需要“有科学头脑的艺术家”和“有艺术气质的科学家”的特质，还需要一点公关能力。

问题是控制理论有大量的研究和著述，控制工程则经常存在于自控工程师的经验和师徒相传之中，较少得到总结和著述。

在大学、研究所，控制理论得到深入的研究，但控制工程经常是缺门。不是他们不想重视，但不在河边，怎么说得清河水是怎么流的?

在工业界，控制工程得到深入广泛的实践，但对上升到理论高度经常敬而远之。不是他们不想拥抱，而是在河里的漩涡中挣扎的时候，钓鱼台上的高瞻远瞩和指点江山对他们缺乏吸引力和实用性。

本书试图在两者之间架设桥梁，为填补控制工程的缺口添砖加瓦。由于从实用出发，本书不以描述上的严谨性为最高原则，而是试图用浅显直白的语言解释现实中的控制实践，希望能得到读者的认可。

反馈，动态与稳定性

反馈是控制的基础，动态则是反馈控制的基础。在一般情况下，不需要反馈的控制不存在，前馈控制和开环控制是特例。

反馈与动态

在最基本的层面上，控制的概念很简单：物理过程都存在因果关系，通过操纵“因”，使得“果”达到或者保持在要求的位置。这就是控制。

最简单的实现如图 1-1 所示。

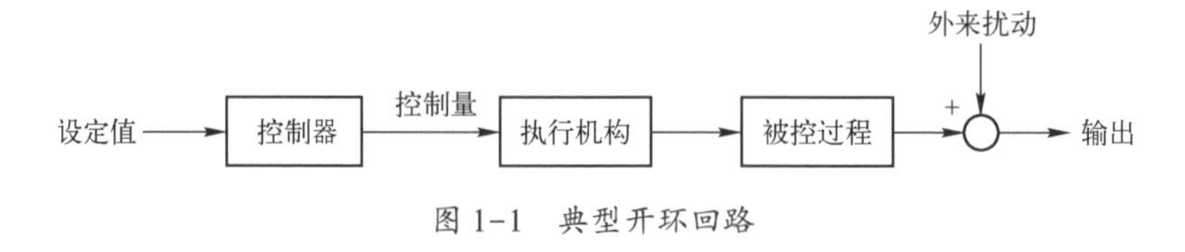

图 1-1　典型开环回路

在这里，设定值代表被控过程需要处于的理想位置。设定值可以是定常的，比如过程控制的典型情况；也可以是变化的，比如随动控制的典型情况。控制器根据设定值，计算一个控制量，作用到执行机构上，转化为实际影响被控过程的“因”，比如燃料流量，被控过程对“因”的反应就是“果”，比如炉膛温度。但最终观测到的“果”（表现为输出变量）不仅是“因”作用的结果，还受到外来扰动的影响。

这样简单、直接的控制注定是不精确的。控制器计算出来的控制量未必精确，执行机构有磨损和动作不精确的问题，被控过程本身也有各种不定因素，对同样的输入未必产生绝对等同的输出。这还没有算入外来扰动的影响，这是不可控的，但几乎总是“如约而至”。

比如，在淋浴的时候，有一个主观上的“舒适温度”，这就是设定值。按照经验，冷水设定在预定位置后，热水龙头需要开一圈半，水温就差不多合适了。在这里热水龙头就是执行机构，调节热水龙头的人就是控制器。问题是，经验并不精确，热水龙头实际上需要一圈半再多一点点，水温才刚好；龙头本身有松动，冷水流量还会波动，比如有人用厕抽水，或者热水总管压力因为其他用户而波动。这些都是不受控制的外来扰动。

在这些因素的影响下，简单、直接的“热水龙头一圈半”注定只可能是毛估估的。如果外来扰动严重，连毛估估都做不到。

但在“热水龙头一圈半”的基础上，根据皮肤实际感受到的水温，偏热了就调低一点，偏冷了就调高一点，几番调节，就能把水温逐渐精确控制到理想温度。遇到有人用厕抽水或者热水总管压力波动等外来扰动的话，皮肤感受马上反映出来了，进行相应调节后，也能抵消扰动的影响。不可能一点都感觉不到影响，但忍一下，很快就能回到理想温度。这就是反馈，皮肤起到传感器的作用。

在一个典型反馈控制回路里（见图 1-2），设定值依然代表被控过程需要处于的理想位置，输出代表被控过程实际处于的位置，测量值顾名思义，是输出的测量值，设定值与测量值之间的差称为误差。控制器根据误差计算一个控制量，作用到执行机构上，转化为实际影响被控过程的“因”，被控过程对“因”的反应就是“果”。最终观测到的“果”依然是“因”作用的结果和外来扰动影响的合成结果，所以测量值里包括外来扰动影响。

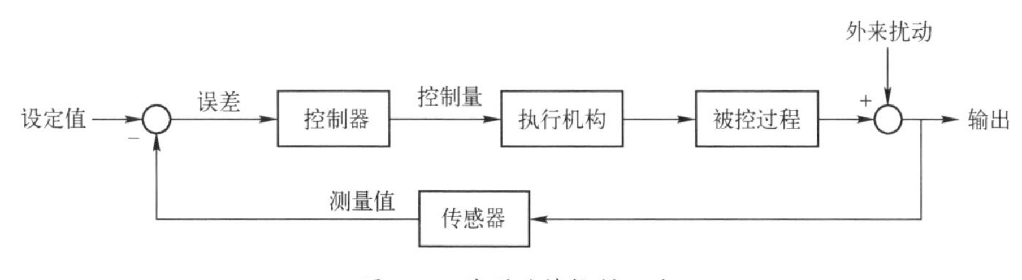

图 1-2　典型反馈控制回路

典型反馈回路也常简化为图 1-3。也就是说，执行机构与传感器环节被省略了，以简化回路分析。执行机构和传感器在实际回路中的作用在“故障的解决与预防”一章里会详述。在过程工业里，典型执行机构为控制阀，有些地方也以电机调速或者液压机构作为执行机构；传感器也经常用变送器来称呼。

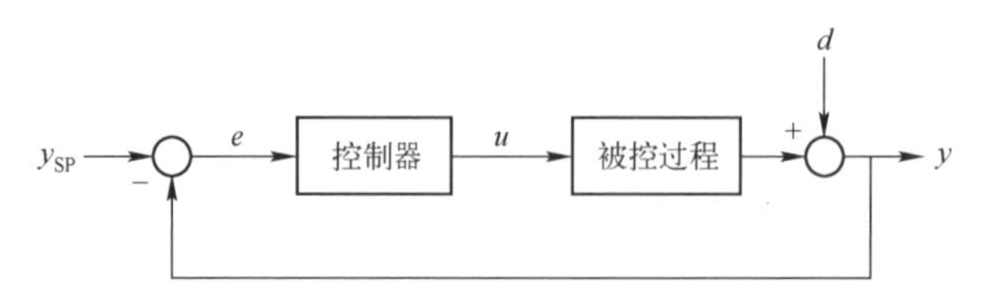

图 1-3　简化的典型反馈回路

在过程工业里，传感器、执行机构都是看得见摸得着的物理装置。控制器在概念上十分重要，在历史上也曾经是看得见摸得着的机械或者电子装置，但在控制系统计算机化的今天，实际上是虚拟的存在，只是控制算法。计算机控制系统已经发展了好几代，现在常用的是分布式控制系统（DCS）。在控制系统硬件方面，本书统一用 DCS 指代。

为了便于表述，本书对典型回路中的各个信号采用如下符号：

- y_{SP}：设定值，工业上也常简记为 SP。
- y：输出，也称被控变量，在理想情况下测量值与输出相同，在工业上常简记为 PV。
- e：误差。
- u：控制量，在工业上常简记为 OP。
- d：外来扰动，也称干扰。

由于反馈把控制回路闭合起来了，所以也称闭环回路。没有反馈的就称为开环回路。

开环控制是有用的。在一切不大关注最终结果精确性的场合，或者自信“令行禁止”、控制作用肯定到位、不用担心执行中出现偏差或者受到外力干扰的场合下，开环控制就够用了。在无法获得简单、可靠、直接的输出测量的时候，有时候开环控制也是退而求其次的办法。但只要还有一点追求，也有条件，一般尽可能采用带反馈的闭环控制。

反馈可以有两个作用。反馈向减少误差的方向努力，就是负反馈；反馈向增加误差的方向努力，则是正反馈。

反馈的概念从控制开始，但早已广泛用于其他地方，如社会经济系统。在社会经济系统里，正反馈是有用的，比如经济刺激，需要达到的是把雪球滚起来，然后刺激撤销了，经济依然在自我加速。但在过程控制的语境里，用到的都是负反馈，因为主要目的是把被控过程的状态稳定在所需的位置上，也就是说，最终消除测量值与设定值之差。所以本书只考虑负反馈，并简称为反馈。

如前所述，反馈可以达到几个目的：

- 降低控制器计算不精确的影响。
- 降低执行机构误差和磨损的影响。
- 降低对被控过程理解不精确的影响。
- 降低外来扰动的影响。

注意，这里都是“降低”，而不是“消除”。反馈的基础是观察，需要首先“看到”测量值偏离设定值，才可能有所反应。也就是说，这些非理想因素已经发生了，然后才能做出补偿。反馈控制永远是反应式的，永远落后一步，所以永远只可能“降低”影响，而不可能“消除”影响。

反馈得以“管用”，关键在于物理过程不仅有“一分耕耘一分收获”的因果关系，还需要在一分耕耘之后，在一定的时间之后才能得到一分收获。比如，同样是烧饭，两人吃的话用小锅一会儿就烧好了，但要是用小和尚倒吊着才能盛饭的超级大锅就很慢。再比如，同样是刹车，小轿车一点刹车就停下了，而重载列车急刹车则要很久才能停下来。这都是实际物理过程的时间因素。

因果之间的时间因素对于反馈控制很重要。正是因为有这样一个“时间上的缓冲”，反馈控制有“松动”的空间，逐步、渐进地把被控变量“拉”到设定值才成为可能。要是任何事情都在瞬间同时发生，反馈控制就不可能了。

对于典型过程系统，“一分耕耘一分收获”的因果关系可以通过能量平衡、物料平衡来描述。在给定进料和能量输入的情况下，能量平衡和物料平衡能给出整个工艺过程任何一点的流量、温度、压力、组分等关键工艺参数。给定另一组进料和能量输入条件，就得出另一组工艺参数。这是大部分过程仿真软件都可以提供的。在数学上，这由一大组联立的代数方程表示。这些方程不一定是线性的，包含反应动力学、回流和返混等复杂化学、物理现象的方程几乎一定含有非线性。

但这些方程不含有时间因素。也就是说，输入组合 1 得到输出组合 1，输入组合 2 得到输出组合 2，输入组合从“1”突变到“2”不等于输出组合从“1”突变到“2”，甚至输入组合从“1”在一段时间里均匀地变到“2”也不意味着输出组合一定也在同一段时间里均匀地从“1”变到“2”，因为动态系统是有“记忆”的，下一步的响应取决于当前和过去的状态，而代数方程描述的能量和物料平衡没有记忆。因此，这些代数方程也称静态模型，只描述过程系统的某一静止的状态。

输入变化后，过程工艺参数需要多少时间、按照什么路径变化，这些信息需要从含有“时间记忆”的微分方程中获得。

对于最简单的水位过程（见图 1-4），以 F_i 表示进水流量，F_o 表示出水流量，h 表示水位。这里假定容器是最简单的矩形体。在平衡状态下，进水等于出水。也就是说：

$$F_i - F_o = 0$$

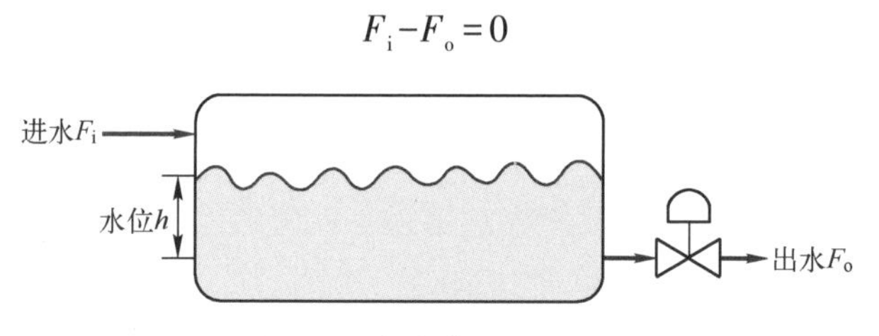

图 1-4 最简单的水位过程

这是一个代数方程，不随时间变化。这也是常见的物料平衡表示方法。在这里，水位其实不重要。换句话说，容器的物理尺寸也不重要。但在进出水不平衡的情况下：

$$F_i - F_o = \frac{\mathrm{d}V}{\mathrm{d}t}$$

也就是说，进出水流量之差就反映到容器内容积的变化率上了，这里 V 是容器内水的容积，或者说

$$V = A \cdot h + C$$

其中，A 为容器的底面积；h 为水位高度；C 为出水口以下的固定容积。A 和 C 都是常数，所以

$$\frac{\mathrm{d}V}{\mathrm{d}t} = A\frac{\mathrm{d}h}{\mathrm{d}t}$$

同时，按照伯努利方程，出口流量的平方与水位高度成正比，换一个等效的表述：

$$F_o = C_v\sqrt{2gh}$$

这里，g 为重力加速度；C_v 为阀门的流动阻力系数。这样，进出水不平衡的情况可最终简化为：

$$F_i - C_v\sqrt{2gh} = A\frac{\mathrm{d}h}{\mathrm{d}t}$$

这是非线性定常微分方程。非线性来自根号项，定常则是因为所有参数都不

随时间而变。对根号项用泰勒级数展开，取线性项，最终可进一步简化为：

$$F_i - Bh = A\frac{dh}{dt}$$

或者用更加一般的通用符号表述：

$$T\frac{dy}{dt} + y = Ku$$

这里，$y = h$；$u = F_i$；$T = \frac{A}{B}$；$K = \frac{1}{B}$。

假定 u 为单位阶跃函数，也就是说，在零时刻之前，函数值恒定为 0；在零时刻，函数值从 0 上升到 1；此后恒定不变。对这个微分方程求解，不难得到：

$$y(t) = K(1 - e^{-\frac{t}{T}})$$

用沿时间展开的变化图表示，可得到图 1-5。

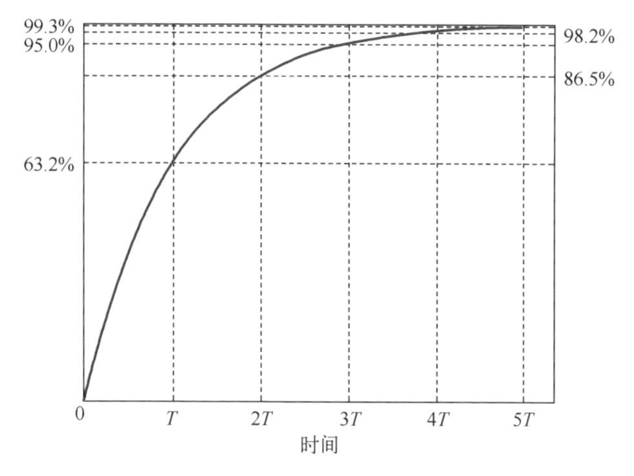

图 1-5　典型一阶阶跃响应

容易发现，从开始到一个 T（T 在文献里也常记作 τ）的时候，输出从 0 增加到 63.2%。因此 T 常称为时间常数。100%在数值上对应于最终输出。对于单位阶跃输入，最终输出刚好为 K；对于其他数值的阶跃输入，最终输出与输入阶跃幅值的比值为 K，所以 K 称为增益，也称放大倍数。另一个特点是：初始斜率为 $1/T$，时间常数越小，初始上升越陡峭；时间常数越大，初始上升越平缓。

在形状上，阶跃响应曲线飞升而上，所以也称飞升曲线。

在稳定性分析中，单位阶跃函数得到最大的重视，是因为在所有输入形式中，这最简单，最极端，含有最丰富的信息，因此揭示了动态系统的最多特质。

实际输入没有那么极端。但经受了单位阶跃输入的考验后，其他输入就不成问题了。

这也是一阶线性定常微分方程，所以常称为一阶系统。线性是因为微分方程里只含有线性项，定常是因为没有时变参数。两个容器串列的话，从进水到最终出水就由两个微分方程联立来描述，最终可简化为一个二阶微分方程，所以也称二阶系统。

但高阶微分方程的解就不一定是简单的指数曲线了，可能同时含有指数项和正弦项，最终的输出是两者的叠加。

如图 1-6 所示，二阶阶跃响应根据参数的不同，可以是指数型（见图 1-6a）的，也称过阻尼；也可以包含振荡（见图 1-6c），也称欠阻尼；两者之间还有一

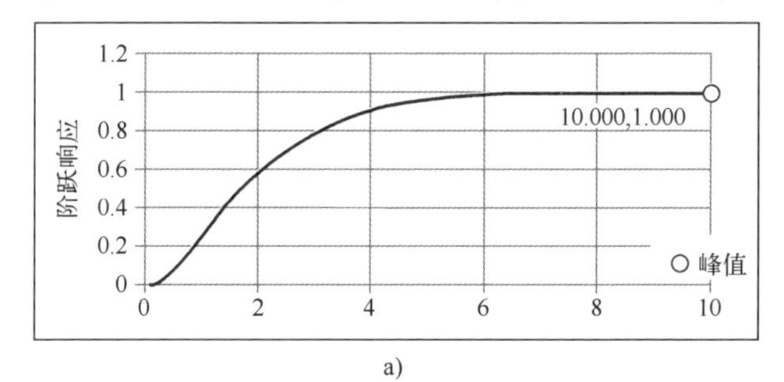

a)

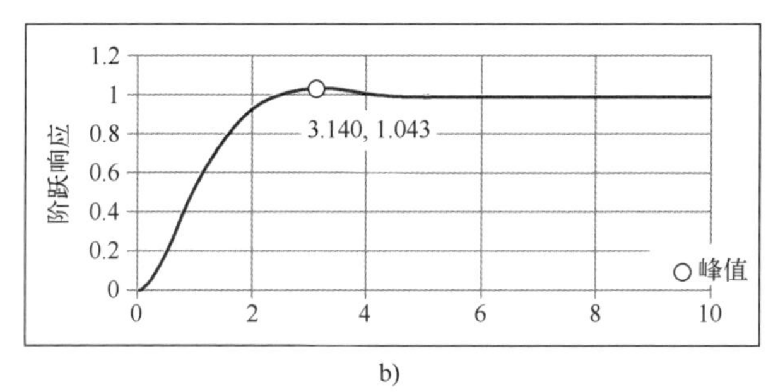

b)

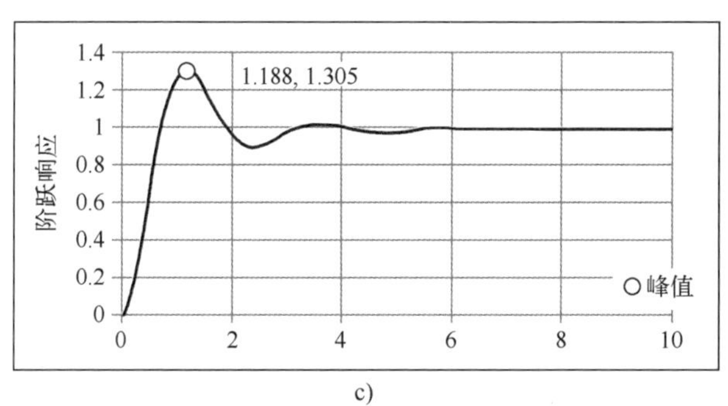

c)

图 1-6　二阶阶跃响应

个临界点（见图 1-6b），也称临界阻尼。（注意不同响应的峰值，由坐标“xx，xx”表示）。

以微分方程作为基本描述的因果关系包含了时间因素，不仅明确表达了“一份努力获得一分收获”，还明确表达了需要多少时间（时间常数）、通过什么样的路径（指数型还是振荡型）才能得到这分收获。因此，这样的系统行为称为动态行为，相应的系统称为动态系统，具有动态行为的过程环节称为动态环节，描述动态行为的微分方程称为动态模型。

值得注意的是，一阶系统的单位阶跃响应永远在 T 时刻上升到 63.2%，与 T 时刻的具体长短无关，也与 100% 幅度所代表的实际数值无关。具有相同 T 和 K 的动态过程不管在物理上有多大差别，在动态行为上是相同的，这是控制理论及分析方法的基础，也是数学的威力。高阶系统不再具有单一的时间常数，T_1、T_2、T_3 也称时间常数 1、2、3，不再精确对标响应曲线上升中某一特定的时间点，但还是确定上升时间（以及路径）的基础。

另一个值得注意的是，增益只“拉高”“压低”响应曲线，不改变响应曲线的形状；时间常数才改变响应曲线的形状。

高阶系统有可能存在“主导时间常数”。也就是说，某个时间常数大大高于其他时间常数，系统的动态行为由这一时间常数主导。这时，很小时间常数代表的动态环节可以忽略不计，高阶可以近似为低价，这就是“系统降阶”。

除了简单粗暴地直接忽略小时间常数的动态环节，还有更加精细和科学的数学方法，在忽略小时间常数的动态环节的同时，将其动态影响分摊到留下的大时间常数动态环节中，更好地用低阶系统复现高阶系统的特性，但这超过本书的范围了。

应该指出的是，即使对于简单的进出水、容器过程，在用微分方程描述的时候，也进行了线性化，最后使用的是简化的线性微分方程。这是因为线性微分方程有系统、完整的分析方法和以此为基础的控制系统设计方法，非线性微分方程的分析和以此为基础的控制系统设计就要复杂得多，在某种程度上还像待开垦的处女地。

实际过程要复杂得多，不仅非线性未必能有意义地线性化，或者说线性化导致过度简化的系统行为偏离原系统特性太远，也未必能从高阶简化为低阶。但低阶的线性系统是控制理论的基础，也在工程实践中依然有着强大的指导作用。

动态和过程行为复杂性对理解工艺工程师和自控工程师的思维差别也很重要。

大型、复杂的静态模型是工艺工程师对过程描述的主要数学工具，包含复杂的热力学、流体力学、反应动力学信息，但不包含时间和路径信息。

降阶、简化的动态模型是自控工程师理解过程行为的主要数学工具，只包含高度简化的热力学、流体力学、反应动力学信息，但包括了关键的时间和路径信息。

这两者互不替代。不论是在过程设计还是在过程优化中，两者都需要仔细考虑，不可偏废。

如前所述，静态模型不考虑时间和路径因素，也就是说，设备尺度无关紧要，所有考虑的状态下能量和物料都是平衡的。但在工艺设计时，设备尺寸是重要的设计内容。对于容器来说，通常以平均停留时间作为设计依据；对于管道来说，通常以流量、压力为设计依据。容器和管道容量都影响过程系统的响应时间，小容器具有很小的时间常数，大直径、大长度的管道则相当于大容量容器。

但这不等于对过程动态适当考虑了。容器的平均停留时间是基于过程流量和操作性的经验考虑的，反应器停留时间是基于反应动力学考虑的，都不是出于过程控制的考虑。

一个常见的误解是：在静态的过程仿真中，将操作变量逐步从一组工艺条件改变到另一组工艺条件，起点和终点以及中间的每一个计算点就代表了从起点到终点的动态过程。这是不对的。这还是没有考虑过程的“时间记忆”因素（主要反映在各种设备和管道的容量上），依然不是过程的动态响应，只是沿途的静态计算而已。

真正的动态响应只能用动态仿真来计算。但大型静态模型已经很难保证求解的收敛性，大型动态模型就更难了，有时只能用简化动态模型进行，但这是题外话了。

动态系统的稳定性

动态模型只是控制系统分析的开始。考虑图 1-3 所示的简化反馈系统，假定控制器为：

$$u=k_C(y_{SP}-y)$$

被控过程为：

$$T_P\frac{dy}{dt}+y=k_P u$$

其中，下标“C”指控制器；“P”指被控过程。这样，闭环系统可描述为：

$$T_{\mathrm{P}}\frac{\mathrm{d}y}{\mathrm{d}t}+y=k_{\mathrm{P}}k(y_{\mathrm{SP}}-y)$$

合并同类项后成为：

$$T_{\mathrm{P}}\frac{\mathrm{d}y}{\mathrm{d}t}+(1+k_{\mathrm{P}}k)y=k_{\mathrm{P}}k_{\mathrm{C}}y_{\mathrm{SP}}$$

进一步改写，则有：

$$\frac{T_{\mathrm{P}}}{1+k_{\mathrm{P}}k_{\mathrm{C}}}\frac{\mathrm{d}y}{\mathrm{d}t}+y=\frac{k_{\mathrm{P}}k_{\mathrm{C}}}{1+k_{\mathrm{P}}k_{\mathrm{C}}}y_{\mathrm{SP}}$$

也就是说，依然是一阶线性微分方程，具有与图 1-5 相似的动态响应，但时间常数和增益都有所改变。如果 $k_{\mathrm{P}}k_{\mathrm{C}}>0$，闭环时间常数减小了，闭环增益$\frac{k_{\mathrm{P}}k_{\mathrm{C}}}{1+k_{\mathrm{P}}k_{\mathrm{C}}}$接近但略低于 1。也就是说，闭环的作用使得动态响应加速，控制器增益 k_{C} 越大，闭环的加速作用越大。但这样的简单控制律（这实际上是比例控制律，在下一章会谈到）不能在最终达到稳态时做到输出正好落在设定值上，控制器增益 k_{C} 再大，也不可能完全消除闭环的稳态误差。这是余差问题，后面会进一步详细讨论。

对于高阶系统，在原则上一样处理，然后应用线性微分方程的解法，可以得到解析解。首先用特征方程法求解齐次方程的通解，也就是说，假定通解具有 $y(t)=\mathrm{e}^{\lambda t}$的形式，代入微分方程后得到 λ 的多项式方程，求解就可得到通解。然后以输入函数（非齐次方程）作为边界条件，就可得到特定输入函数下的特解。

λ 可为实根或虚根，实根和虚根的实部对应于决定包络线的 $\mathrm{e}^{\lambda t}$项，都为负则解是收敛的，只要有一个 λ 为正则解就是发散的；虚根对应于正弦项，决定振荡的频率。

但这样的具体问题具体求解很难得到具有一般指导意义的分析方法和控制器设计，一般需要用拉普拉斯变换，将闭环的动态环节以 s 域表达，然后进行频域分析。

拉普拉斯变换的具体计算和性质属于高等数学范畴，本书只涉及在控制系统分析中的应用。具体说来，对于一般的线性微分方程：

$$\frac{\mathrm{d}^{n}y}{\mathrm{d}t^{n}}+a_{1}\frac{\mathrm{d}^{n-1}y}{\mathrm{d}t^{n-1}}+\cdots+a_{n}y=b_{0}\frac{\mathrm{d}^{m}u}{\mathrm{d}t^{m}}+b_{1}\frac{\mathrm{d}^{m-1}u}{\mathrm{d}t^{m-1}}+\cdots+b_{m}u$$

拉普拉斯变换后可得：

$$(s^n+a_1s^{n-1}+\cdots+a_n)Y(s)=(b_0s^m+b_1s^{m-1}+\cdots+b_m)U(s)$$

整理可得：

$$G(s)=\frac{Y(s)}{U(s)}=\frac{b_0s^m+b_1s^{m-1}+\cdots+b_m}{s^n+a_1s^{n-1}+\cdots+a_n}$$

$G(s)$称为从 U 到 Y 的传递函数，$b_0s^m+b_1s^{m-1}+\cdots+b_m=0$ 的根称为传递函数的零点，$s^n+a_1s^{n-1}+\cdots+a_n=0$ 的根称为传递函数的极点。在某种程度上，可以粗略地把极点理解为微分方程的特征根。所有极点都在复平面的左半平面，也就是说，$e^{\lambda t}$里的 λ 是负的，或者具有负的实部，则动态响应是收敛的，另一个说法就是动态环节是稳定的。任何一个极点位于右半平面，则动态环节是不稳定的。零点不影响稳定性，但影响其他方面的动态行为。

传递函数可以零极点表述：

$$G(s)=\frac{(s+z_1)\cdots(s+z_m)}{(s+p_1)\cdots(s+p_n)} \quad n>m$$

也可以时间常数表述为：

$$G(s)=K\frac{(\tau_1s+1)\cdots(\tau_ms+1)}{(T_1s+1)\cdots(T_ns+1)} \quad n>m$$

两种表述是等价的。

极点与时间常数互为倒数。严格来说，时间常数只对一阶系统有意义，但这个概念是可以推广到高阶系统的。时间常数描述的是动态响应指数飞升的快慢，但再快再慢，总是比立竿见影的阶跃函数要慢一拍。每一个极点对应于一个把阶跃的“棱角”磨平的阻尼环节，起滞后作用。极点越多，“磨平”作用越大。

零点正好相反，起超前或者加速的作用，或者说某种“锐化”作用。零点越多，“锐化”越强烈。

传递函数用于描述信号的传递过程。物理可实现过程的输出可以滞后于输入，但不可能超前于输入，因此真实物理过程的传递函数的分母阶数总是高于分子阶数，或者说极点数多于零点数。

在数学上可以证明，两个串联的动态环节的传递函数可以用两个传递函数的乘积来表示，两个并联动态环节的传递函数可以用两个传递函数的和来表示，如图 1-7 所示。

这样，假定图 1-3 的简化反馈回路中，控制器传递函数为 $G_C(s)$，被控过程传递函数为 $G_P(s)$，则有：

$$Y(s)=G_P(s)U(s)+D(s)=G_C(s)G_P(s)E(s)+D(s)=G_C(s)G_P(s)(Y_{SP}(s)-Y(s))+D(s)$$

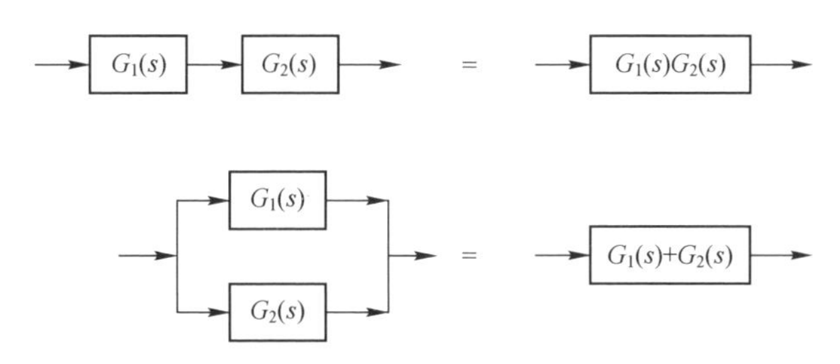

图 1-7　串联动态环节的传递函数等于两个传递函数之积，
并联动态环节的传递函数等于两个传递函数之和

整理可得：

$$Y(s)=\frac{G_C(s)G_P(s)}{1+G_C(s)G_P(s)}Y_{SP}(s)+\frac{1}{1+G_C(s)G_P(s)}D(s)$$

其中，$1+G_C(s)G_P(s)=0$ 称为闭环特征方程，其根就是闭环极点，决定闭环稳定性。暂且忽略干扰项，就得到闭环传递函数：

$$G_{CL}(s)=\frac{Y(s)}{Y_{SP}(s)}=\frac{G_C(s)G_P(s)}{1+G_C(s)G_P(s)}$$

开环的动态环节和整个闭环系统最终都用传递函数描述，有各自的零极点，稳定性由各自的极点在复平面的左半平面还是右半平面而定。开环不稳定不等于闭环不稳定，闭环后是可以把不稳定的开环稳定下来的。反过来，开环稳定不等于闭环也稳定，不适当的控制器设计有可能使得开环稳定的被控过程在闭环时反而不稳定了。

但是奇思异想一下，既然有了闭环传递函数的一般形式，索性指定一个目标闭环传递函数，不仅确保稳定性，还指定完整的闭环动态行为，岂不可以从给定的 $G_{CL}(s)$ 和 $G_P(s)$ 直接求出来一个 $G_C(s)$，控制器问题不就一劳永逸地解决了？

在数学上，这确实可以做到：

$$\overline{G_C(s)}=\frac{G_{CL}(s)}{G_P(s)(1-G_{CL}(s))}$$

这里 $G_{CL}(s)$ 是给定的闭环性能传递函数。比如说，假定：

$$G_P(s)=\frac{1}{(T_1s+1)(T_2s+1)},\quad G_{CL}(s)=\frac{1}{T_{CL}s+1}$$

可得：

$$G_C(s)=\frac{(T_1s+1)(T_2s+1)}{T_{CL}s}$$

问题是，这导致零点比极点多，在物理上是不可实现的。如果 $G_{CL}(s)$ 比 $G_P(s)$ 具有更高阶数，倒是可以回避可实现问题，但闭环反而比开环具有更大的阻尼，与控制系统设计的初衷背道而驰了。更加要命的是，这可能涉及零极点对消，导致不稳定。这样的直接设计在实际上不可行。

实际控制系统设计围绕着性能指标进行。常见的控制系统性能指标如图 1-8 所示。

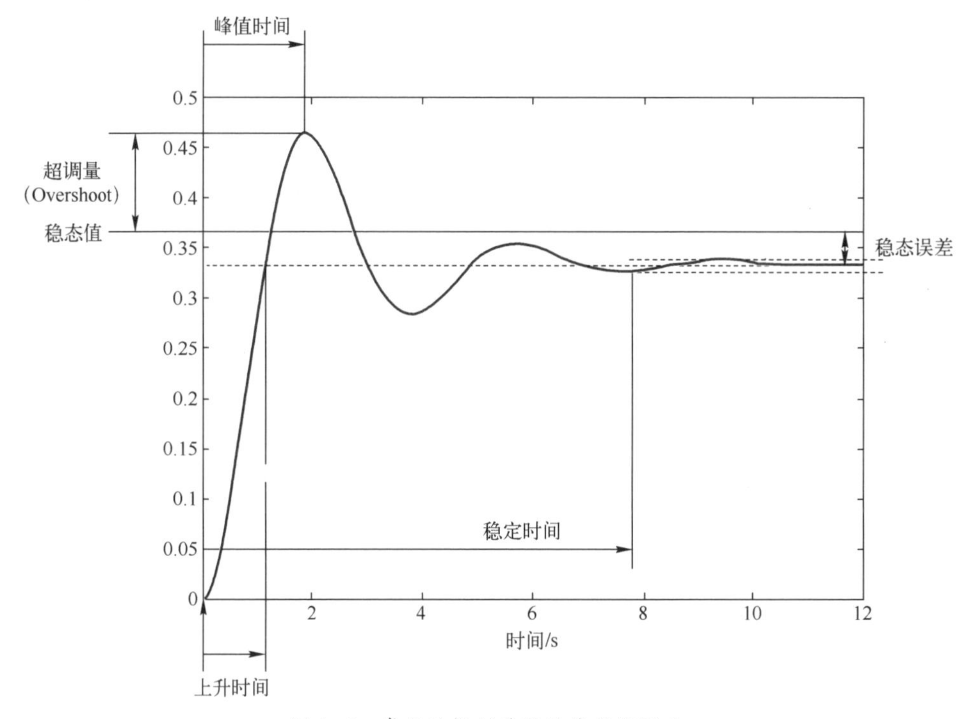

图 1-8　常见的控制系统性能指标图示

控制系统指标通常围绕阶跃响应指定。超调量指峰值超过设定值的幅度，有绝对值和百分比两种表达法；峰值时间指达到峰值所需要的时间；上升时间指第一次穿过稳态值所需要的时间；稳定时间指达到设定值 5% 以内所需要的时间；稳态误差（也称余差）指稳态值与设定值之差；衰减比指最大峰值与稳态值之差和第二峰值与稳态值之差之比；波长为最大峰值与第二峰值之间的时间，振荡频率为波长的倒数。

这些性能指标之间常常是互相矛盾的。对于典型过程系统来说，超调量需要越低越好，最好没有超调，但这导致上升时间太长；稳定时间一般不应该超过主导时间常数的 4~5 倍；传统上认为衰减比以 4∶1 为宜，实际上过程工业偏好低超调或者无超调，也就是临界阻尼或者略微过阻尼的响应，或者说在振荡处在将振未振的状态，所以衰减比的意义没有那么大，振荡频率也是一样；余差需要为零，这个一般通过积分控制可以做到，下一章会谈到。

从控制系统分析角度来说，这些性能指标是由闭环系统的零极点位置决定的。主导极点实部在左平面离虚轴越远，闭环响应包络线向稳态收敛得越快，稳定性越好；主导极点虚部离实轴越远，振荡频率越高。所以对过程控制系统来说，理想闭环极点应该在左平面贴近实轴、远离虚轴的地方。

但更有意义的分析是定性甚至定量地计算：

- 增减增益对稳定性的影响。
- 增减零点对稳定性的影响。
- 增减极点为稳定性的影响。

增益为零的时候，反馈控制作用消失，闭环行为和开环行为一样。增益逐渐增加时，系统的稳定性一般来说是逐渐增加还是逐渐降低？还是一会儿稳定、一会儿不稳定？这对控制器设计和参数整定具有非常大的意义，这里的一般规律用于定性地指导控制器参数整定规则。

对于最常见的 PID 控制（下一章要详细谈到）来说，增益变化对稳定性的影响不仅对比例控制重要，对积分和微分控制同样重要。积分相当于增加了一个在原点的极点，然后就是积分增益逐步增加的影响了。微分增加一个零点，然后同样有微分增益影响的问题。

一个分析的思路是：增益从零逐步增加，逐步解算闭环极点的位置，在图上画出闭环极点的轨迹，以此推测增益从 0 到无穷大的稳定性走向。这就是根轨迹方法的基本思路。但根轨迹方法更进一步，不是直接从闭环特征方程开始，而是从更加便于分析的开环传递函数开始，只是要假定单位反馈（反馈回路里没有额外的传递函数，否则要做一些等效化处理），控制器也只有简单的增益（也可以通过等效化后把控制器零极点与被控过程合并）。

实际上，增益为 0 是有用的参照点，无穷大就是数学家的恶趣味了。增益只要到足够大，后面的趋势就能看出来了。增益再大也不现实了，执行机构的功率和动作幅度永远是有限的。不过为了数学上的完整，还是会考虑增益无穷大的情况。

最简单粗暴的方法是直接计算，然后作图。这在动态系统数值仿真高度发达的现在不成问题，但这是就事论事的，较难从中得出一般规律。

实际系统一般都会简化到不超过三到四阶的系统，零点数至少比极点数减一，所以典型情况还是屈指可数的几种。好在根轨迹作图有一些规则，按照规则可以对大多数典型系统手绘根轨迹草图，并进行定性分析。这些规则都有数学推导，本书以实用为主旨，对根轨迹作图规则只叙述，推导就留给有兴趣的读者了。

基本根轨迹作图规则：

1）所有根轨迹都从开环极点出发。

2）所有根轨迹都以开环零点或者无穷大为终点。

3）所有根轨迹都对称于实轴。

4）根轨迹有 $\max(n,m)$ 支，n 为极点数，m 为零点数。考虑到实际开环传递函数 $n \geqslant m+1$，实际根轨迹有 n 支。

5）部分（或者全部）开环零极点在实轴上时，奇数号的零极点左侧有实轴上的根轨迹。

6）$n \geqslant m+1$ 时，有 $n-m$ 支根轨迹沿渐近线趋向无穷远处，根轨迹渐近线与实轴的夹角为：

$$\varphi=\frac{2k+1}{n-m}\pi \quad k=0,1,2,\cdots,n-m-1$$

还有更多的规则，如分叉点位置、离去角等，就不一一列举了。这些已经足够画草图用了。

根据这些根轨迹作图规则，可以对一些典型开环传递函数草绘根轨迹。除非有特别说明，假定开环零极点都是稳定的。

场景 1：最简单的系统是一阶的（见图 1-9），一阶系统必定只有一个实数极点，而且不论增益怎么改变，只改变闭环极点的位置，不可能改变出虚数极点来，虚数极点一定是共轭复数，所以一定是成对的。所以增益为 0 的时候，根轨

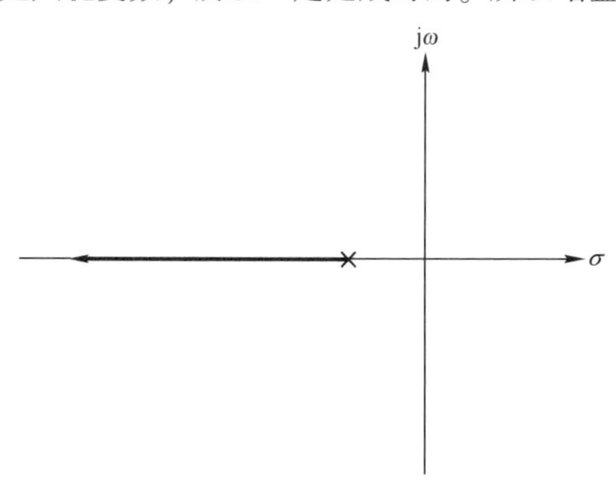

图 1-9　一阶系统的根轨迹

迹就在开环极点，随着增益的增加，根轨迹沿实轴向左方延伸，一直到无穷大。

观察 1：一阶系统不论增益如何增加，永远是稳定的，而且增益越高，稳定性越高，或者说，闭环动态响应收敛越快。这与前述闭环时间常数随增益增加而降低的讨论是一致的。

场景 2：二阶无零点系统依然相对简单，有两个开环极点（见图 1-10）。两个实数极点的情况还是简单，随着增益的增加，根轨迹沿实轴在两个极点之间相向而行，然后在中点分裂，偏转 90°沿平行于虚轴的方向垂直向正负无穷大继续延伸。一对虚数极点的话，必定是共轭极点。也就是说，实部相同，虚部在数值上相反。在复平面上，就是对实轴对称的一对“空中”极点。这样，根轨迹直接从上下极点出发，向正负无穷大延伸。

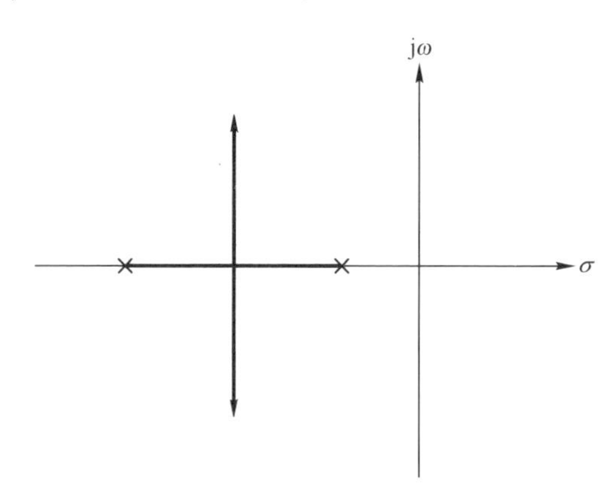

图 1-10　二阶无零点系统的根轨迹

观察 2：二阶双实数极点无零点系统不论增益如何增加，永远是稳定的，稳定性会降低，然后会开始振荡，振荡频率随增益增加，但稳定性不再改变。二阶虚数极点也是稳定的，从一开始就振荡，振荡频率随增益增加，但稳定性不变。

场景 3：二阶带一个零点的系统稍微复杂一点（见图 1-11）。首先考虑零极点都是实数的情况。如果零点在两个极点之间，或者在两个极点右侧，根轨迹都从极点出发，右极点沿实轴向零点延伸，到零点终止，左极点向左侧无穷远一直延伸。

观察 3：系统永远稳定，而且无振荡。

场景 4：二阶带两个实数极点而一个零点在两个极点的左侧，根轨迹在两个极点之间会聚，分叉成上下半圆后在零点左侧会聚，然后一支向零点发展，另一支向左侧无穷大发展，如图 1-12 所示。

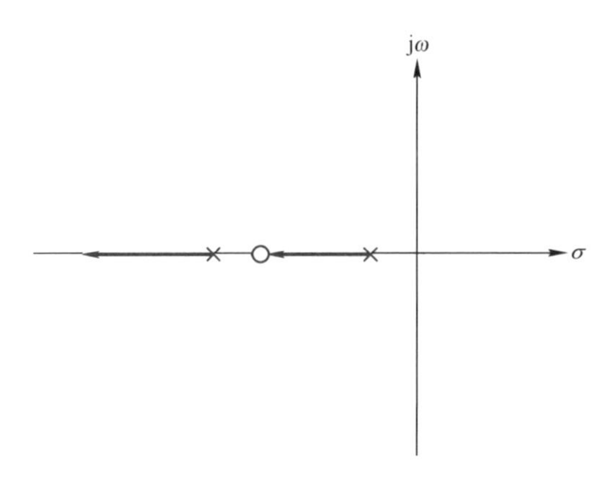

图 1-11　二阶带一个零点系统的根轨迹

观察 4：系统依然永远稳定，增益增大到一定程度后，会发生振荡，但进一步增加后，振荡反而消失，再度成为过阻尼响应。

场景 5：二阶共轭极点带一个零点的情况比较有意思，如图 1-13 所示，根轨迹从两个极点在“空中”出发后，在零点左侧会聚，然后一支向零点发展，另一支向左侧无穷大发展。

观察 5：系统依然是永远稳定的，从一开始就是振荡的，但增益进一步增加后，振荡反而消失，成为过阻尼响应。

场景 6：三阶无零点系统更加复杂（见图 1-14）。如果是三个实数极点，两支根轨迹从中、右极点开始，会聚、分叉成上下两支，以正负 60°向右延伸；第三支根轨迹从左极点开始，直接沿实轴向无穷远延伸。

观察 6：在开始时，系统是稳定的，但增益增加到一定程度后，会开始振荡；增益继续增加，会进入不稳定。

注意 6.1：与二阶无零点相比，增加极点使得根轨迹在整体上向右半平面发展，不再是“永远稳定”的了，哪怕新增极点本身是稳定的。

注意 6.2：如果右极点是在右半平面，也就是说是开环不稳定的，这一支根轨迹一开始就会在右半平面，系统在一开始是不稳定的；但增益增加到一定程度后，系统反而转入稳定；然而，增益继续增加的话，右极点与中极点之间的根轨迹开始分叉，最终会再次穿入右半平面，再次不稳定。也就是说，三阶实数极点包括一个开环不稳定极点但无零点的话，有可能出现条件稳定的现象，只有增益在一定范围内才是稳定的，过高、过低都是不稳定的。

场景 7：含一对共轭极点的话，两支从“空中”出发的根轨迹最终也向正负 60°的渐近线会聚，另一支根轨迹沿实轴向左侧发展，如图 1-15 所示。

观察 7：三个极点带一对共轭极点的稳定性和三个实数极点的大趋势相似，只是从头到尾都是振荡的。

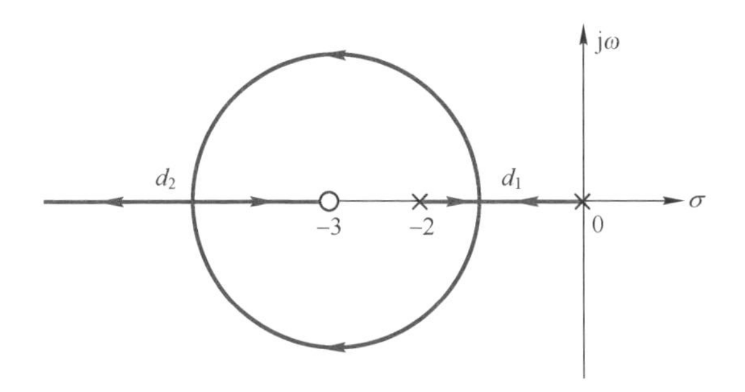

图 1-12　零点左移后的根轨迹

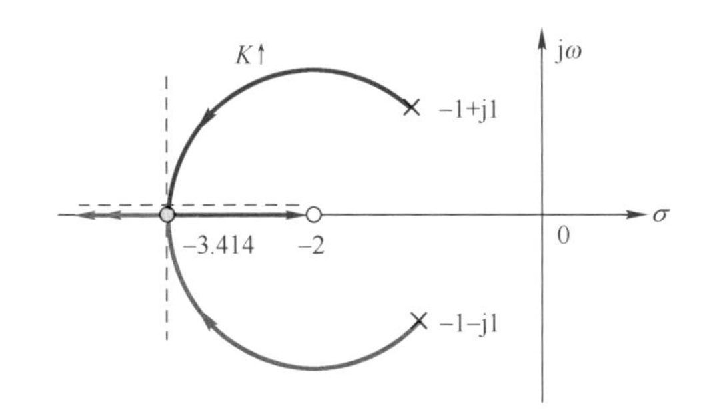

图 1-13　二阶共轭极点带一个零点的根轨迹

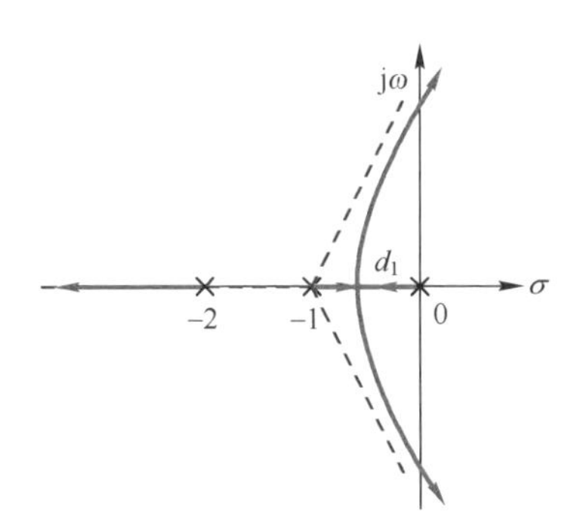

图 1-14　三阶无零点系统的根轨迹

注意 7：极点分布不同导致根轨迹不同，但渐近线的角度是一样的。

场景 8：三阶带一个零点可以有很多排列组合，就不一一分析了。重点分析一个比较有意思的情况，零点在中、右极点之左、左极点之右的时候（见图 1-16）。这时，中、右极点之间的两支根轨迹照例从极点开始，相向而行然

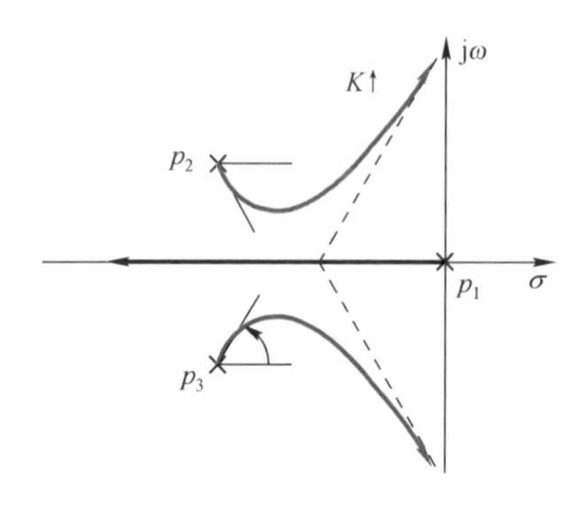

图 1-15 三阶带共轭极点无零点的根轨迹

后分叉，但没有像二阶带一个零点那样回到左方实轴，而是在空中拐了一下，直接垂直上下，向无穷远延伸。左极点则直接向无穷远延伸。中极点和零点位置对调的话，稳定性的大趋势不变，但根轨迹的“喇叭口”也调头，继续面向零点方向。如图 1-17 所示。

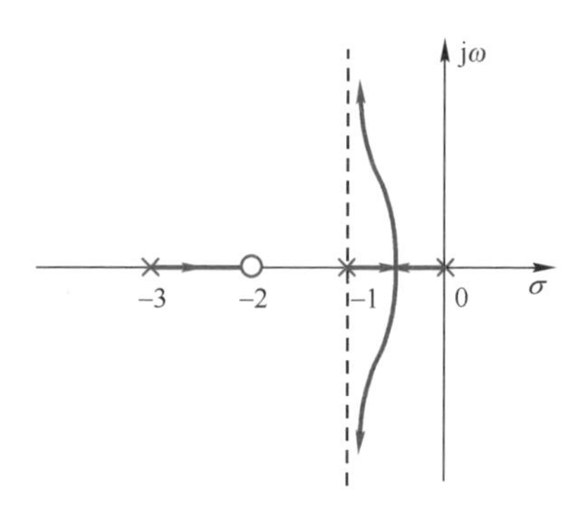

图 1-16 加一个零点后的根轨迹

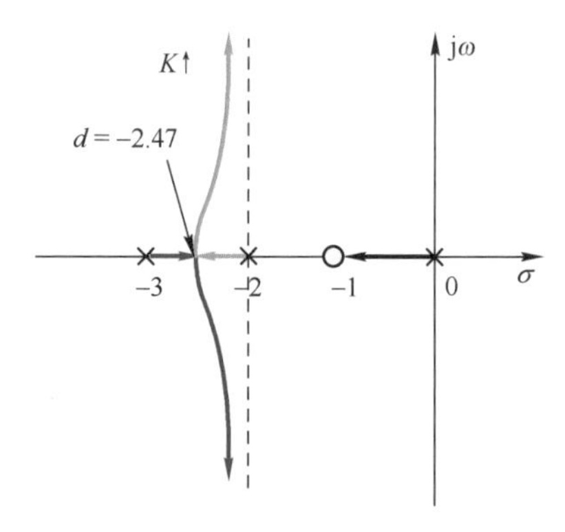

图 1-17 中极点和零点的相对位置对调后的根轨迹

观察8：三阶带一个零点后，就永远稳定了，只是增益增加到一定程度后，会出现振荡。

注意：与三阶无零点情况相比，增加一个零点后，稳定性增加了。但与二阶加一个零点相比，增加一个极点后，稳定性下降了。另外，零点的位置对根轨迹的分布很重要，零点起到“吸引”根轨迹的作用。

在复平面上，任何一支根轨迹穿入右半平面的话，系统在这个增益段就是不稳定的；根轨迹在总体上向右移动，意味着稳定性在总体上下降；根轨迹在总体上向上下对称偏离实轴，意味着振荡趋势在总体上增加。

从上述简单场景和观察，可以得出一些结论：

1）一阶系统永远是稳定而且过阻尼的。

2）除了二阶以下的最简单例子，增加增益在总体上增加不稳定趋向。

3）极点是“辐射源”，增加极点增加根轨迹分支数，增加根轨迹在整体上的“躁动”：

- 趋向于降低稳定性。
- 趋向于增加振荡。

4）零点好比“吸铁石”，对根轨迹有吸引作用，增加零点减少通往无穷大的根轨迹分支，增加根轨迹整体上的“镇定”：

- 趋向于增加稳定性。
- 趋向于降低振荡。

应该指出一点：增加零极点对根轨迹有影响，但这影响的程度不能一概而论。开环不稳定的零极点就不去说了，开环稳定的零极点靠近虚轴的话，对稳定性影响很大。靠近虚轴的开环零点把整个根轨迹“树丛”往右半平面方向拉。靠近虚轴的开环极点使得整个根轨迹“树丛”索性扎根在靠近右半平面的位置，一开始生长就容易长到右半平面。两者都是对稳定性有害的。但开环零极点如果远离虚轴，影响即使有，也不大，在很多情况下可以忽略。

比较传递函数的零极点表述和时间常数表述，极点等效于时间常数的倒数，远离虚轴的极点对应于很小的时间常数，或者很快的动态衰减过程，因此可以忽略。这是符合常识和系统降阶的概念的。

这些结论将成为PID参数整定和一般自控设计的基础。

真实世界里每一个环节都带有动态，但在现实中，大部分“次要”动态因为时间常数很小，都可以忽略。比如说，测量仪表的动态、控制阀的动态、信号传输线（尤其是气动信号）的动态等一般都忽略不计。这正是因为这些动态的

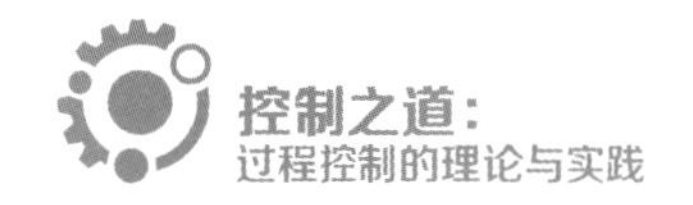

时间常数通常都远远小于被控过程的时间常数。

还应该指出一点：在计算机和控制系统设计、仿真软件高度发达的今天，既然有了具体的开环传递函数，用仿真软件一算，就能精确绘制各种输入的闭环响应，上升时间、衰减比、振荡周期、余差等都一目了然，不需要从根轨迹图上测算。但根轨迹方法依然有重大意义。

意义不在于精确绘图、精确测算增益和零极点对收敛速率和振荡频率的影响，而在于定性分析，尤其在于增减增益、增减零极点对稳定性和闭环性能的定性影响。换句话说，从林子和周边生态着眼，而不是专注于树的枝枝丫丫。

拉普拉斯变换把微分方程从时域变换到频域，所以根轨迹是频域方法的一种，还有奈奎斯特图、伯德图、尼科尔斯图等其他频域方法，各有优缺点，这里就不详述了。

单回路 PID 控制

最基本的控制回路是单回路，只有一个控制器、一个控制量、一个被控变量。单回路尽管简单，但这是大部分过程控制架构的基石。单回路也常作为更加复杂的控制回路的“下级”。走路、跑步都首先需要脚跟稳健，单回路就是过程控制的“脚跟”。

开关控制

在 PID 控制之前，应该讨论一下更简单的开关控制（见图 2-1）。开关控制很简单，控制量不连续变化，只有高位和低位两个状态。测量值高于设定值的时候，控制量开到高位；测量值低于设定值的时候，控制量开到低位。典型的家用空调就是开关控制。

高位和低位的控制量不够给力的话，干什么都没用。但如果高位和低位控制量足够给力，测量值一高于设定值，实施的高位控制量立刻把测量值压下去；然后高位转低位，立刻又把测量值拱上去。这样，测量值的波动其实并不大，但控制量就会频繁地在高低位之间不断切换，理论上可以达到无穷高的频率，迅速磨损执行机构，也无谓地消耗用于执行控制动作的能量。

在实用中，开关控制需要在设定值两侧设立死区，测量值必须穿越死区后，才能触发新的控制动作，以此减少不必要的切换。但死区的存在也意味着开关控制在本质上就是不精确的。

在控制精度要求不高的场合，开关控制简单、可靠，得到广泛应用。最大的好处是：只要过程是开环稳定的，开关控制就是稳定的。这不是渐近稳定，不会

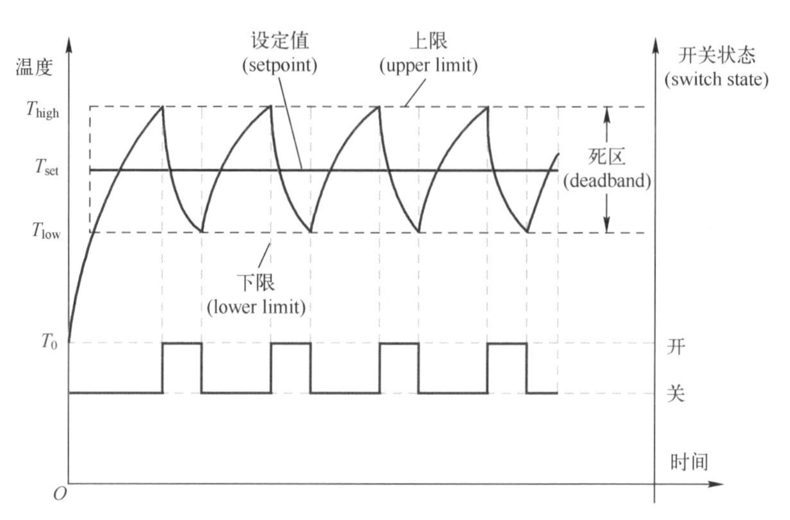

图 2-1　开关控制

最终稳定在某一数值上，但会稳定在某一区间里。在控制理论里，这也有一个名称：有界输入-有界输出稳定（BIBO 稳定）。

在实用中，够用为王，不能做到精确有时候并不是问题。比如，室内空调能控制在 25.5～26.5℃，这就够用了；电饭锅在煮饭的时候能控制在 98～100℃（由于沸腾，在常压下再加热也只能达到 100℃，不会更高），也够用了。在过程工业里，大量管路、设备用蒸汽或者电热保温，也是用开关控制。

开关控制"好用"的另一个原因是：大部分实际过程都是开环稳定的。开环稳定在物理上意味着能量是耗散的，这符合一般过程的现实：没有某种内生能量（如放热反应）的话，过程本身总是耗散能量的，也就是自然趋稳的。

但开关控制也是留有遗憾的，尤其是控制精度要求较高的时候。缩小死区可以提高开关控制的精度，从高位、低位的双位控制改成高、中、低三位甚至更多控制量状态的多位控制也可提高控制精度。但是，简单化的以高于还是低于设定值（还有死区）决定控制量就不够了。更加合理的做法是：测量值偏离设定值较远，或者说误差较大，施加的控制量应该相应增大；测量值偏离设定值较近，或者说误差较小，则施加的控制量也应该相应减小。

对测量值的判别和控制量的力度都进一步提高到无穷多位的话，开关控制就进化到连续控制，而且"误差大，控制量大；误差小，控制量小"，这就是比例控制。进一步发展，就是 PID 控制。这是连续控制的最基本形式。

基本 PID 控制

对于连续控制来说，PID 是最基本的控制律。在实际过程工业中，80%以上的控制回路都是各种形式的 PID，包括这里谈到的单回路 PID 和后面要谈到的复杂 PID，所以用好 PID 对实用过程控制有特别重要的意义。

PID 的形式与开环响应

基本的 PID 控制具有如下形式：

$$u(t)=k_{p}e(t)+k_{i}\int e(t)\,\mathrm{d}t+k_{d}\frac{\mathrm{d}e(t)}{\mathrm{d}t}$$

也就是说，最终控制量为比例控制作用、积分控制作用和微分控制作用的复合结果，所以也称三作用控制。其中 k_p 为比例增益，k_i 为积分增益，k_d 为微分增益，分别决定比例控制作用对误差本身、积分控制作用对累积误差、微分控制作用对误差变化率的敏感程度。

图 2-2 给出了 PID 控制对阶跃输入的响应。

PID 控制也可按传递函数表达：

$$\frac{u(s)}{e(s)}=k_{p}+\frac{k_{i}}{s}+k_{d}s$$

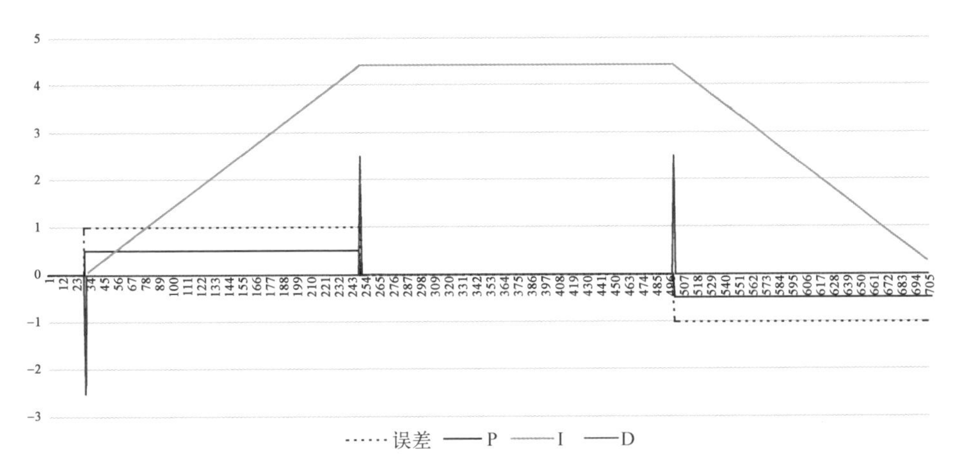

图 2-2　PID 控制对阶跃输入的响应

比例控制作用是基于误差本身，在数学上等于误差直接乘以比例增益 k_p。这决定了比例控制作用好比是误差的直接镜像，也就是说，对于阶跃输入，比例控制作用也是阶跃，只是由 k_p 拔高、压低而已。这也决定了比例控制的作用是直接对误差进行“对消”。误差转向的话，比例控制作用立刻随之转向，迅捷、直接、没有迟延。这些特点使得比例控制作用适合作为 PID 控制的基础控制作用。

积分控制作用是基于误差的累积。累计误差在数学上等于误差在时间上的积分，或者说是误差曲线下的面积。累积误差乘以积分增益 k_i，就形成积分控制作用，积分增益起调节积分控制作用强弱的作用。对于阶跃输入，积分控制作用呈现斜坡形，正阶跃导致向上的斜坡，负阶跃导致向下的斜坡，只有在输入幅度为零的时候是一个特例，这时积分斜坡是水平的。

积分控制最大的特点是：不论误差是在增加还是减小，只要误差一直保持正值，积分就会一直增加，差别只是增加速度的快慢而已。更加具体地说，误差从增加变为减小但依然为正的话，积分控制作用还会继续增加，只是增加速度会降低。

同理，误差一直保持负值，积分就会一直减少。误差从下降变为有所回升但依然为负值的话，积分控制作用还会继续降低，只是降低速度也会减慢。只有在误差从正变负，或者从负变正，积分控制作用才会转向，由增转减，或者由减转增。

“不论是否还在变化中，只要误差还在，就一直不断地渐进加码控制作用，直到误差消失”，这是积分控制的最大特色，也是积分控制消除余差的直观解释。

积分控制作用“对消”的不是误差本身，而是累积误差，也可非常粗略地看成在消除平均误差。由于误差曲线在数值上的变化远远快于误差曲线下的面积变化，积分控制作用因此动作“迟缓”，总是“慢一拍”，滞后于误差变化。这样的“计划跟不上变化”对闭环稳定性具有负面影响，也使得积分控制作用不宜作为 PID 控制的基础控制作用。

微分控制作用基于误差的变化率。误差的变化率在数学上等于误差对时间的导数，或者说误差曲线的斜率。误差变化率乘以微分增益 k_d 就形成微分控制作用，微分增益 k_d 调节微分控制作用的强弱。对于阶跃输入，微分控制作用是以脉冲形式出现的，正阶跃导致正脉冲，负阶跃导致负脉冲，在理论上幅度达到无穷大，实际微分的脉冲当然不可能无穷大。

值得注意的是，误差的大小、实际数值为正为负对微分控制作用没有影响，只有误差是在增加还是减小对微分控制作用有影响。也就是说，实际误差还为负值的时候，就已经在向上回升了，微分控制作用已经在施加“刹车”了，要减慢误差的上升。误差还是正值但开始下降的时候也是一样。

误差总是先有上升或下降的势头，才能达到上升后的高位或者下降后的低位。微分控制作用在误差刚有变化的苗头的时候，就及时出手“对冲”，所以微分控制作用具有“超前”控制的作用。微分控制作用也不是在误差转向的时候才转向，而是在误差从加速增加（或者降低）转入减速增加（或者降低）的时候就转向。

微分控制作用也不“对消”误差本身，而是“对消”误差的变化率。或者说，微分控制作用试图“压平”误差曲线，但误差本身是否偏离设定值，微分控制作用并不在乎。从压平误差曲线这一点来说，微分控制作用是增稳的。但微分控制作用对误差本身位置不在乎，哪怕天大的误差，只要不再变化，微分就“不管”了，所以也不宜作为 PID 的基础控制作用。

PID 控制不是控制理论家凭空构想出来的，而是从实践中来，然后上升到理论高度的。事实上，积分作用在一开始并不叫积分作用，而叫重整作用（reset action），意思就是“只要余差不消失，就不断重设控制输出的基线”。至今很多与积分作用有关的特有问题依然用“重整”这个说法，比如积分饱和在习惯上还是叫作重整饱和（reset windup）。

回到淋浴温度控制问题。在水温低于主观舒适温度的时候，人们会根据实际水温与主观舒适温度的偏差大小来调节热水龙头。比如单手柄龙头会从全关的位置一次性打到冷热标志之间的中立位置，这就是根据经验的比例控制作用，控制量的幅度与偏差大小成比例，迅速把控制量打到大差不差的位置。

但这样的一步到位很难准确，那么就根据实际水温，增加一点或者减少一点，只要水温还没有达标，就不断地一点一点增加或者减少，直至水温达到舒适温度。这就是积分控制作用，通过小步渐进的精确调节，最终“磨掉”误差，达到舒适水温。

在施加比例和积分作用的同时，人们还会根据实际水温的上升或者下降速度，适当修正控制作用。比如说，水温上升太快的话，即使实际水温还没有达到舒适温度，也会适当压一点龙头，避免水温升温过快、一下子就冲过头了。这就是微分控制作用：在测量值变化过快的时候，“打压”一下，避免“冲过头”。

这样的直观控制方法应用到工业上后，首先通过机械和气动控制仪表实现，然后通过模拟电子控制仪表实现。在物理实现和理论分析中，人们把这些控制方法总结、上升到 PID 的一般形式，这才有了 PID 控制的数学表述和理论分析。这并不是自控特有的。大名鼎鼎的哥特式建筑在兴起的时代并没有这个说法，是18世纪建筑历史学家和建筑理论家总结历史上的建筑流派的时候，为划代方便而赋予的名称。这里就不扯远了。

PID的上述表述是“学术表述”，在工业界，习惯上使用形式略有不同但等效的表述：

$$u(t)=k_{\mathrm{p}}\left(e(t)+\frac{1}{T_{\mathrm{i}}}\int e(t)\,\mathrm{d}t+T_{\mathrm{d}}\frac{\mathrm{d}e(t)}{\mathrm{d}t}\right)$$

也就是说，k_p 不再单独作用于比例项，也作用于积分项和微分项。这与比例控制作用作为基础控制作用的思路是一致的，调整 k_p 在整体上加强或者削弱控制作用。基于本书从实用出发的宗旨，除非特别指出，“工业表述”为后续讨论的基础，所有 k_p、T_i、T_d 的定义以此为准。

在“工业表述”中，积分和微分整定参数也不再用增益表示，而是用时间。T_i 称为积分时间，T_d 称为微分时间。与“学术表述”相比较，k_p 不变，依然是比例增益，k_p/T_i 对应于“学术表述”的积分增益，k_pT_d 对应于微分增益。

在 S 域里，“工业表述”可以表达为：

$$\frac{u(s)}{e(s)}=k_{\mathrm{p}}\left(1+\frac{1}{T_{\mathrm{i}}s}+T_{\mathrm{d}}s\right)$$

但在工业上，还有一个更加古老的PID表述：

$$\frac{u(s)}{e(s)}=k_{\mathrm{p}}\left(1+\frac{1}{T_{\mathrm{i}}s}\right)(1+T_{\mathrm{d}}s)$$

在模拟仪表时代，纯微分无法实现，只有用超前-滞后环节近似，所以有这样的“古典表述”。对于现代数字控制系统（简称DCS）而言，这样的“古典表述”并无必要，但有的厂家或者用户已有大量运作已久的PID回路是按照“古典表述”来整定的。为了避免重新整定的无谓重复劳动，就沿用了下来。有时候，为了用户内部新老装置的一致，也有索性统统采用“古典表述”的。

“古典表述”的微分控制作用略微“钝化”一点，对测量噪声相对不敏感，这也是“古典表述”依然得到使用的原因之一。在参数整定时，尤其是用经验整定法的时候，一般顺序是先比例后积分，最后才是微分，而微分在实用中的应用远不如比例和积分为多，所以就整定方法而言，“古典表述”的差别实际上并无大碍。

图2-2是PID在阶跃输入下的开环行为。当输入不再是阶跃，而是正弦信号

的时候，PID 的响应完全变了（见图 2-3）。

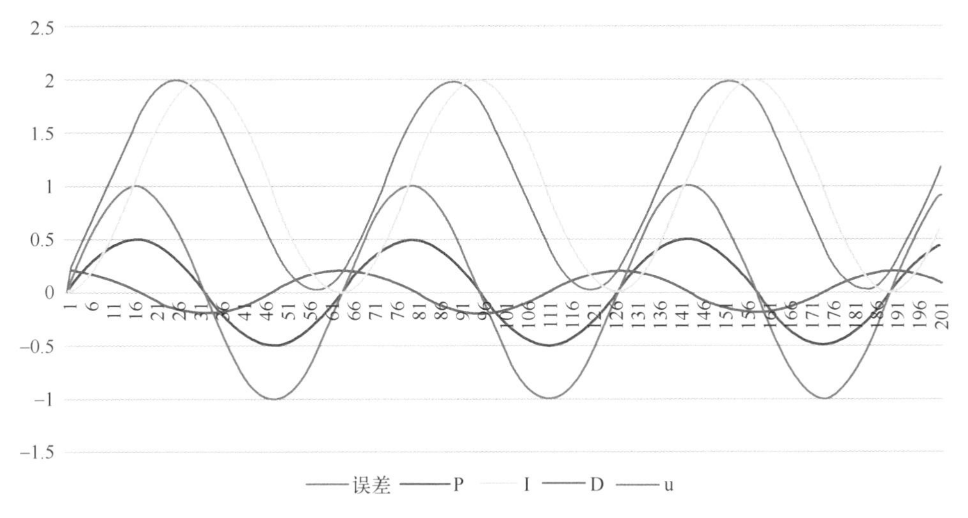

图 2-3　PID 控制对正弦输入的响应

注意：不论是比例、积分还是微分，对正弦输入的响应都是正弦输出。但比例控制作用在相位上与输入相同，既不超前，也不滞后，只是镜像。积分控制作用在大体形状上也是正弦，但有一个滞后。微分控制作用则“超前”了，在正弦输入只是从加速下降转入减速下降但还没有转入上升时，已经开始上升了；或者在加速上升转入减速上升但还没有转入下降时，已经开始下降了，看起来微分的波峰好像出现在误差的波峰之前一样。

PID 的复合控制作用是三者之和。仔细观察的话，在一开始的时候，PID 的复合控制作用有一个小拐，这是数值计算中微分控制作用的初始化导致的，可以加以忽略。过了初始化阶段之后，就没有这个现象了。

PID 的闭环响应

在闭环的时候，PID 的行为不再可以简单化地用阶跃、斜坡、脉冲或者正弦来描述。

图 2-4 假定设定值是一个阶跃变化。误差立刻反映出来，比例控制作用闻风而动。假定参数整定适当，闭环回路最终是稳定的，所以比例控制作用也随之稳定下来，最终归零。比例控制作用与误差的形状相同。

积分控制作用随着累积误差的增长而增长，经过短暂振荡后，最终稳定在“空中”一个数值上。这是把测量值控制到设定值的必须，也就是说，是无余差

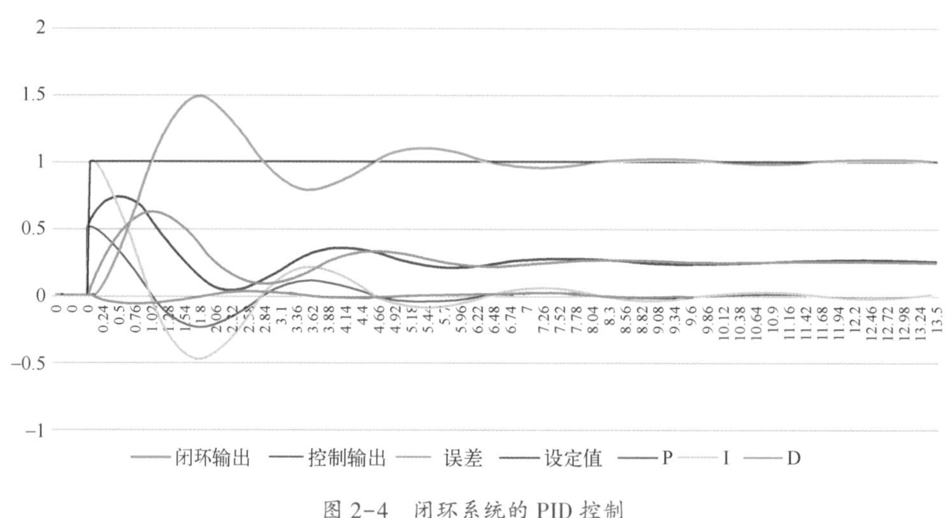

图 2-4　闭环系统的 PID 控制

控制的必须。余差问题后面还要详细讨论。

微分控制作用在一开始有一个脉冲“尖刺”，这是对阶跃输入的响应。随着测量值逐渐稳定，微分控制作用也最终归零。

就 PID 复合控制作用而言，在前段的动态中，P、I、D 都发挥作用。但接近稳态后，只有积分贡献把最终的控制输出维持在某一个非零位置上，比例、微分贡献都消失了。

PID 作用的另一个比较方法是：对于同一个被控过程，在同样的阶跃扰动下，先后施加纯比例控制、比例积分控制、比例–积分–微分三作用控制（见图 2–5）。为了可比，k_p、k_i、k_d 一旦施加，就不再改变，所以三种情况是纯叠加。为了计算方便，这里用“学术表述”的 PID 控制律，“工业表述”可以等效换算。

从图 2–5 可以看到，比例控制能有效地将系统稳定下来，但有稳态误差（也称余差）。这是比例控制的固有问题。施加积分后，余差最终能消除，但稳定性显著退化，有显著超调，稳定时间也大大增加。再加微分后，超调减少，稳定时间也降低了，而余差依然得以消除。

到这里，闭环行为的讨论基本上都是围绕着设定值为阶跃输入的情况。陡峭的上升沿含有丰富的动态激励，可以激发出系统的不同动态行为，随后的“平顶”又反映了在过程控制中设定值在通常情况下是不变的这一现实。但是，即使在过程工业里，设定值也是可以变的。且不说设备的开停，在连续生产期间的产品转换过程中，工艺条件需要从现有状态转移到新状态，大量设定值都需要随之改变。

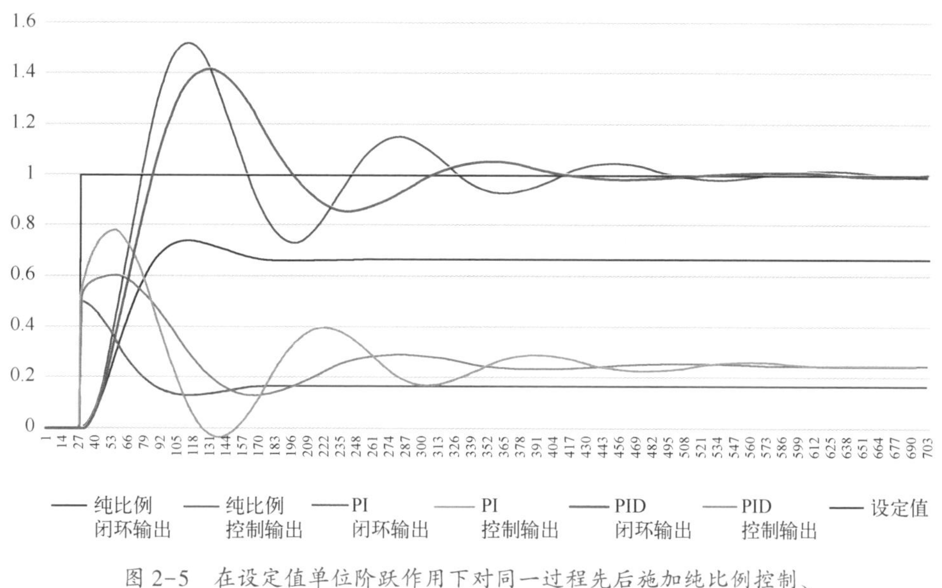

图 2-5 在设定值单位阶跃作用下对同一过程先后施加纯比例控制、比例积分控制、比例-积分-微分三作用控制的比较

另一个情况是串级控制（在下一章里会详细讨论），副回路受到主回路的指挥，副回路的设定值来自主回路的输出。主回路的设定值或许长时间不变，但副回路的设定值会经常变动。PID 基本回路受到更高级的先进控制应用的指挥的情况与此类似，PID 基本回路的设定值同样会时常变化。

图 2-6 显示了典型工艺条件在斜坡上升-持平-斜坡下降-持平的典型转移循环中，PID 回路的闭环响应。注意，这是一个调试良好的回路，可以从平顶段看

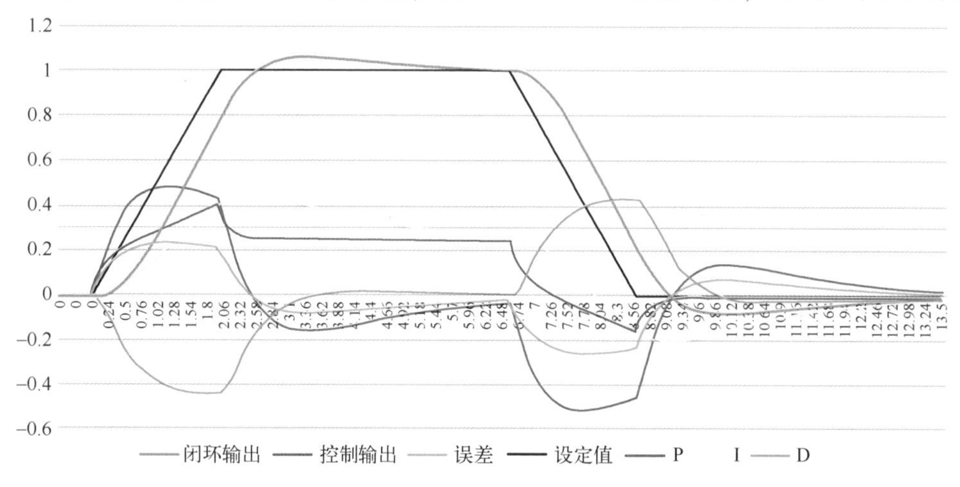

图 2-6 设定值在斜坡上升-持平-斜坡下降-持平过程中，PID 回路的闭环响应

出来。但在斜坡上升与斜坡下降的过程中，测量值有一个明显的滞后。起始段的短暂转折不算，在平稳上升和下降中，控制回路并不努力减少跟随误差，斜坡爬升和下降时间再延长也没用。“积分控制可以消除余差”在这里不管用了。但在平顶段，积分作用再次发挥消除余差的作用。

这是 PID 的本质缺陷：PID 只能对稳态输入消除余差，不能对动态输入消除余差。参数整定可以减小跟随误差，但不能消除。用某种“提前量牵引”可以对斜坡输入最终消除跟随误差，但这已经超出典型 PID 了。

正弦设定值是对“随机”的连续变化设定值的简化近似。如图 2-7 所示，在这样的情况下，PID 控制下的闭环响应也是正弦的，频率相同，但有一个固定的滞后，与斜坡设定值的情况有点类似。也就是说，如果不断地人工更改设定值，或者主回路不停地指挥 PID 副回路变来变去，必须对设定值与测量值之间的滞后和响应时间有所考虑，不可能无滞后跟踪，不可能无余差。

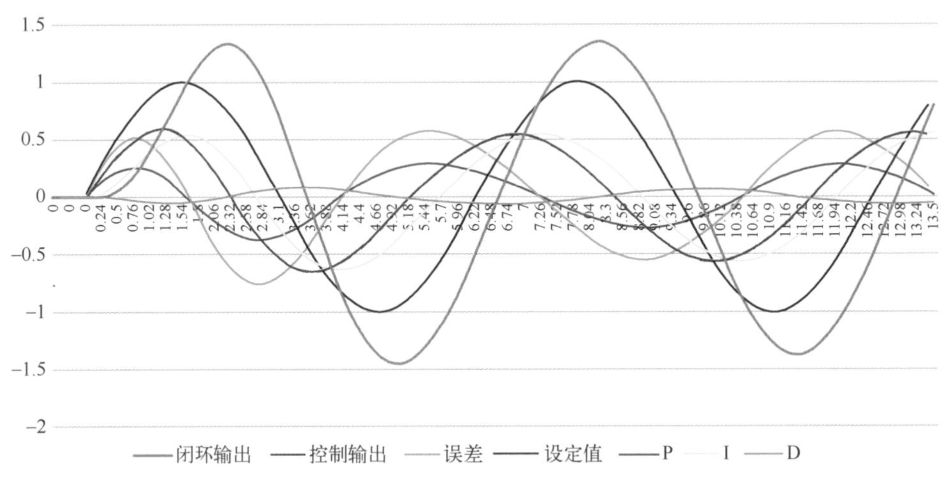

图 2-7　设定值按正弦变化的 PID 闭环响应

还有一个情况是 PID 回路受到不断变化的扰动的影响。

如果设定值保持恒定，但干扰为正弦，闭环响应也有与图 2-7 类似的表现。对于基本的反馈回路来说，设定值和扰动都是外来的激励，只是在不同的位置注入反馈回路而已，实际上是可以进行某种等效的。真正的差别在于设定值是人为的、已知的变化，而干扰是不可控的，常常也是不可测的。但对于闭环响应来说，变化就是变化，不断的设定值变化和不断的干扰变化都会导致测量值不断变化。控制器参数整定可以对测量值的曲线有所“压扁”，但不可能“熨平”。

PID 的数字化

PID 是在计算机出现之前就广泛应用的控制律，PID 的理论基础也是连续时间域的微分方程和频域的拉普拉斯变换。在计算机出现之后，PID 需要数字化（也称离散化），以适应在计算机控制系统上的应用。

在理论上，Z 变换、差分等多种方法都可以将 PID 数字化，差别只是得出一个更加精确的等效关系。由于 PID 控制律的参数在本质上不是计算出来的，而是调试出来的，这样的精确等价关系实用意义不大。重要的是，不论是 Z 变换还是差分，最后得出的都是一样的数字化 PID 形式：

$$u(k) = k_{p}e(k) + k_{i}T_{s}\sum e(j) + k_{d}\frac{\Delta e(k)}{T_{s}}$$

这称为位置式，更常用的是增量式：

$$u(k)=u(k-1)+k_{p}\Delta e(k)+k_{i}T_{s}e(k)+k_{d}\frac{\Delta e(k)-\Delta e(k-1)}{T_{s}}$$

这里，k 为当前时刻，$k-1$ 为上一时刻，T_{s} 为采样周期，Δ 为差分算子，$\Delta e(k)=e(k)-e(k-1)$，以此类推。

改写成“工业表述”的位置式为：

$$u(k) = k_{p}\left(e(k) + \frac{T_{s}}{T_{i}}\sum e(j) + T_{d}\frac{\Delta e(k)}{T_{s}}\right)$$

增量式则为：

$$u(k)=u(k-1)+k_{p}\left(\Delta e(k)+\frac{T_{s}}{T_{i}}e(k)+T_{d}\frac{\Delta e(k)-\Delta e(k-1)}{T_{s}}\right)$$

k_{p}、k_{i}、k_{d}、T_{i}、T_{d} 沿用与连续时间域 PID 一样的定义。

位置式简单、直观，与连续时间域 PID 的关系一目了然。但增量式更加适合实时实现中常用的递归计算。也就是说，当前计算结果等于上一次计算结果加上一个纳入当前最新信息的修正量。这样做有一个很大的好处：在手动模式或者初始化的时候，把 $u(k-1)$ 直接强迫设置为“外部”的当前控制量，在切换时刻就自然、无缝对接了。手动-自动模式切换和初始化问题在后面要更加详细地谈到。

就计算量而言，位置式需要在每一次计算中都重算一遍从零时刻到当前的误差累加，除了当前项，其他都是重复计算，计算效率较低。增量式把历史计算的

大头都包含在 $u(k-1)$ 项里了，避免了重复计算，计算效率大大提高，这是采用增量式的另一个原因。

增量式与位置式在数学上是等效的，但由于这些有利因素，在计算机控制中实际实现的时候，增量式是首选。

控制余差问题

前面已经提到过控制余差的问题，这里进一步展开讨论。余差也称稳态误差，是闭环响应稳态值与设定值之差。理想闭环系统应该达到无余差，在阶跃输入条件下，积分控制可以做到无余差。

如前所述，闭环传递函数为：

$$\frac{Y(s)}{Y_{SP}(s)}=\frac{G_C(s)G_P(s)}{1+G_C(s)G_P(s)}$$

由于误差定义为：

$$E(s)=Y_{SP}(s)-Y(s)$$

闭环传递函数也可改写为：

$$\frac{E(s)}{Y_{SP}(s)}=\frac{1}{1+G_C(s)G_P(s)}$$

为方便讨论，假定开环传递函数为时间常数形式，也就是说：

$$G_P(s)=K\frac{(\tau_1 s+1)\cdots(\tau_m s+1)}{(T_1 s+1)\cdots(T_n s+1)}\quad n>m$$

考虑设定值为阶跃输入，也就是说：

$$Y_{SP}(s)=\frac{1}{s}$$

而终值定理为：

$$x_\infty=\lim_{x\to\infty}x(t)=\lim_{s\to 0}sX(s)$$

余差就是：

$$e_\infty=\lim_{s\to 0}sE(s)Y_{SP}(s)=\lim_{s\to 0}s\frac{1}{1+G_C(s)G_P(s)}\frac{1}{s}=\lim_{s\to 0}\frac{1}{1+G_C(s)G_P(s)}$$

对于纯比例控制而言，$G_C(s)=k_p$，所以永远存在余差，而余差正好为 $\frac{1}{1+k_pK}$，与前述用一阶闭环微分方程的讨论一致，只是这里扩大到一般系统了。

对于积分控制而言，$G_C(s)=\dfrac{k_i}{S}$，$S\to 0$ 时余差的分母趋向无穷大，所以余差为零。容易看到，不论是纯积分、比例积分，还是比例积分微分，只要有积分项存在，余差就为零。

对于微分控制，$G_C(s)=k_d S$，同样存在余差。纯微分控制在现实中不存在，但比例微分依然存在余差。

容易证明，对于误差传递函数而言，设定值阶跃变化和干扰阶跃变化是等价的。也就是说，无余差控制的条件对于设定值阶跃变化和干扰阶跃变化是相同的。

余差问题还可以有另一个视角。微分反正对余差没有作用，只考虑比例积分控制，而且是离散时间域的，也就是说：

$$u(k)=u(k-1)+k_p\Delta e(k)+k_i T_s e(k)$$

对于误差传递函数，设定值变化和干扰变化是等价的，所以假定设定值不变，纯比例控制就成为：

$$u(k)=u(k-1)+k_p\Delta y(k)$$

当比例控制作用使得闭环响应最终稳定下来的时候，输出不再变化，因此 $\Delta y(k)=0$。但输出不再变化不等于其数值稳定在设定值上，可这时控制量 $u(k)=u(k-1)$，也不再变化了，所以输出就永远“浮”在那里，不再被驱向设定值，形成余差。

事实上，在上述比例控制律里，恒定不变的设定值项对消后消失了，控制作用根本“看不见”设定值了，这也是比例控制律不可能消除余差的一个提示。

但对于积分控制来说，只要 $e(k)$ 不为零，积分作用就一直继续加码，即使这时 $y(k)$ 已经差不多停止变化，比例控制作用基本消失，最终控制作用可简化为：

$$u(k)=u(k-1)+k_i T_s e(k)$$

也就是说，只有到 $e(k)$ 为零，$u(k)$ 才停止增长。

必须注意的是，积分控制能在阶跃输入的情况下消除余差，这与终值定理是一致的，但终值定理要求极限存在。在非稳态输入情况下，输出永远在变，稳态并不存在，所以把斜坡输入或者正弦输入套用到终值定理上是不行的，那是超出适用条件的误用，也是积分不能在斜坡输入、正弦输入或者任何其他永远在变的输入激励下消除余差的道理。实际上积分对于一切非稳态输入都不能消除余差。

比例、积分、微分对余差的不同作用也可以通过物理过程从直观上理解。考虑一个用夹套中的热水进行反应器温度控制的例子。假定设定值为 60℃并维持不变，执行机构为热水控制阀，初始开度为 50%，热水温度为外来干扰。如果热水温度从 100℃下降到 90℃，按照热量平衡，需要阀门开度增加到 75%才能保持温度。但按照纯比例控制的话，实际温度回到 60℃的时候，阀位应该最终回到 50%。显然，从热量平衡来看，这是不可能的。实际上，热水温度从 100℃有任何上升或者下降，要保持反应器内温度为 60℃，阀位就不可能还在 50%。

微分控制作用只针对温度的变化率做出反应，而余差是闭环响应已经进入稳态时的现象，也就是说，温度不再变化了，微分的作用随之消失。微分不可能消除余差。

另一方面，在比例控制作用动态补偿热水温度带来的扰动的同时，热量平衡决定了需要有某种手段把阀位最终移动到 75%才可能实现无余差控制，这个“某种手段”就是积分。只要温度还没有回到 60℃，积分控制作用就不断提高阀位动作的基线，直到阀位动作基线达到 75%，才能满足基本的热平衡。

但干扰持续变化的话，积分作用也无法建立在幅度和相位上正好完美的阀位动作基线，只有用完全独立于 PID 控制之外的其他方法建立阀位动作基线，才有可能达到无余差控制。这超出本书范围了。

PID 参数的性质

给定被控过程的传递函数的话，指定闭环零极点位置，PID 的 k_p、T_i、T_d 是有可能计算出来的。不过在现实里，PID 很少有计算出来的，基本上都是调试出来的。这就像绘画的颜料色彩有可能用 RGB 数值指定，但画家都是靠眼睛去看，而不是看 RGB 数值。

好在 k_p、T_i、T_d 并不是抽象、无具体意义的参数。

比例增益 k_p 的性质

k_p 在数学上是无量纲的，或者说无单位的，但实际上 k_p 与具体的单位和量程相关：

$$k_\mathrm{p}=\frac{\Delta u\%}{\Delta e\%}$$

$\Delta u\%$为以控制阀量程百分比为基础的相对控制量增量，$\Delta e\%$为以传感器量程百分比为基础的相对误差增量。

实际控制系统都是有单位的。测量值有温度、压力、液位、转速等具体的单位，所有测量仪表都有量程。比如，某一过程的温度传感器的量程为-200~800℃，整个量程的幅度是1000℃。实际温度为-200℃时，就是量程的0%；实际温度为50℃时，就是量程的25%；实际温度为300℃时，就是量程的50%，以此类推。

设定值和测量值总是具有相同的单位和量程，所以：

$$e\% = y_{SP}\% - y\%$$

其中：

$$y\% = \frac{y - y_{min}}{y_{max} - y_{min}} \times 100\%$$

$$y_{SP}\% = \frac{y_{SP} - y_{min}}{y_{max} - y_{min}} \times 100\%$$

这样：

$$\Delta e\% = e\%(k) - e\%(k-1)$$

y_{max}和y_{min}为测量值量程的上下限。还是以-200~800℃的温度为例，设定值为300℃，$y_{SP}\%$就是50%；实际温度为200℃，$y\%$就是40%；$e\%$则为10%。

控制量也一般以执行机构的“全开”和“全关”及其等效状态为100%和0%，而不是用具体的阀门对应的管道流量、变频调速对应的电机转速等。这一般不是问题，控制量本来就常以全动作幅度的百分比表示。好比开汽车，油门从不碰一直到踩到底，就是0~100%的范围，具体在30%的位置是200 g/min燃油量还是250 g/min，各车的具体设计不一样，但驾车人并不在乎。

以量程百分比为基础的相对控制量增量也与误差相似定义。也就是说：

$$\Delta u\% = u\%(k) - u\%(k-1)$$

这样的定义属于工程上常见的无量纲化。看似无必要地把简单的事情弄得复杂了，其实不然。无量纲化使得很多貌似不可比的事物可比了。

比如，无量纲的$k_p=2$的话，意味着“误差改变1%则导致执行机构的控制动作改变2%”。这不仅摆脱了具体的测量值单位和量程的困扰，也使得不同回路之间可比。换句话说，对于有经验的自控工程师来说，如果看到一般的流量回路$k_p=5$，马上会引起警觉：要么这个回路很特别，要么增益高得离谱。但如果量纲化，k_p值就随测量值单位和量程有关，就很难建立有用的直觉。

回到开车的例子。老司机如果换一辆不熟悉的车，但平常城市里上路就需要油门踩大半，马上能发觉发动机或者变速器有问题，或者制动器没有松开。但如果油门开度是以燃油的每分钟克流量表示，判断就没有那么直观了。

牢记 k_p 的这个定义在实践中也有用。在过程工业中，设定值经常是保持固定的。在有大量操作实践的地方，有机会实地了解“如果温度变化 20℃，一般控制阀需要打多少（%）才能把温度拉回来？”这样的问题不一定能得到精确和一致的回答，但可以得知一个大致的数量级。以此换算为 k_p，加以适当的安全余量，作为参数整定的起点，是有用的办法。

同时，传感器在检修、升级中量程重设，或者控制阀尺寸更改，需要重新整定 k_p，可以根据新老量程和新老控制阀的尺寸变化直接计算新的 k_p，也可以凭经验适当调整。

k_p 增加，比例控制作用增加。在 k_p 增加过程中，闭环回路动态响应具有如下影响：

- 上升时间缩短。
- 超调量增加。
- 稳定时间略微缩短。
- 余差缩小。
- 稳定性下降。

基于上述无量纲化后的定义，在过程工业里，尤其是流量回路，k_p 的范围通常是在 0.1~2.0，很少出现 $k_p>10$ 或者 $k_p<0.02$ 的情况。这是因为测量仪表的量程在大体上只是略大于常用范围，而不会大到离谱，以保证必要的测量精度；控制阀的尺寸也只是略大于常用范围，过大的控制阀动作粗糙，同样不利于提高控制精度。在理论上，如果传感器特性和阀门特性都可近似为线性，而量程和阀门尺寸理想化为正好覆盖常用范围，那 $k_p\approx1$。

压力回路是一个例外，可能出现较高的 k_p。传感器量程需要按照从完全加压到完全泄压而设计，但在正常工作时，压力只在其中很小的范围里波动。也就是说，“有效工作范围”大大小于量程的全范围。这可以等效为“同样百分比的测量值变化反映的是较大的实际压力（kPa）变化”。只有较高的 k_p 才能对较小的实际压力（kPa）变化足够灵敏，提供必要的控制量变化。

温度回路也可有同样的问题，尤其在寒冷地区或者涉及低温物料（如液氢、液氮、乙烯）。由于设备的设计安全规范，温度测量仪表的下限需要以气温或者物料温度下限为准，实际运行温度要高得多，波动范围也要小得多。与压力是一样的问题，可能需要较高的 k_p 才能对较小的实际温度变化足够灵敏。

在有些老式系统里，比例控制作用由比例带决定：

$$比例带=\frac{1}{k_p}\times 100\%$$

比例带与 k_p 在数值上不一样，但在作用上是等效的。

积分时间 T_i 的性质

积分最大的作用是消除余差。从根轨迹的角度来说，积分在原点增加了一个极点，再往右就是开环不稳定极点了，对稳定性的影响不言而喻。当然，增加积分作用肯定不等于立刻导致不稳定，但滥用积分，或者积分增益无度增加，或者等效地说，积分时间无度降低，也确实容易造成不稳定。只要余差消除速度够快，就没有必要继续增强积分控制作用，这是在参数整定中要注意的。

在控制实践中，闭环回路的低频、持久、大幅度振荡经常由于过度使用积分而引起。

T_i 增加，积分控制作用降低。在 T_i 增加过程中，闭环回路动态响应应具有如下影响：

- 上升时间加长。
- 超调量降低。
- 稳定时间缩短。
- 稳定性增加。

只要有积分控制存在，余差最终都会消除，只是时间长短的差别而已。余差在理论上要时间趋向无穷大才能消除；在实际上，余差降低到5%以下，就可以认为已经消除了，2%以下的余差经常在仪表误差范围以内，追求再小的余差已经没有意义了。这里，5%是相对于阶跃输入下初始状态与稳态之间的相对幅度而言的，不是仪表量程。比如说，初始状态为250℃，阶跃输入作用下稳态达到300℃，5%的余差就是0.25℃。

在理论上，$T_i=0$，积分作用无穷大。但在有些控制系统上，为了避免错误和困惑，$T_i=0$ 实际上切除了积分作用。这时要特别小心，避免“凡事一点一点增加”的日常习惯，因为 $T_i=0.01$ 不是一点点积分作用，而是超强的积分作用。

T_i 是有单位的，一般以分钟（min）为单位。T_i 也是有物理意义的。T_i 是在稳定不变的误差作用下，积分控制作用幅度加倍所需的时间。在经验法整定的时候，可以以“如果温度（或者压力、流量等）一直保持在现在的位置，需要在多少时间内把控制量加倍，才能把温度（或者压力、流量等）压回去?”这样的思路，建立初始积分时间的估计值，作为进一步参数整定的起点。应该注意到，

这里 T_i 与当前实际测量值或者阀门开度无关。

通常 $T_i = 0.5 \sim 5.0\ \text{min}$。$T_i > 10.0\ \text{min}$ 以后，积分作用就很微弱了，实用中很少见到 $T_i > 30.0\ \text{min}$ 的情况。

不过一般说积分控制不作为基础控制作用，在某些情况下可以例外。过程控制实践里也确实有“积分为主”的做法。这还是比例-积分控制，但只有非常微弱的比例作用（很小的 k_p，比如 $k_p = 0.1$ 甚至 $k_p = 0.05$），但有一个相对较强的积分作用，比如 $T_i = 0.2 \sim 0.5$。

这样的“反其道而行之”在某些圈子里很流行，甚至作为新开工过程装置的初始参数设定。这样做的好处是利用积分作用动作缓慢的特点，“以小变应万变，稳定压倒一切”。不过这里的“稳定”并不是动态系统稳定性的稳定，因为积分是不利于稳定性的。这里的稳定实际上指稳步。

积分主导的 PID 具有较少受到测量噪声或者过程干扰影响的特点，也因为缓慢的控制动作而避免了激发复杂过程内部的交联和耦合。在概念上，这可以比作自带低通滤波的 PID，专注于维持过程系统的状态变化基线，而不追着瞬息万变的暂态而变化。

在新开工装置上有用，是因为新开工装置由人工启动，在大致达到稳定状态后才转入自动控制。这时主要任务是维持当前状态，积分主导正好得心应手。但开工后，很快开始探索提高产量、增加品种等任务，积分主导的控制机制可能跟不上。

过程系统确实有长期、缓慢的基线变化，比如昼夜温度对精馏塔冷凝和塔效率的影响。积分主导的 PID 确实有“排除干扰、专注基线”的作用，但这是有条件的。最主要的条件就是：过程在本质上必须是强烈自稳的，扰动的影响不仅短暂，而且在一段时间后自我抵消，或者过程对稳定性或者精确运行没有多少要求，更不需要时常改变工艺条件，闭环控制的作用只是偶尔出手纠偏一下。换句话说，这样的过程系统在本质上是开环运行的，并不需要多少闭环控制。

更具体地来说，积分主导的 PID 的成功应用需要满足以下条件：

1）过程本身的动态必须非常缓慢。

2）一个过程的状态受到扰动而引起漂移不至于造成相邻上下游过程的运作问题。

3）主要控制要求是干扰抑制，但对跟上时常变化的设定值（对应于工艺状态）的要求不高。

在实践中，积分主导的 PID 有用武之地，但积分控制在本质上是降低稳定性的，这一点并不因为有实际应用而改变。从直观上讲，积分主导的 PID 动作太慢，只有对准静态系统才管用。现代过程工业已经越来越偏离“油门踩到底不动摇”的长期稳态运作了。市场条件可能需要时常提产以适应市场需求或者减产以控制库存，也可能需要频繁更换进料来源（及相应的工艺条件）以最大限度地利用市场机会，更可能需要频繁更换产品品种或者产品构成。这些都对以准静态运行为主的积分主导 PID 不利。

但对于测量噪声特别大而没有有效滤波的情况，或者测量噪声对闭环性能是主导影响，设定值变动和干扰并不是大问题的情况，积分主导的 PID 还是有用的。这时动态稳定性不是主要矛盾，不因为误动作而放大测量噪声的影响才是最重要的。

微分时间 T_d 的性质

微分时间这个名称其实有点误用，T_d 与时间的关系并不直接，而是某种形式的增益，而且与 k_p 一起起作用，只是量纲运算后，恰好有时间单位：

$$k_p T_d = \frac{\Delta u\%}{\Delta e\%_{ROC}}$$

$\Delta u\%$ 的定义与比例控制增益中的相同，$\Delta e\%_{ROC}$ 是以量程百分比为基础的相对误差变化率增量，也就是说：

$$\Delta e\%_{ROC} = e\%_{ROC}(k) - e\%_{ROC}(k-1)$$

其中：

$$e\%_{ROC}(k) = \frac{e\%(k) - e\%(k-1)}{T_s}$$

$\Delta u\%$ 和 $\Delta e\%$ 是无量纲的，T_s 的量纲是时间，所以 T_d 有时间量纲，但并无简洁的与时间有关的物理意义。牵强附会一下，$k_p T_d = 2$ 也可以看作“百分相对误差的变化率增加 1%，增加控制量 2%”。

微分控制对误差具体在哪里无所谓，只关心误差是在增长还是降低。误差是从谷底增长还是在接近巅峰时还在继续增长，对于微分控制作用没有差别。或者说，微分的作用是“压平”误差曲线，但误差曲线高于还是低于设定值对微分控制作用无关紧要。因此，微分控制作用也不能用作基础控制作用。

但误差增长或者消失的速度很重要，这是微分控制作用的基础。因此，微分既对过程变化的细微但迅速的变化敏感，也对幅度有限但变化迅速的测量噪声敏感。前者是微分“超前”作用的基础，防患于未然；后者则是微分在实用中不便放手使用的最大障碍，测量噪声是实际过程中难免的。

从根轨迹角度来说，微分增加了一个开环稳定的零点，这是增稳的。但微分在控制实践中使用并不多，大部分 PID 控制只是 PI，没有 D，问题就在于微分对测量噪声很敏感。单纯从测量值的当前变化里是无法判别多少变化来自真实的过程变化，多少变化来自测量噪声。但幅度小、变化快的测量噪声可以通过微分控制作用得到放大，使得本来应有的增稳作用适得其反。

对测量值施加低通滤波（滤波问题在后面还有更加具体的讨论）有助于抑制测量噪声，但最简单的一阶低通滤波相当于在闭环里增加了一个极点。越强的低通滤波，极点位置越靠近虚轴，实际上是降低稳定性的。滤波有用，但为了用微分而加入滤波，尤其是强滤波，就好像做菜时为了提味而多加盐，然后猛加糖对冲一样，终究不是办法，应该避免。

只有在确认测量值中过程变化占主导、测量噪声很次要的情况下，才能放手使用微分。这样的“干净”的测量值未必只能是平滑变化的，迅速变化但实际反映过程变化的测量信号也可用，比如精馏塔再沸器的冷凝罐液位控制问题。

精馏塔一般操作原理在单元操作控制里会谈到，再沸器是塔底的加热器。再沸器通常采用蒸汽作为加热介质，冷凝后的蒸汽成为冷凝水，排入冷凝罐。出于工艺、设备、投资和占地上的考虑，冷凝罐有时是水平的筒体，而且容积较小。冷凝罐里的冷凝水处于相变界限上，液位变化很快。但容积较小，一不小心液位就会出现高位或者低位。高位会造成冷凝水排水不畅，甚至积液造成传热面积降低，影响后续冷凝和精馏塔的整体运作，低位可能导致蒸汽进入冷凝水管道，造成“水锤”问题，影响设备安全。一般的比例、积分整定很难稳定下来，增加 $T_d=0.05\,\text{min}$ 可能有奇效：有效抑制貌似噪声实际是真实的高频小幅度液位变化。

同样从根轨迹可以看到，很短的微分时间（在左半平面远离虚轴的位置）对“根轨迹树丛”有整体向左吸引、增加闭环稳定性的作用，但很长的微分时间（靠近虚轴的位置）反而有可能把“根轨迹树丛”在整体上往右半平面方向拉，实际上降低了稳定性。这是零点的“吸引”作用决定的。

因此，微分时间需要显著小于主导时间常数，否则会弄巧成拙。不论是从测量噪声出发，还是从闭环增稳出发，微分时间都不宜过大。“点到为止”的微分可能有奇效，尤其对快速、小幅度、频繁变化的过程，如上述精馏塔再沸器液位。

T_d增加意味着微分控制作用增强，这使得：

- 上升时间缩短。
- 超调量降低。
- 稳定时间缩短。
- 稳定性增加（假定测量噪声不是问题）。
- 对余差没有影响。

对于常见的过程系统，$T_d=0.05\sim0.2\,\text{min}$，较少见到 $T_d>0.5$ 的情况。

实际上，除了测量噪声外，另一个不便使用微分的原因是：微分对误差起作用，设定值的突然或者频繁变动也会引起不必要的微分控制动作。为此，工业上将变体 PID 作为一种选择：

$$u(k)=u(k-1)+k_p\left(\left(\Delta e(k)+\frac{T_s}{T_i}e(k)\right)+T_d\frac{\Delta y(k)-\Delta y(k-1)}{T_s}\right)$$

也就是说，比例和积分作用在误差上，对设定值变化和干扰都起作用，但微分只作用在测量值上，对干扰依然起作用，但对设定值变化没有感觉。这是符合过程控制实践需要的。在绝大多数情况下，干扰抑制是主要矛盾，设定值跟踪即使有要求，一般也以稳健为主要要求，快速要求次之。

这样的 PID 有时在文献里被称为 PI-D。以此类推，还有 I-PD。也就是说，只有积分项作用于误差，确保稳健和无余差控制，但比例和微分都只作用于测量值：

$$u(k)=u(k-1)+k_p\left(\left(\Delta y(k)+T_d\frac{\Delta y(k)-\Delta y(k-1)}{T_s}\right)+\frac{T_s}{T_i}e(k)\right)$$

I-PD 进一步牺牲对设定值变化的跟踪性能，但保持了良好的干扰抑制能力。在串级系统（下一章会详细谈到）的设定下，对于“稳定压倒一切”的主回路较有用。这时设定值如果变化，也是很缓慢、长期的，主要矛盾是回路里的干扰抑制。

PID 参数的整定

如前所述，在控制实践中，PID 回路的参数基本上都是调试出来的，极少有计算出来的。这既是优点也是缺点。

说它是缺点，是因为调试不可避免地带有一定的任意性，尤其是实际上最常用的经验法。调试的门槛也高，会者不难，但对入门者就视若畏途了。

优点也来自调试的非参数性。也就是说，并不从一阶或者二阶动态模型出发，不经过严格的计算，因此也对模型精确度、过程漂移等不定性不敏感。这对控制实践很重要。实际过程很少一成不变，也基本上不可能获得精确模型，要么难度太大，要么需要花费的功夫与有限的控制回路性能改善不成比例。

几十年来，有一些基于过程动态测试的调试方法，下面列举几种常用的。

Ziegler–Nichols 法

Ziegler–Nichols 法是最经典的 PID 参数调试方法，有时简称为 Z–N 法，由 John Ziegler 和 Nathaniel Nichols 在 1942 年首先发表。这是基于闭环阶跃响应测试的方法。首先要在纯比例的情况下，进行若干次设定值阶跃变化下的测试。需要首先切除积分和微分，也就是说，$T_i=\infty$，$T_d=0$。逐步增加比例增益 k_P，直至发生稳定的持续振荡。也就是说，振荡幅度既不随时间增加，也不减小。这时的比例控制增益称为临界增益 k_U，振荡的周期称为临界周期 T_U。根据实测得到的 k_U 和 T_U，Z–N 法给出的 PID 参数见表 2–1。

表 2–1 Ziegler–Nichols 参数整定法

	k_P	T_i	T_d
纯比例	$0.5k_U$		
比例积分（PI）	$0.45k_U$	$0.83T_U$	
比例微分（PD）	$0.8k_U$		$0.125T_U$
PID 三作用	$0.6k_U$	$0.5T_U$	$0.125T_U$

Z–N 法是最接近 4:1 衰减比的参数整定方法。

从根轨迹的角度来说，Z–N 法在本质上就是从临界增益（根轨迹穿越虚轴时的增益）减半，将闭环极点从虚轴上沿根轨迹向左“回溯”，并在有积分和微分的情况下进一步微调。这些修正系数并不神秘，只是在很多典型系统中反复测试后，取“最可能值”。

显然，从纯比例增加积分后，需要适当降低比例增益 k_P，以补偿积分降低稳定性的作用。但从纯比例增加微分后，可适当增加比例增益 k_P，从微分作用增加的稳定性“借光”。PID 则是 PI 和 PD 之间的折中。

Z–N 法成熟、可靠、收敛快，缺点是控制动作对于一般过程控制应用有点过于“凶猛”。对于简单过程，很多是高度过阻尼的，即使在闭环状态下，也难以达到持续振荡。对于这样的过程，也不需要 Z–N 整定，用经验法整定就大差不差。对于复杂过程，Z-N 法整定出来的 PID 控制动作经常过于激烈。

多年来，有不少改进 Z-N 法推出，其中 Pessen 积分法则在闭环阶跃测试时，积分增益 k_i和微分增益 k_d都保持在 0.2（采用“工业表述”时则转换为响应的积分时间 T_i和微分时间 T_d），然后逐步增加比例增益 k_P，直至发生持续振荡（见表 2-2）。

表 2-2　改进的 Ziegler-Nichols 参数整定法

	k_P	T_i	T_d
Pessen 积分法则	$0.7k_U$	$0.4T_U$	$0.15T_U$
低超调	$0.33k_U$	$0.5T_U$	$0.33T_U$
无超调	$0.2k_U$	$0.5T_U$	$0.33T_U$

与经典 Z-N 法相比，Pessen 积分法则的比例项修正系数更高，这是因为闭环测试的时候本来已经包括积分和微分的影响了。但积分更弱，微分更强，更加倾向于稳定性，而不是快速消除余差。

Pessen 积分法则整定出来的 PID 比 Z-N 法更温和，也对过程动态特性漂移更不敏感。此后，还有对低超调和无超调情况进一步优化的参数整定法则，进一步解决了 Z-N 法超调偏大的问题。

在 Pessen 积分法则的基础上，进一步降低比例作用，就有低超调和无超调的参数整定，同时增强积分，在这里起一点低通滤波的作用，并用增强的微分“对冲”增强积分带来的对稳定性的负面影响，前提当然是测量噪声不是问题。

Cohen-Coon 法

1953 年，G. H. Cohen 和 G. A. Coon 提出新的参数整定方法。这是基于开环阶跃测试的。首先根据实测开环阶跃响应得出一阶带纯滞后的开环传递函数的开环增益 K、时间常数 T 和纯滞后 τ（关于纯滞后，在后面的章节里还要详细讨论），如图 2-8 所示。

理论上的一阶带纯滞后的动态响应在纯滞后和一阶响应的“飞升”之间有一个清晰的转折点。在实际过程中，这个转折点不会那么清晰，需要一点“毛估估”。一旦获得开环增益 K、时间常数 T 和纯滞后 τ 后，就可以根据 Cohen-Coon 法整定 PID 参数，见表 2-3。

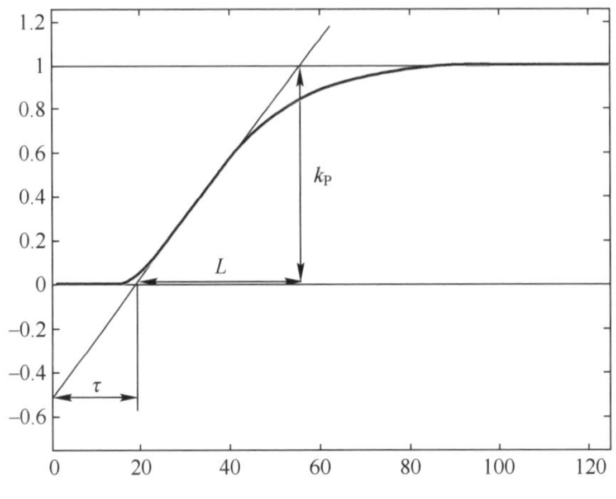

图 2-8　从典型阶跃响应提取一阶带纯滞后的信息

表 2-3　Cohen-Coon 参数整定法

	k_P	T_i	T_d
纯比例	$\frac{1.03}{K}\left(0.34+\frac{T}{\tau}\right)$		
比例积分（PI）	$\frac{0.9}{K}\left(0.092+\frac{T}{\tau}\right)$	$3.33\tau_D\frac{T+0.092\tau}{T+2.22\tau}$	
比例微分（PD）	$\frac{1.24}{K}\left(0.129+\frac{T}{\tau}\right)$		$0.27\tau_D\frac{T-0.324\tau}{T+0.129\tau}$
PID 三作用	$\frac{1.35}{K}\left(0.185+\frac{T}{\tau}\right)$	$2.5\tau_D\frac{T+0.185\tau}{T+0.611\tau}$	$0.37\tau_D\frac{T}{T+0.185\tau}$

Cohen-Coon 法也是为 4∶1 衰减优化的。与 Z-N 法相比，用阶跃测试首先获得开环传递函数，而不是做闭环振荡试验。这既是优点也是缺点。优点在于测试结果明确、直观，而且可用于其他控制分析的基础；缺点在于需要做对过程运作影响较大、容易引起工艺方面顾虑的开环测试。

由于在参数整定中明确地要求得到纯滞后 τ，Cohen-Coon 法对大滞后过程的适应性更好。相对来说，Z-N 法对纯滞后没有特别考虑。

Cohen-Coon 法对开环传递函数的质量要求较高，否则 K、T、τ 较小的差异可以导致较大的 PID 参数和闭环性能的差别，带来使用中的困扰。

除了 Z-N 法、Cohen-Coon 法，还有 Tyreus Luyben 法、λ 法、κ-τ 法等，各有优缺点，这里不一一介绍了。

自动整定和回路性能评估的问题

随着在线辨识技术的发展，通过实时采集闭环系统输入输出数据，用最小二乘法或者其他方法实时辨识过程动态模型，已经是越来越成熟的技术了。在理论上，可以通过这样辨识出来的过程动态模型，用 Z-N 或者其他方法实时计算 PID 参数，完成自动整定，但 Karl Astrom 和 Tore Hagglund 在 1984 年提出更加简洁、实用的方法。

Astrom-Hagglund 法用开关控制下的闭环系统首先测试闭环动态特性。如前所述，对于开环稳定的动态系统，开关控制导致有界的持续振荡，如图 2-1 所示。Astrom 和 Hagglund 证明了开关控制下过程输出的振荡周期近似等于 Z-N 法定义的临界周期 T_U，而临界增益：

$$K_U = \frac{4b}{\pi a}$$

其中，a 为过程输出的振荡幅度；b 为开关控制的动作幅度。有了 K_U 和 T_U，自然就能套用 Z-N 法或者改进 Z-N 法的整定，迅速得出 PID 参数。

与 Z-N 法的闭环临界振荡测试和 Cohen-Coon 法的开环传递函数相比，Astrom-Hagglund 法的好处是：即使在动态特性测试期间，过程也始终置于闭环的开关控制之下。尽管过程不是稳定在设定值上，过程输出始终是有界振荡，不会失控。相比之下，Z-N 法的等幅振荡也是有界的，但“界”无法指定，来什么是什么。Astrom-Hagglund 法的“界”可以根据开关控制的动作幅度加以控制，对工艺运作更加友好。

同时，Astrom-Hagglun 法对开关控制的动作幅度没有硬性规定，幅度较大可以确保更加精确的临界增益信息，但幅度只要大到可以导致有意义的持续振荡就足够，并不需要从 0%到 100%的火力全开。

在实际使用中，Astrom-Hagglund 法在开关控制和 PID 控制之间交替使用，前者用于测试或者核实过程动态特性，后者用于实际控制。如果确信过程动态特性不会漂移，一次性测试得到的整定参数就可长期使用；如果过程动态特性会经常漂移，比如由于周期性的工艺条件或者设备组合的改变，那就需要周期性地用开关控制重新测试和核实，才能有更新过的 PID 参数可用。

Astrom-Hagglund 法开创了用开关控制测试和自动整定 PID 的方法，此后涌现出很多类似思路的方法，并有很多商业软件可供选用。这引出一个问题：什么时候适合使用自动整定？自动整定可以取代传统人工的经验法整定吗？

PID 控制是基于线性控制理论的控制方法，但在实用中，PID 的应用远远超过线性定常系统，广泛用于弱时变、弱非线性场合，甚至不那么弱的时变和非线性场合。以开关控制为基础的自动整定方法也是基于线性定常系统，但是真正线性定常的系统顶多用一次自动整定就“管用一辈子”了；真正时变、非线性的系统则 Astrom-Hagglund 的证明就失效了，硬性套用的话结果高度不可预测。最后自动整定常遇到这样的尴尬：管用的场合不需要，需要的场合不管用。这不是自动整定独有的，更加“高级”的以在线辨识为基础的自适应控制也是一样。

不论是在理论上还是在实用中，自动整定现在只能用于相对简单的场合。问题是，这些场合自动整定也好，人工整定也好，都容易搞定。真正复杂的场合人工整定搞不定，自动整定也搞不定。

但自动整定还是有用的。在新的大型装置开工时，缺乏运行经验，也没有人工整定的时间，在试运行期间就用自动整定摸索出初始 PID 参数，在以后的长期运行中再慢慢优化，这是很现实且有效的做法。

在生产过程大修或者升级改造后，有时也需要自动整定来核实现有 PID 参数或者重新建立初始 PID 参数。

对于周期性大幅度变更工艺条件的过程，自动整定也有用武之地，否则人工整定就要大量重复劳动了。

还有一个场景就是每过一段时间，用自动整定对全过程的 PID 回路“重设”一下，好像定期大扫除一样。但自动整定需要一段时间的开关控制，在这段时间里，生产过程要经历大幅度持续振荡，对产品产量和质量的影响不是总能接受的。在确保最优性能和主动去制造问题之间，需要仔细权衡。

另一个用法是作为顾问系统，提供新参数后，由人工决定是否采用。这可以避免大幅度但不可靠的调整。

如何用好自动整定至今依然是一个挑战。

性能评估是与自动整定相关但又很不相同的问题。

传统上，回路性能评估没有太严格的方法，“没人抱怨”就是足够好的性能。随着自动化程度越来越高，也随着产能、质量和能耗要求的提高，控制回路的性能已经不能满足于“没人抱怨”，理想境界是所有回路都时刻保持最优。

回路性能有超调、稳定时间、衰减比等传统指标，但提出这些指标是一个问题，能否达到是另一个问题，时不时用阶跃响应核实这些性能指标通常是不可接受的。

在数学上，可以证明最小方差是可达到的最优性能。当然，这么说也不尽严格，最小方差只是以方差为性能指标而最优化的结果，但这是最优控制的基础形式。

在控制实践中，一般认为最小方差的控制律动作太过“凶猛”，对过程动态模型的不精确性、不定性太敏感，一般需要次优化以降低敏感度。还有一个办法是以最小方差为极限，计算出最短的稳定时间，然后参照实际需求，在最短稳定时间的基础上放宽到实际要求的稳定时间，只要实际回路的稳定时间能达到规定的要求，就认为回路性能是合格的。

问题是不能在闭环控制回路运行期间，动辄做一个阶跃测试来实际测定稳定时间，需要在对工作中的控制回路完全被动的观察中，根据输入输出数据推断实际回路的稳定时间。

用最小二乘法是可以在线估计一个线性动态模型，然后计算最小方差控制解以及相关的稳定时间的。但反馈的存在使得因果关系受到扭曲，果依然来自于因，但因中也含有果。因为被控过程的输入是控制器的输出，而控制器的输出正是基于被控过程的输出。

但是换一个思路，如果并不需要精确求解被控过程的动态模型，只要求得到闭环系统的动态特性，也就是说，不在乎增益，那天地就宽了。可用快速傅里叶变换计算输入、输出的自相关函数和互相关函数，然后得到闭环系统的动态行为。重要的是，这是以非参数的脉冲响应形式表述的。

从微分方程和传递函数开始的动态模型也称参数模型，因为用确定的形式和有限几个参数就可完全描述系统的动态行为。另一种动态模型是非参数模型，阶跃响应和脉冲响应都是非参数模型。非参数模型没有确定的形式，甚至不一定是有限的形式。比如，阶跃响应用每个时间的采样值表示的话，是一个无穷数列，脉冲响应也是一样。在实用中，一般对数列数值基本上不再显著变化以后的项截断，所以成为有限数列，但从哪里开始可以截断，完全取决于系统的动态特性。非参数模型的项数“因系统而异”，这是与参数模型不同的另一个地方。

非参数的阶跃响应或者脉冲响应同样精确、完整地描述系统的动态行为。差别在于：参数模型总是可以精确复现为非参数模型，非参数模型就不一定能精确复现为参数模型。比如，不论多少阶，阶跃响应都可以数列或者曲线表示，但只有已知系统为一阶的，才能从上升到 63.7%所需的时间推断时间常数。而二阶以上的系统就不再有这样简洁的办法从阶跃响应反推时间常数或者零极点了。

脉冲响应与阶跃响应相似，只是以脉宽无穷短、幅度无穷大的脉冲作为输入激励，而不是阶跃信号。典型脉冲响应的形状好比高山速降滑雪跳台一样，直上之后迅速地指数下降归零。在数学上，脉冲响应可以对阶跃响应进行微分得到。反之，对脉冲响应积分，就可得到阶跃响应。在数学上，阶跃响应与脉冲响应是等价的。通过脉冲响应，就容易计算稳定时间了。

必须注意的是，这样求得的传递函数不含有精确的增益信息，只含有精确的动态信息。同时，这也是基于线性定常系统的，时变、非线性系统不适用。这使得回路性能评估具有与自动整定差不多的问题：需要的地方不一定好用，好用的地方经常不需要。

说起来回路性能评估的目的是确保所有回路都达到最优，但实际回路的重要性是有差别的，“回路之间生来不平等”。关键回路性能时刻处于严密监控之中，不合格的话，会迅速收到工艺和操作方面的反馈，要求立刻解决。关键回路还常常具有某种时变、非线性特性，自动的回路性能评估并不可靠。而非关键回路，其性能最优与否本来就是锦上添花的，相对不那么关键。

但回路性能自动评估还是有用的。回路性能自动评估对回路性能给出定量的实际性能，与规定的性能指标相对比，就能定量地显示所有回路的性能。时不时扫一遍，对“不达标”的回路做到心中有数，按部就班地“枪打出头鸟”，首先解决关键回路的性能问题，然后在非关键回路中，从性能最差的开始，有序、逐步地解决全局最优的问题。

在基本的回路性能评估基础上，相关技术还可以计算一些回路的关键特质。比如，对回路的主导振荡频率进行归类，将相似频率的回路列在一起，有助于对互相耦合的回路一并考察。不过这不能确定谁先谁后、谁导致谁的振荡，只能列出“同步振荡”的回路。这好比破案一样，只列出所有嫌疑人。进一步分析因果依然需要工程知识和经验。

更加完备的回路性能评估算法还可以根据实际稳定时间与规定稳定时间之间的差距，以及实际闭环性能的振荡特性和频域分析，进一步提出对 PID 参数的修改建议。但与自动整定一样，这些修改建议只能作为参考，并不可靠，不能照单全收。

经验法和常见过程的初始 PID 参数

最常用的参数整定方法实际上还是经验法，人工整定。这是因为：

1）大部分实际回路是在现有过程上已经运行多年的，有较长的运行历史，不是从零开始。需要整定的情况有几种：

- 精益求精，不断改进。

- 工艺条件改变，这可以是因为产量增加（导致基线流量、压力增加）或者产品转型。
- 传感器或者执行机构老化。

2）新的过程装置经常是现有装置的翻版或者扩建，并非从零开始的全新设计，因此有现有装置的回路参数作为参照和起点。

3）即使是全新过程，无可借鉴，典型的流量、压力、液位、温度回路有常用的参数范围可以作为初始值，这样的参数达不到最优，但经常能做到基本稳定。

以上几点决定了在大多数实际场景下，PID 参数整定实际上是在现有基础上的小修小补，而不是从零开始。只要理解了 PID 参数的意义和参数整定的规律，经验法并不可怕。必须说，很多新手对经验法有神秘感和畏惧感。但这和下厨一样，永远不掌勺，就永远畏惧；上几次灶台，神秘感就破除了。搞不定满汉全席，番茄炒鸡蛋还拿不下来吗？

对于大部分 PID 整定来说，正是这样。实际回路性能并不追求十全十美，追求的是皮实、管用。

图 2-9 以图示的方式，总结了前述比例、积分作用加强的影响。简单地说，增大比例增益和减少积分时间都有增加振荡和降低稳定性的趋向。图中没有微分的影响，但一般来说，微分作用宜弱不宜强，所以微分的整定也不复杂。

总体来说，如果对过程动态特性不确定，但出现回路过度振荡的时候，在大部分情况下，首先考虑降低控制作用。也就是说，比例控制增益向减小的方向改变，积分时间向增大的方向改变，微分控制作用向减小的方向改变，“总是”能增加稳定性的。

这是因为绝大部分物理过程都是耗散能量的，或者说是自然稳定的。根据根轨迹，开环稳定的系统在低增益的时候总是稳定的。这是“凡事不决先降增益”的理论基础。在控制实践中，降低的控制作用有时也称为比较“松弛”的整定。

首先达到稳定，然后增强控制作用，提高回路性能，这是“参数整定第一定理”。

在粗整定中，首先考虑 PID 参数成倍增加，或者对半减小，建立起对稳定性和回路性能的基本感觉后，才考虑更加精细的微调。

图中不易看出的是，闭环时高频小幅度振荡常由过度的微分作用导致，低频大幅度振荡常由过度的积分作用导致，中频中幅度振荡常由过度的比例作用导致。不同的回路之间，振荡频率和幅度不易直接比较，但同一或者相似回路在调

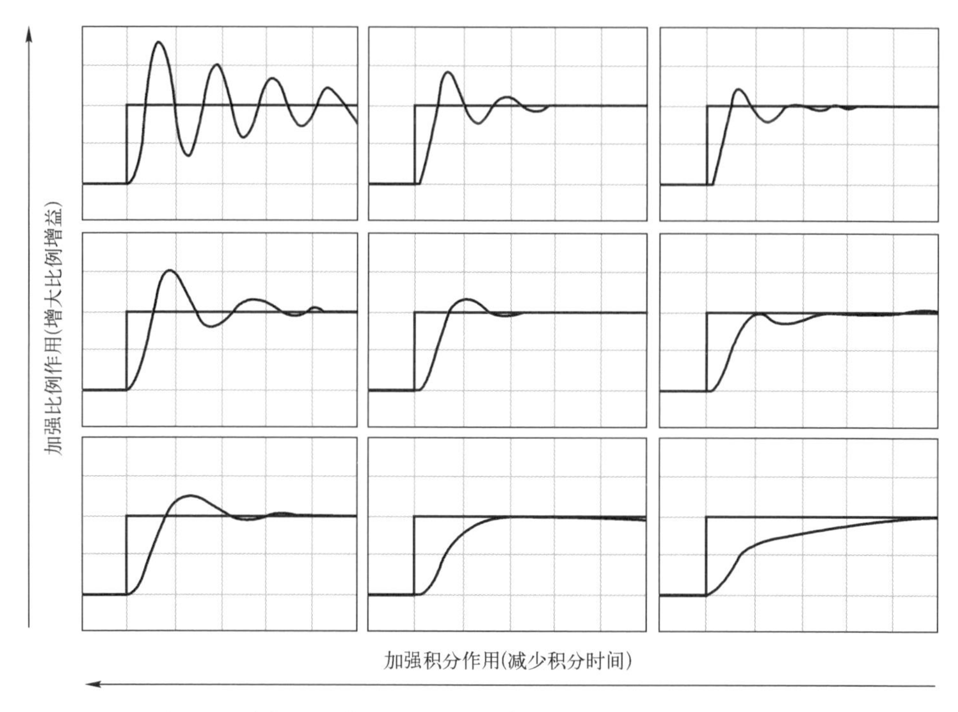

图 2-9　增大比例增益（纵轴）和减少积分时间（横轴）的影响

试过程中，还是可以比较的。

在很多情况下，并不需要对设定值做阶跃激励来考察闭环响应，过程本身存在的正常工艺条件变化和内在扰动就是足够的激励。如果过程在主要工况下总是稳定到纹丝不动，本来控制就没压力，什么都不干就差不多自然稳定了。在这样的情况下，更加精细的参数整定是锦上添花，而且需要额外的设定值阶跃激励。需要注意的是，这样的“好孩子”回路需要确保在异常和紧急工况下也能满足控制要求，好在这样的情况以粗调为主，精调要求不高。

这是对已有回路的调试整定。也就是说，现有回路至少能做到大体稳定，需要的是继续改进。按照 PID 参数的性质，比较参数调整后的响应，小步调整，这也是一个反馈过程。对于新装置，有参照过程的话，其实和已有回路的情况差不多，也是有一个可用的起点之后逐步改进的过程。

在彻底没有任何参照的情况下，可以考虑下列初始参数组合。

- 典型流量回路的动态简单，如果流量传感器量程和控制阀的尺寸完美匹配，控制阀开度从 0%到 100%导致的实际流量变化正好对应于传感器的量程从 0%到 100%，对应于 $k_p = 1.0$。实际控制阀会比量程流量更大一点，以保证在阀程顶端还有足够的控制灵敏度，也提供足够的控制力度裕度，k_P减半是良好的起点。在实用中，对于流量回路，$k_P=0.4$，$T_i=1.0\ \text{min}$，$T_d=0$ 是可用的初始参数组合。

- 压力回路的动态要更复杂，尤其涉及容器内有相变的时候。$k_P=1.0$，$T_i=1.0\ \text{min}$，$T_d=0$ 是可用的初始参数组合，如果是大型容器的压力回路，可以考虑加入 $T_d=0.05\ \text{min}$ 的微分。
- 温度回路的动态可以更加复杂。简单加热过程并不复杂，只是时间常数长一点，可能还有高阶动态的影响。但涉及放热反应或者吸热反应的话，动态就要复杂得多了。介质性质也影响温度的动态，高黏度、高度非牛顿型流体可能有更加复杂的动态行为。在实用中，对于温度回路，$k_P=1.0$，$T_i=1.0\ \text{min}$，$T_d=0$ 是可用的初始参数组合。对于大型加热设备，可以考虑加入不超过 $T_d=0.2\ \text{min}$ 的微分。
- 液位回路的动态一般比较简单，只是容器容积大小不同而已。但控制阀在进口与出口对液位动态有很大的影响。控制阀在进口的话，液位是典型的一阶过程，可考虑 $k_P=1.0$，$T_i=1.0\ \text{min}$，$T_d=0$ 作为初始参数组合；控制阀在出口的话，液位本身就是积分过程，可考虑 $k_P=1.0$，$T_i=0$，$T_d=0$ 作为初始参数组合。大部分容器都是作为中间缓冲容量，液位的精确控制不是问题，所以很少用微分。但也有特殊情况，如前面提到的精馏塔再沸器冷凝罐。

实际过程的差别太大，这些参数组合只能作为参考，是“实在没有其他选择的时候先放上去用用看”的。

一个可行的办法是根据图纸，或者实地观察一下被控设备，根据仪表量程和控制阀尺寸，从 PID 参数的定义出发，用常识直观估计一个初始参数。比如，“一个直径为 10 m 储罐，液位量程是离地 2~6 m，阀的 100%流量是 50 t/h，如果液位下降了 1%（差不多是 3.2 t），阀位变 2%就是变化 1 t，折算比例增益为 2，如果积分设在 5 min 的话，比例作用已经补上 1 t，5 min 的积分时间意味着需要再加 10 min 才能补上其余，这样的响应速度够用吗？”这肯定是非常粗略的估算，但不失为可用的初始值。在此基础上，根据实际闭环的动态行为，按照图 2-9 进一步精细整定。

测量噪声和滤波问题

测量噪声是过程控制不可回避的现实问题。任何传感器都有测量噪声，其差别只是大小不一样。测量噪声的来源有很多，可以是测量机构的机械松动、黏滞或者磨损，也可以是电子部分（如放大器）的热噪声、元器件老化，还可以是环境电磁场甚至接地不良的干扰。有些是可以排除的，如环境电磁场可以屏蔽，接地不良需要修好，机械磨损需要更换，但总是有更多的噪声无法避免。

测量噪声之所以不好处理，是因为它一般叠加在真正的测量信号上。在图 2-10 里，真正的测量信号大体是正弦波形式，但“杂乱无章”的噪声叠加上去之后，照单全收的话，PID 控制律容易被误导，尤其是微分控制作用。

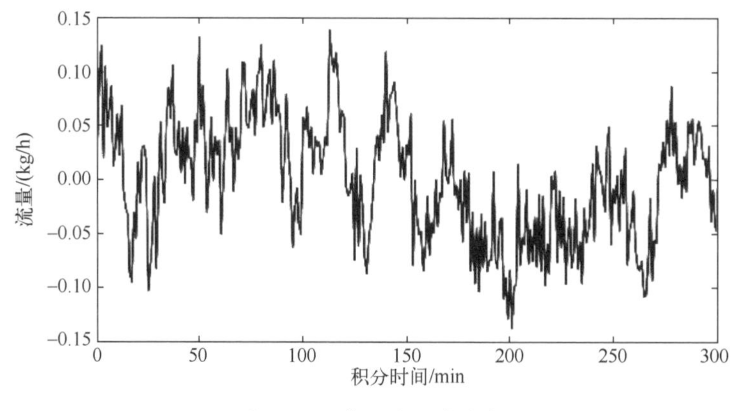

图 2-10　常见的测量噪声

但貌似杂乱无章的噪声其实还是有章可循的。首先，噪声的变化快，频率高；其次，噪声的幅度小（要是噪声幅度比信号幅度还大，就是完全不同性质的问题了）。根据这两个特点，可以对测量值进行滤波，抑制噪声，突出信号。比如，在人群嘈杂的地方，如果熟悉某人的音质，可以在嘈杂的背景噪声中听到这人的话语，这就是人类的噪声抑制本事。

过程控制也差不多，首先需要对信号加噪声进行频域分析，辨别信号的频段和噪声的频段。如果两者分得很开，就有办法了。

通过快速傅里叶变换，可以把时间序列的信号变换成频谱。也就是说，在整个频率范围上，计算出不同频率上的信号强度。用图 2-11 所示的频谱图显示出来，就可清楚地看到信号的主要频段在低频，噪声的主要频段在高频。如果用低通滤波器，也就是说，让低频信号尽量不受阻碍地通过，但对高频信号尽量拦阻，就可尽量消除高频噪声的影响，同时尽量保持低频的信号。

在讨论动态系统稳定性的时候提到，伯德图（见图 2-12）是频域分析的另一个方法。伯德图把传递函数分解成增益和相位两个部分。增益部分对滤波器设

计尤其有用。

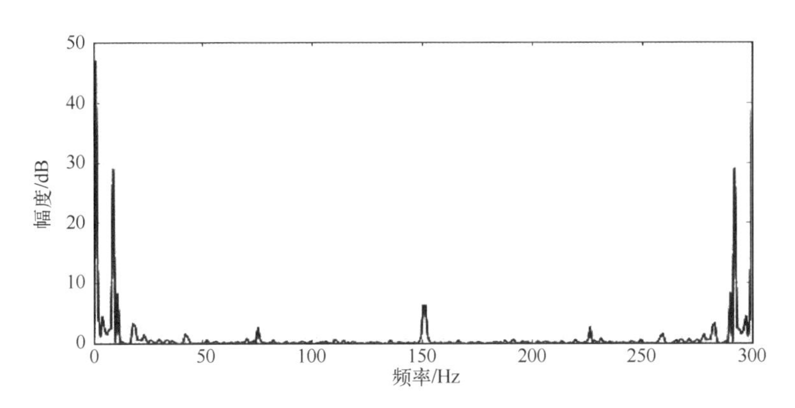

图 2-11　图 2-10 中信号的频谱

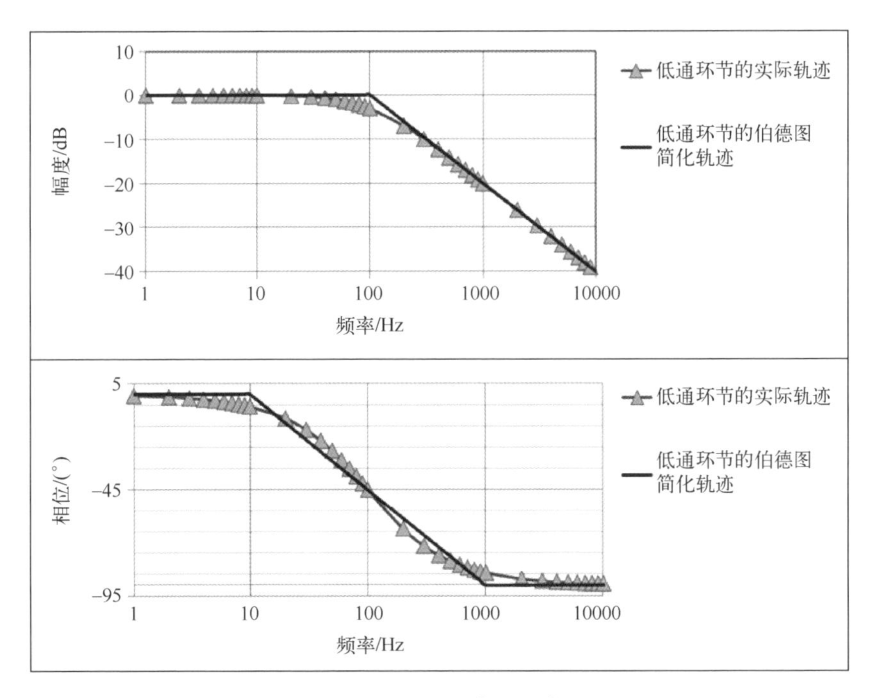

图 2-12　一阶环节的伯德图

对于一个一般的一阶动态环节：

$$G(s)=\frac{1}{Ts+1}$$

采用对数坐标后，增益图呈现出鲜明的特征：在频率逐渐升高的过程中，一阶系统的增益从 0 dB 开始，在很长时间里维持大体不变，然后在极点（$1/T$）处转弯向下。0 dB 代表增益为 1，也就是说，在这一频段里，信号通过基本没有衰减。在极点处转头向下则意味着：从这里开始，频率越高，衰减越大。因此，一阶环节也称为低通滤波器。这是最常用的滤波器，$1/T$ 称为截止频率。

低通滤波器对降低高频小幅度测量噪声的影响有用，但一般以“轻度”滤波为宜。也就是说：

$$G_{\mathrm{f}}(s)=\frac{1}{T_{\mathrm{f}}s+1} \quad T_{\mathrm{f}}<T_{\text{主导}}$$

滤波器时间常数 T_{f}需要小于过程的主导时间常数，最好远远小于。回顾第 1 章给出的典型反馈回路（见图 2-13），滤波器传递函数 $G_{\mathrm{f}}(s)$ 位于图 2-13 中“传感器”的位置，使得设定值到输出的闭环传递函数为：

$$G_{\mathrm{CL}}(s)=\frac{Y(s)}{Y_{\mathrm{SP}}(s)}=\frac{G_{\mathrm{C}}(s)G_{\mathrm{P}}(s)}{1+G_{\mathrm{C}}(s)G_{\mathrm{f}}(s)G_{\mathrm{P}}(s)}$$

如前所述，闭环动态行为由主导极点决定，也就是时间常数最大、最接近虚轴的极点。增加滤波器本来就增加了一个极点。“强力”滤波器有可能“喧宾夺主”，不仅取代原来的系统动态成为主导极点，也使得“根轨迹树丛”整体右移，不利于稳定性。所以“强力”滤波器要慎用，尽管高度抑制高频噪声的能力很有诱惑力。

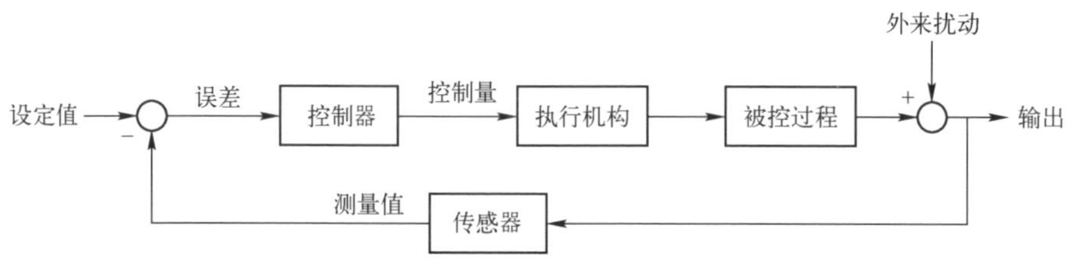

图 2-13　典型反馈回路

对于大多数实际过程，一般取 $T_{\mathrm{f}}=0.05\sim0.2\ \mathrm{min}$，较少有 $T_{\mathrm{f}}=0.5\ \mathrm{min}$ 以上的情况，$T_{\mathrm{f}}>1.0\ \mathrm{min}$ 需要仔细斟酌，确保有实际需要，而且不会影响系统稳定性。

高阶无零点环节的伯德图在每个极点处相继转弯，加速向下。高阶滤波器的低通滤波效果更好，但增加更多的极点，在总体上是使得闭环动态稳定性恶化的。除非是在严格设计基础上得出的，一般要避免使用高阶滤波器，包括对已经低通滤波过的信号再次实行低通滤波。

比照极点环节，零点环节在零点（$1/T_{\mathrm{f},\text{零点}}$）处转弯向上。零极点组合的话，变化就多了。比如，如图 2-14 所示，$T_{f,极点}>T_{f,零点}$时，首先在极点（$1/T_{f,极点}$）处转头向下，然后在零点（$1/T_{f,零点}$）处上升，零极点轨迹叠加而成的合成轨迹则在零点改平。这不再是简单低通滤波器，而是一个滞后环节，有时作为纯滞后环节的简单近似。$T_{f,极点}<T_{f,零点}$时，增益曲线在零点（$1/T_{f,零点}$）处转头向上，在极点（$1/T_{f,极点}$）处改平，成为超前环节，有时作为高通滤波器的近似。

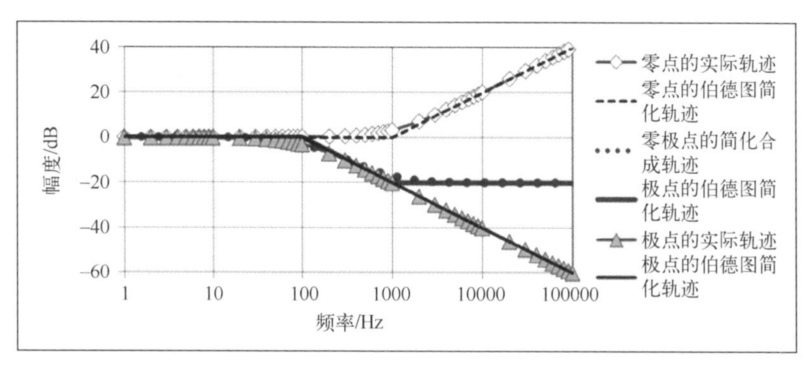

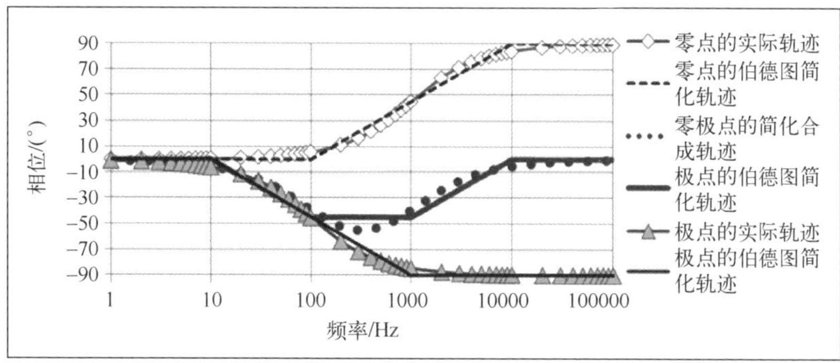

图 2-14　$T_{f,极点}>T_{f,零点}$的超前滞后环节的伯德图

在实用中，纯零点的高通滤波器用一阶零极点的超前环节实现，用于检出高频信号，剔除低频漂移。这与检出低频信号、剔除高频噪声是反过来的，但同样有用。如果信号本身就是高频的，但测量仪表有基线漂移，高通滤波就是有用的。

更多的零极点组合可以得到更加复杂的滤波特性，比如带阻、带通滤波。如果测量噪声并不是简单的高频或者低频，而是落在特定的频段，比如，往复式压缩机对流量、压力测量有周期性影响，针对性地屏蔽往复式压缩机的工作频率就需要用到带阻滤波器。

反过来，雷达液位计有固有工作频率，但环境噪声从低频到高频什么都有。

针对雷达工作频率“有选择地放过”，把更高频率和更低频率的环境噪声屏蔽掉，就是带通滤波器的作用了。X 射线或者超声波液位测量也需要用到这个技术。

在数字化的控制系统里，频域滤波器自然采用数字化实现，还有一些本质数字化的非频域滤波方法也得到采用。移动平均滤波是最简单的低通滤波。这就是在每一个采样时刻，将当前到过去某一个时间窗口内的所有数据平均一下，作为滤波输出。注意：移动平均相当于高阶低通滤波，窗口越长，阶数越高，滞后越大。

简单移动平均可按照下式计算：

$$y_k^f=\frac{y_{k-1}+\cdots+y_{k-n}}{n}=y_{k-1}^f+\frac{1}{n}(y_{k-1}-y_{k-n-1})$$

其中，y_j为原始测量值，$j=k-1,\cdots,k-n$；n 为移动平均的窗口长度（采样数）；y_k^f为移动平均后的滤波值，k 为当前时刻。简单移动平均计算直观，递归计算的效率更高。

假定噪声是随机的，那就应该在随机意义上是正负对称的。移动平均滤波在平均中将噪声对消，“提取”出信号基线变化，如图 2-15 所示。

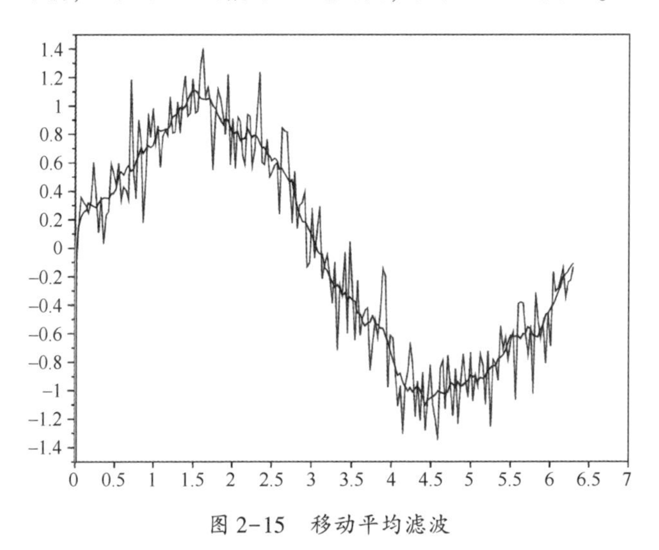

图 2-15　移动平均滤波

简单移动平均最大的问题是：窗口太小的话，滤波效果不明显；窗口太大的话，滞后太大。加权移动平均考虑到这个问题，对更近的数据赋予更大的权重，加强新信息的影响：

$$y_k^f=w_{k-1}y_{k-1}+\cdots+w_{k-n}y_{k-n},\ \sum_{j=k-1}^{k-n}w_j=1$$

一个常用的权重因子序列是指数下降的，一阶的指数加权移动平均与一阶低

通滤波是等价的。

但数字滤波也可以跳出传统的思路，比如，中位值滤波就较难用公式表达，但用算法表达，就一目了然了。

中位值滤波同样对一个数值序列像移动平均一样有一个时间窗口，在窗口内取中位值作为滤波值。比如，对于：

$$y = \{2, 3, 80, 6, 2, 3\}$$

取时间窗口长度为3，则有：

y_1 = 中位值(2,3,80) = 3

y_2 = 中位值(3,80,6) = 6

y_3 = 中位值(80,6,2) = 6

y_4 = 中位值(6,2,3) = 3

最后的滤波值就是：

$$y = \{3,6,6,3\}$$

也就是说，成功地剔除了“80”这个异常值。中位值滤波对剔除短暂的异常值特别有用。异常值如果延续时间较长，中位值依然有滤波作用，但效果就降低了。因此时间窗口必须显著长于异常值的延续时间，而且信号是低频主导的，这样中位值滤波才有效，而不导致过度的信号滞后问题。

在现代控制理论里，还有卡尔曼滤波。这已经不是频域滤波或者算法滤波的概念了，而是随机过程的最优滤波。需要系统的动态模型和信号与噪声模型，这超过本书范围了，也很少在控制实践中与PID配合使用。

过程纯滞后问题

用零极点描述和分析动态系统行为时，不考虑纯滞后。零极点描述的动态可以理解为：转动热水龙头后，要有一点时间才能逐渐感到水温增加，但这个逐渐是马上就开始的。纯滞后不同。如果热水龙头远在村头炉子间，即使加温指令转递没有任何延迟，转动热水龙头后，热水流到房间里需要时间。假定流量大体不变，管路体积是固定的，那这个流动滞后（化工上称为传递滞后）就是纯滞后，在这段时间里，不论龙头怎么变化，水温不会有任何变化，连逐渐的变化都没有，如图2-16所示。

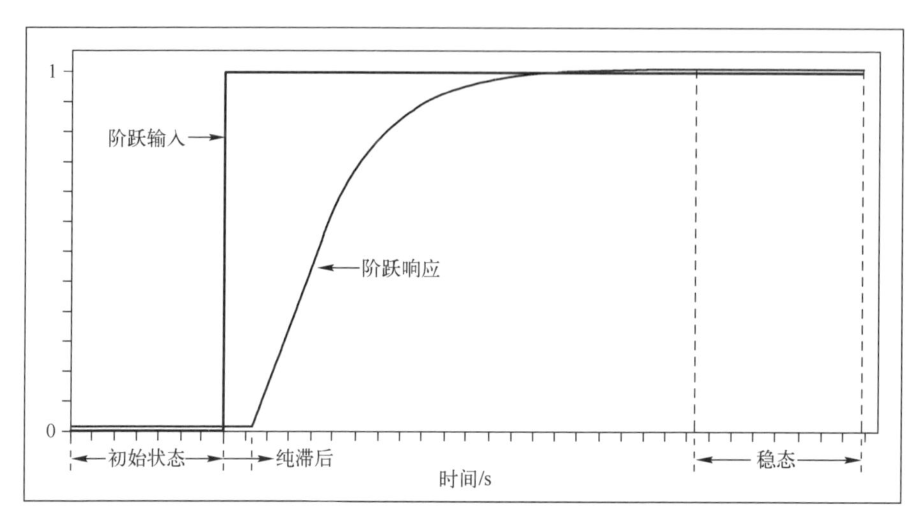

图 2-16　一阶带纯滞后过程的阶跃响应，阶跃输入与响应曲线开始上升之间的时间差就是纯滞后

在传递函数形式下，纯滞后表达为 $e^{-\tau s}$，其中 τ 是滞后时间。带纯滞后的完整传递函数就是 $G(s)e^{-\tau s}$。

纯滞后可以带来很大的稳定性挑战。从直观上来说，纯滞后使得被控过程的输出在控制量变化发生后要经过纯滞后这段时间才开始反应，这破坏了反馈控制最重要的要素：施加控制动作能立刻感受到结果，并据此调整下一步的控制动作，如图 2-17 所示。

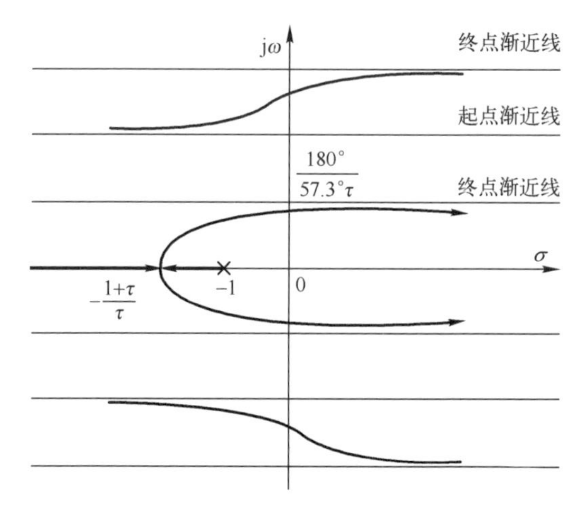

图 2-17　带纯滞后的一阶系统的根轨迹

一阶系统的根轨迹十分简单，但带上纯滞后之后，就复杂多了。图 2-17 只显示了“中央分叉”之外一对起点-终点渐近线，实际上有无穷多对。二阶以上带纯滞后更复杂，已经没什么实用价值了。

纯滞后系统的稳定性是老大难问题，常用帕德逼近对纯滞后进行多项式近似，然后按照高阶系统根轨迹（或者奈奎斯特法等）分析。

不过在控制实践中，PID 参数大多是用经验法调试出来的，并不是计算出来的，所以根轨迹也好，帕德逼近也好，实际上都很少用到。一般规则是：

1）纯滞后远远小于主导时间常数的话，经验法整定没有特别的困难。

2）纯滞后在 1~3 倍于主导时间常数数量级的话，经验法已经有困难了，但还是可以用。

3）纯滞后大于 3~5 倍主导时间常数的话，PID 已经无能为力了，需要用模型预估控制。

在理论上，可以用史密斯预估器对纯滞后进行补偿。这是非常精妙的思路，如图 2-18 所示。

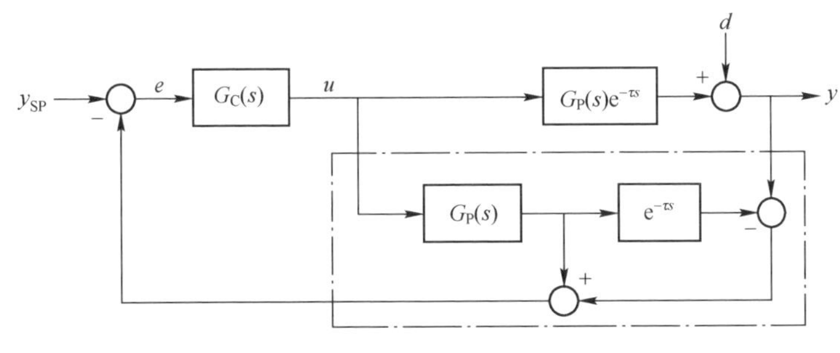

图 2-18　史密斯预估器

图 2-18 可以简化等效为图 2-19 所示的等效回路。

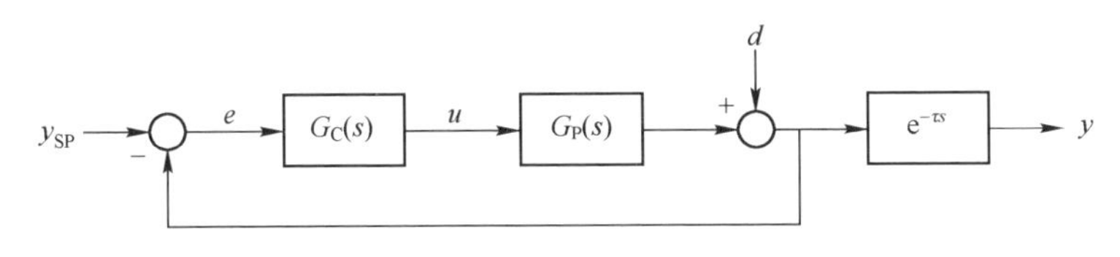

图 2-19　具有史密斯预估器的简化等效回路

史密斯预估器将纯滞后 $e^{-\tau s}$ 与过程传递函数的其他部分 $G_P(s)$ 分离开，利用抵消和重构来“复现”没有纯滞后的过程传递函数和干扰，剩下的就按照常规办法处理了。

史密斯预估器在理论上非常有用，它指出了利用模型“重构”完全不同的闭环动态特性的可能性，但作为纯滞后补偿，史密斯预估器对 $G_P(s)$ 和 $e^{-\tau s}$ 要求理想匹配，尤其是 $e^{-\tau s}$ 项，对匹配误差的容忍度很低，因此很难实用。

在系统辨识发达的今天，还有一个办法与史密斯预估器有点相似。

假设一个过程动态模型：

$$y(k+1)+a_0y(k)+\cdots+a_ny(k-n)=b_0u(k-d)+\cdots+b_mu(k-m-d)$$

其中，d 是纯滞后。上式可以看成微分方程模型的离散化。

如果根据开环动态测试获得输入–输出数据序列：

$$\{y(0),\ y(1),\ y(2),\ \cdots\}\text{和}\{u(0),\ u(1),\ u(2),\ \cdots\}$$

可通过最小二乘法对参数 $\{a_0,\ a_1,\ \cdots,a_n\}$ 和 $\{b_0,\ b_1,\ \cdots,b_m\}$ 进行预估（具体方法在模型预估控制里谈到）。这依然要求对纯滞后 d 有先验知识，否则可对模型进行“过参数化”：

$$y(k+1)+a_0y(k)+\cdots+a_ny(k-n)=b_{-1}u(k-d+1)+b_0u(k-d)+\cdots$$
$$+b_mu(k-m-d)+b_{m+1}u(k-m-d-1)$$

在理想情况下，用最小二乘法计算出 $b_{-1}\approx 0$ 和 $b_{m+1}\approx 0$。

在“真实”的右侧只在首尾各加一项是最简单的“过参数化”，可根据需要加更多的项，但计算复杂性也随之增加，对输入–输出数据质量的要求越高，判别是否足够接近于零的工作量也越大。

一旦得到过程动态模型，就可转用为预估器：

$$y(k+1+d)=-a_0y(k+d)-\cdots-a_ny(k-n+d)+b_0u(k)+\cdots+b_mu(k-m)$$

其中，$y(k+d)$ 等可以一步一步往回递归，最终以 $y(k)\cdots y(k-n)$ 的形式表达。也就是说，第 $d+1$ 步预估值可以根据当前和以往的控制量、输出量来计算。这当然是假定在这段时间里干扰不变。在数学上，这不是真的假定干扰不变，而是假定在这段时间里，干扰不仅是随机的，而且自我抵消。然后就可以以 $y(k+1+d)$ 为“未来的测量值”，作为 PID 控制器的输入。

d 被低估的话，最终“漏算”的滞后会以某种形式在回路响应中反映出来，只是等效为较小的纯滞后而已；d 被高估的话，最终相当于弱化的控制作用，因为这里预估器与 PID 成为一个整体，尽管 PID 参数未变，整体而言控制作用还是弱化了。

但这实际上已经是极简的模型预估控制了。到了这一步，也未必还会拘泥于 PID 控制了。

PID 的变型

PID 非常好用，但在有些场合，需要对基本 PID 的形式进行一些修改，以更好地适应实际需要。

双增益 PID

基本 PID 的比例控制增益是一个可调的常数，但直观地想：误差较大的时候，何不用更大的控制量，及早把误差压低；误差较小的时候，则可以降低控制量，提高稳定性和控制精度。这就是双增益的思路，如图 2-20 所示。

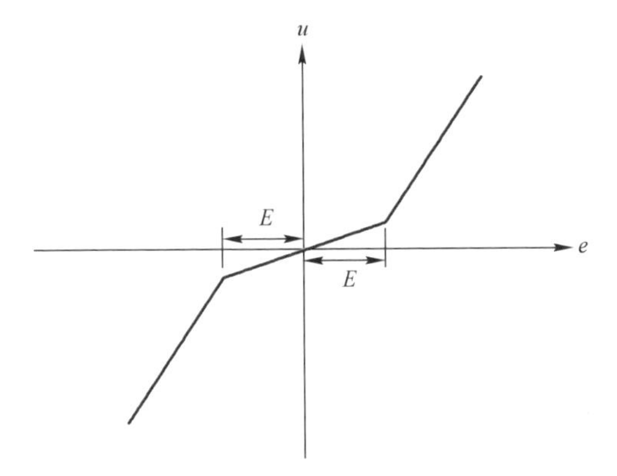

图 2-20　双增益 PID

基本的 PID 控制律没变：

$$u(t)=k_p\left(e(t)+\frac{1}{T_i}\int e(t)\,\mathrm{d}t+T_d\frac{\mathrm{d}e(t)}{\mathrm{d}t}\right)$$

但增益不再是常数，而是：

$$k_p=\begin{cases}k_{LIN}k_{GAP}, & |y_{SP}-y|<E, k_{GAP}\leqslant 1\\ k_{LIN}, & |y_{SP}-y|\geqslant E\end{cases}$$

其中，k_{LIN}为基本增益；$k_{GAP}\leqslant 1$ 为内区增益修正因子；E 为内区宽度。如果 $k_{GAP}=1$，内区就被“填平”了，双增益 PID“退化”为基本 PID。注意：基于 PID 的“工业表述”，双增益不仅作用于比例控制作用，也作用于积分、微分控制作用。下面讨论的误差平方 PID、广义变增益 PID 也是一样。

双增益 PID 在高精度随动控制和干扰抑制中应用很多。内区增益较小，对测量噪声不敏感，回路也处于精细微调状态，很稳定。在外区的话，测量值远离设定值，测量噪声不是大问题，首要问题是把测量值拉回设定值附近。

在实用中，需要避免过大的内区。过大的内区导致在很大范围里回路响应迟钝，延迟对真实偏差走势的反应。

在参数整定中，不宜设定过低的 k_{GAP}，这导致在内区的控制过于弱化，等误差增长到“转折点”的时候突然加速，导致超调，然后回到迟钝状态，“踱步”到另一端“转折点”。这样容易在两个“转折点”之间来回振荡，而不能如愿在设定值附近稳定下来。

很高的 k_{GAP} 则失去了双增益的意义。一般以 $k_{GAP}=0.3\sim0.6$ 为宜，尽量避免使用 $k_{GAP}<0.2$，$k_{GAP}>0.8$ 则双增益基本上和单增益差不多了。

另外，持续的干扰也可能造成在“转折点”之间振荡。如前所述，如果设定值固定的话，持续的干扰必定带来持续的误差，这是动态系统的本质决定的。双增益只有在干扰造成的持续的波动性误差不超过内区界限的时候才有用，但这种情况未必是主流。一般会“情不自禁”地缩小内区，尽量提高控制精度；同时持续干扰只造成误差的微小波动的话，本来就不足为虑，并不需要双增益的麻烦。因此，双增益对双速随动控制更加有用，对干扰抑制实际上没有想象的那样好用。

误差平方 PID

误差平方 PID 将双增益 PID 的折线改为抛物线，其数学形式为：

$$k_p=k_{LIN}(1+k_{NL}|e(t)|)$$

这也可以看作比例控制增益本身随误差线性增长的情况。误差平方 PID 在酸碱中和控制中应用较多，因为误差平方曲线刚好对酸碱中和曲线自然地线性化。

在理论上，误差平方 PID 可以替代双增益 PID，“转折点”圆滑化了，但变增益的特点保留了下来。在实际上，双增益对内区和外区的增益和内区宽度更加可控。误差平方则是计算出来什么就是什么了，相对不可控。

注意，误差平方计算里的“1+”项必须保留，否则在设定值附近相当于零增益，会因为反应迟钝而导致来回振荡。

广义变增益 PID

结合双增益和误差平方 PID，可推广到更加广义的变增益 PID。比如：

$$k_p=\begin{cases}k_{LIN}k_{GAP}, & |y_{SP}-y|\leqslant E\\ k_{LIN}\left(1+\dfrac{|e|-(E+\varepsilon)}{\varepsilon}(1-k_{GAP})\right), & E<|y_{SP}-y|<E+\varepsilon\\ k_{LIN}, & |y_{SP}-y|\geqslant E+\varepsilon\end{cases}$$

其中，$k_{GAP}\leqslant 1$；E 为内区宽度；ε 为内区与外区之间的过渡区宽度。

广义变增益 PID 的误差与增益的关系如图 2-21 所示，与双增益相比，广义变增益 PID 的增益-误差曲线好比运河的截面，“河岸”有斜坡，是一个梯形。双增益则是简单的矩形壕沟截面，“河岸”直上直下。

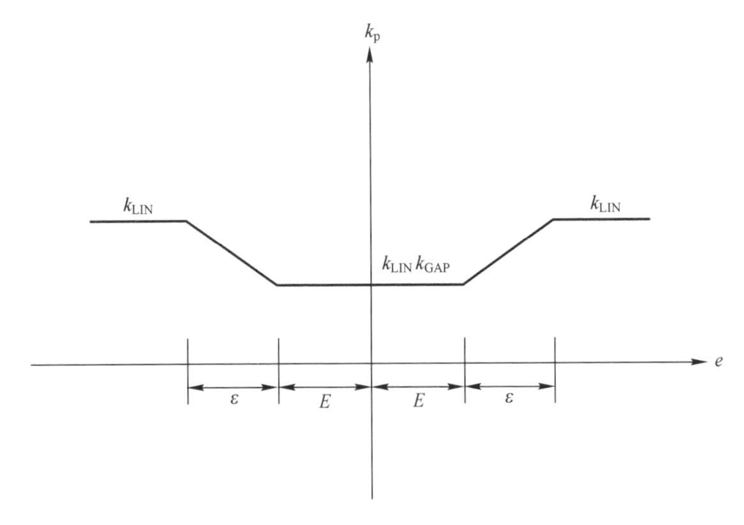

图 2-21 广义变增益 PID 的误差与增益的关系

广义变增益 PID 的误差与输出的关系如图 2-22 所示。

这样，在外区增益为 k_{LIN}，在内区增益为 $k_{LIN}k_{GAP}$，与双增益一样。但在过渡区，增益在内区和外区的增益之间圆滑过渡。这样，既保留了双增益内外区增益可控、闭环性能可预测的优点，又消除了双增益尖锐的“转折点”，达到理想的平衡。

从这里开始，天地就广阔了。只要有需要，在误差的正负区可以有不同的 k_{GAP} 和 k_{LIN}，还可以有滞环形式。也就是说，误差在增长时是一个增益，在降低时是另一个增益。这对一些具有本质不对称增益的加热过程特别有用。

有些加热过程加热快，但散热慢，家用加热水壶就是这样的。因此为了线性化，加热时宜采用较低的增益，散热时宜采用较高的增益，以均衡加热和散热时的动态性能。也可以反过来，过程本身加热慢，散热快。高寒地带设备保温加热

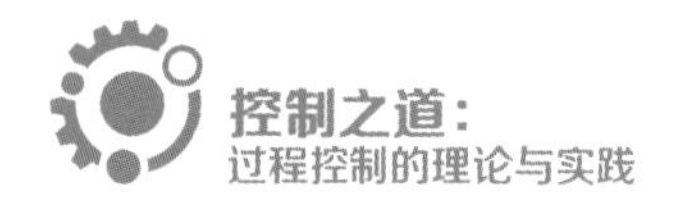

就是这样的。这时把滞环曲线反过来，但道理是一样的。

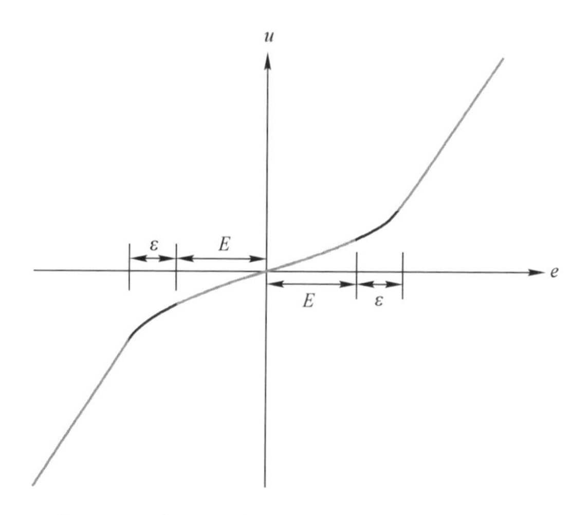

图 2-22　广义变增益 PID 的误差与输出的关系

积分分离 PID

双增益是一个思路，另一个思路是积分分离。也就是说，在误差大的时候，积分控制的消除余差作用无关紧要，这时退回纯比例或者比例微分有利于加速测量值回到设定值附近。只有在测量值进入内区时，才恢复积分，这时需要消除余差了。

$$T_{\mathrm{i}}=\begin{cases}T_{\mathrm{i},内区}, & |y_{\mathrm{SP}}-y|<E\\ \infty, & |y_{\mathrm{SP}}-y|\geqslant E\end{cases}$$

其中，$T_{\mathrm{i},内区}$是内区积分时间。注意，在内区和外区之间切换时，要仔细处理初始化和积分饱和（后面要谈到）问题。增量式 PID 可自然解决这个问题。

与积分分离相似，也可对微分进行类似处理，只是内区、外区对调，因为在内区以稳定、精细的调整为主，加速向设定值收敛不是问题。只有在外区才需要微分作用。

$$T_{\mathrm{d}}=\begin{cases}0, & |y_{\mathrm{SP}}-y|<E\\ T_{\mathrm{d},外区}, & |y_{\mathrm{SP}}-y|\geqslant E\end{cases}$$

其中，$T_{\mathrm{d},外区}$是外区微分时间。

实际 PID 的其他考虑

PID 控制器除了整定、滤波和变型，还有一些很实际的问题。

正反作用

在上述讨论里，实际上暗含一个假定：被控过程的增益是正的。这只是为了讨论的便利。实际过程的增益既可能为正，也可能为负。用油门控制汽车速度，增益是正的；用制动器控制速度，增益就是负的。

假定被控过程增益为正，被控变量增加时，需要控制量降低，以抑制被控变量的增加。这称为反作用控制器。还有正作用控制器。也就是说，在被控过程增益为负的时候，被控变量增加需要控制量增加才能使得被控变量回落。换句话说，用油门控制速度需要反作用，用制动器控制速度就需要正作用。

在实际 PID 回路里，控制器的正反作用需要与控制阀和执行机构的正反作用一并考虑，而控制阀的正反作用与工艺设计的本质安全要求有关。

典型控制阀是压缩空气驱动的。由于本质安全的要求，电动控制阀还是很少使用。这不光是大功率电驱动本身不易做到防爆的原因，还因为断电的话，电驱动只能做到阀位就地冻结，从过程安全设计出发，这是不够的。

压缩空气进入气室后，驱动膜盒带动阀杆和阀芯动作。压缩空气卸压后，膜盒由弹簧推回起始位置。根据气室相对于膜盒的位置，压缩空气卸压时，控制阀可以处在全开位置，也可以处在全关位置。前者称为气闭阀，后者称为气开阀。

气开阀还是气闭阀是由工艺设计时的故障安全要求决定的。仪表压缩空气断气是严重故障，但又是必须考虑的故障。这可以由仪表空气压缩机故障造成，也可能是由于控制阀的压缩空气管路漏气，或者由于某种原因脱落或者断开，包括现场发生爆炸，压缩空气管路被切断，或者在维修、运作中无意碰断。

如果发生仪表断气，需要阀门自动回位到全关位置，需要用气开阀，也称正作用阀，比如各种进料阀；如果发生仪表断气，需要阀门自动回位到全开位置，则需要用气闭阀，也称反作用阀，比如冷却水进水阀或者设备放空阀。

但对控制阀的正反作用不加处理、直接拿来主义的话，控制器的正反作用选择会容易混淆。比如，被控变量增加需要控制量增加的话，看起来应该是正作用。但如果用的是气闭阀，需要控制器输出减少，才增加阀门的开度，控制器实际上需要反作用。

在计算机控制的年代，DCS 一般都提供阀门的正反作用选择。在一般情况下（分程控制是个例外，下一章会谈到），气开阀统统选择正作用，气闭阀统统选择反作用，这样在任何时候，控制器输出增高都意味着阀门开度增加，控制器输出降低都意味着阀门开度减小，就把控制器正反作用与阀门是气开还是气闭脱钩了，以减少混淆。

前面谈了很多动态系统稳定性、PID 整定，实际上，控制器正反作用的正确选择才是最重要的。控制器正反作用选错了，本应该使得系统稳定下来的负反馈就变成促进系统失稳的正反馈了，这是绝对不容许的。

无扰动切换，测量值跟踪与初始化

尽管自动控制发达了，手动模式依然重要。在装置开停车的时候，出现设备或者过程异常，或者在摸索新工艺条件的时候，手动控制依然是重要模式。要到过程状态足够稳定、可以放心移交自动控制的时候，才转换到自动控制模式。

在手动与自动模式之间切换，最重要的是无扰动的无缝切换，不能在切换的瞬间因为两者的控制量差别而发生跳变。

从自动控制模式切换到手动控制模式很容易，在切换瞬间冻结控制器输出就能做到无扰动切换，以后就由手动操作改变控制器输出了。问题出在从手动控制模式切换到自动控制模式。在整个手动期间，自动的 PID 计算还在继续。

前面提到，数字化 PID 有位置式和增量式。在手动控制状态下，位置式 PID 继续计算：

$$u_{自动}(k)=k_{\mathrm{p}}\left(e(k)+\frac{T_{\mathrm{s}}}{T_{\mathrm{i}}}\sum e(j)+T_{\mathrm{d}}\frac{\Delta e(k)}{T_{\mathrm{s}}}\right)$$

但手动控制输出 $u_{手动}(k)$ 完全独立于自动控制输出，也就是说，$u_{自动}(k)\neq u_{手动}(k)$。这样，在从手动向自动切换的时候，实际输出到控制阀的信号就会发生跃变，这是不容许的。需要以某种方式迫使 $u_{自动}(k)=u_{手动}(k)$，才能实现无扰动切换。

但使用增量式的话，在手动控制状态下：

$$u_{自动}(k)=u_{手动}(k-1)+k_{\mathrm{p}}\left(\Delta e(k)+\frac{T_{\mathrm{s}}}{T_{\mathrm{i}}}e(k)+T_{\mathrm{d}}\frac{\Delta e(k)-\Delta e(k-1)}{T_{\mathrm{s}}}\right)$$

也就是说，PID 计算以 $u_{手动}(k-1)$ 为天然的锚定点，新计算的 $u_{自动}(k)$ 只是加上了当前误差引起的增量。如果在算法上需要冻结、清零增量也没有难度，那么跳过一步，下一步再完整计算自动控制量，并不碍事。因此，增量式天然保证无扰动切换，这是在计算机实现中使用增量式 PID 的重要原因之一。

初始化的问题与手动-自动切换相似。有时 PID 控制器与最终的执行机构之间还有中间环节，比如专用的手动-自动控制站（Auto-Man Station）。手动-自动控制站断开和重链时，上游的 PID 控制器有初始化问题。增量式同样可以无缝解决，在重链的瞬间，用下游环节的实际当前控制量进行初始化，也就是用 $u_{下游}(k-1)$ 作为锚定点。

不过初始化有一环套一环的问题。如果有多级控制器上下串联，某一级断开的话，紧接的上级当然有初始化问题，更上级也同样有初始化问题，否则以为还在控制下级，但实际上已经断开了。这时初始化状态信号需要一路往上传，启动全链的初始化，为断开的下级重回自动状态做好准备。

PID 控制器自带手动模式，但手动-自动控制站依然是重要的。比如，精馏塔塔顶温度控制器控制风冷冷凝器风扇的时候，可能不止一个风扇，而是一排 5 个甚至更多的风扇。这时，PID 的输出需要“扇形展开”输出到各个风扇，就需要手动-自动控制站了。直接链接不是不可以，在各个风扇全部处于自动或者全部处于同步手动状态的时候，用不用手动-自动控制站无关紧要。但如果部分处于自动、部分处于手动（比如冬天不需要那么多风扇工作，停下一两个，剩下的风扇处于适中负荷，有利于机械可靠性和控制），或者全部处于手动但不同步（比如新装置开工时一个风扇、一个风扇地逐步投运），就必须通过手动-自动控制站了。

手动-自动控制站也有自身的无扰动切换问题。在自动状态下，手动-自动控制站是“直通车”，直接把上游信号传递到下游环节。在手动切换到自动时，如果上下游的信号不匹配，在切换瞬间两边都保持原值，但在一定时间里，会逐渐爬坡消除差值，把下游信号最终拉到上游信号的数值。这个“一定时间”是可调参数。

注意，这时不能简单地用 $u_{下游}(k-1)$ 作为上级 PID 控制器的锚定点，因为可能有多个手动-自动控制站，没法确定用哪一个 $u_{下游}(k-1)$ 作为锚定点。同时，上级 PID 控制器可能正在驱动多个手动-自动控制站，只能新挂上上级的“少数服从多数”，而不能拖着大家一起将就自己。

计算型控制器有一样的问题，比如加法控制器、乘除控制器等，也是用这样的“切换时冻结上下游信号，以后以固定速度爬坡拉齐”的办法实现无扰动切换。

但从增量式也可以看出，在手动向自动切换时，如果存在较大的误差，或者误差在迅速变化，切换的瞬间或许是无扰动的，但切换后，PID 计算马上给出很大的控制量变化，依然可能导致对过程的扰动。

这要一分为二地看。

如果在切换时就需要过程尽快向设定值靠拢，这样的扰动是必要的。但如果在切换时并不要求过程尽快向设定值靠拢，当前状态不算理想，但并无大碍，可以在后面有序调整，最终拉到规定值，那避免不必要的扰动才是主要的。这时，有些 DCS 里 PID 控制器的“测量值跟踪”（PV Tracking）功能就很有用。

测量值跟踪只有在手动模式才起作用。在手动模式下，测量值跟踪功能迫使设定值始终与测量值对齐。这样，在手动切换到自动时，不仅无扰动，过程也维持原位，直到设定值改变。

在串级系统（下一章会更详细地谈到）里，副回路应该开启测量值跟踪功能。副回路的主要任务是干扰抑制，本身的设定值由主回路驱动，具体在哪里并没有那么重要，在手动-自动切换时保持原位，由主回路按照需要驱动更好。但主回路一般需要稳定在规定值上，所以一般不开启测量值跟踪功能。

积分饱和

积分饱和是积分控制的特有问题。实际控制器的输出都是有界的，一般为 0~100%，0%对应于控制阀全关状态，100%对应于全开状态。在使用中，PID 控制器的输出上下限可能按需要进一步收缩，比如上限设在 85%，下限设在 10%。

输出下限的一个应用是蒸汽管路上的控制阀，蒸汽管道里需要蒸汽保持流动，一旦停止流动，停滞的蒸汽会冷凝，汽液的密度差可能导致在管路或者容器里造成负压，对设备造成损害；另一个是水锤，蒸汽管道里的冷凝水在高压蒸汽的推动下，好比坚硬的锤子，砸向管道和设备，非常容易造成损坏。过去用机械的方法确保蒸汽阀的开度不小于规定的最小开度，现在也可以在 DCS 里通过控制器下限设置。上限也可一样设置。

在有积分控制存在的情况下，如果由于某种原因误差久久不能消除，积分输出会一直增加（或者一直降低），在理论上可以超过输出上下限对应的数值。

如果不做任何保护，在误差反向时，积分输出需要首先反向积分到控制器输出上下限以内，控制阀才会开始动作，否则控制阀会一直停留在上下限位置。这就是积分饱和。

积分饱和在控制实践中是有害的，这样的控制动作死区是不容许的，可能等到积分作用终于回到上下限以内的时候，被控过程已经偏离设定值很远了。积分控制作用需要等误差跨越零的时候才反向，但比例控制作用是在误差反向的时候控制作用立刻反向的。问题是积分饱和极大地推移了输出基线，拖累了比例控制作用，要等比例积分作用终于回到上下限以内，控制阀才开始相应动作。

在这里，增量式再次显示优越性，具有天然抗积分饱和的能力。在控制输出达到上限时，

$$u(k)=u_{上限}+k_p\left(\Delta e(k)+\frac{T_s}{T_i}e(k)+T_d\frac{\Delta e(k)-\Delta e(k-1)}{T_s}\right)$$

不会继续增加，也不会因此而造成计算上的困扰。误差反向时，控制作用立刻反向，没有延迟。下限也是类似处理。

设定值爬坡

在传统上，设定值的变化完全由人工决定。可以一点一点改变，也可以一次性输入一个跃变。设定值的跃变本身对工艺过程可能是不必要的扰动。工艺条件改变通常容许一定的时间，设备和管路更是希望工艺参数逐渐改变，避免突然跃变造成的流量和热量冲击对设备和管路造成伤害。

在 DCS 上，设定值常有爬坡功能（SP Ramping），设好设定值目标，设好时间，就可启动自动爬坡，在指定的时间里从当前设定值爬升（或者爬降）到指定的目标设定值。在 DCS 上，可以在控制器上看到爬坡目标值、当前剩余爬坡时间等信息。

这不与 PID 功能直接相关，但却是很有用的功能。在实用中，应该鼓励工艺操作人员尽量养成习惯，在人工改变设定值时，用设定值爬坡功能，而不是直接输入与当前工况差异较大的新设定值，造成不必要的跃变。

人工一点一点改变当然是可以的，但费时费力，也容易出错。为了避免人工键入错误，有些系统容许设置设定值改变容限。比如，对于量程为-200~800℃的温度控制器来说，要是设定值容限为10℃，改变幅度小于10℃的人为输入直接放行，大于10℃则会要求人工确认一下才放行，从而避免因为输入错误造成不必要的扰动。

对于自动顺序操作类的控制应用，如装置级的自动启动、自动关停、故障时过程状态自动转移到安全设定等，也以利用设定值爬坡功能为好，而不是由程序直接驱动设定值的改变。这便于工艺操作人员监控控制应用的执行和在异常情况时的紧急人工干预。设定值爬坡功能清楚地显示当前执行情况，如目标设定值、开始爬坡与否、剩余时间，如果出现异常马上可以发现，并人工介入，中止爬坡，或者改变设定。程序的黑箱驱动则很不直观，监控和人工干预就比较困难。

输入特性与输出特性

PID 控制是基于线性动态系统的，但实际测量元件和执行机构具有本质非线性。测量温度常用的热电阻和热电偶具有独特的非线性（见图 2-23 和图 2-24）；常用的孔板流量测量基于压差，按照伯努利方程，压差与体积流量之间存在开方关系。好在现代 DCS 对这些典型测量元件有现成的补偿功能，在组态的时候需要正确选用。

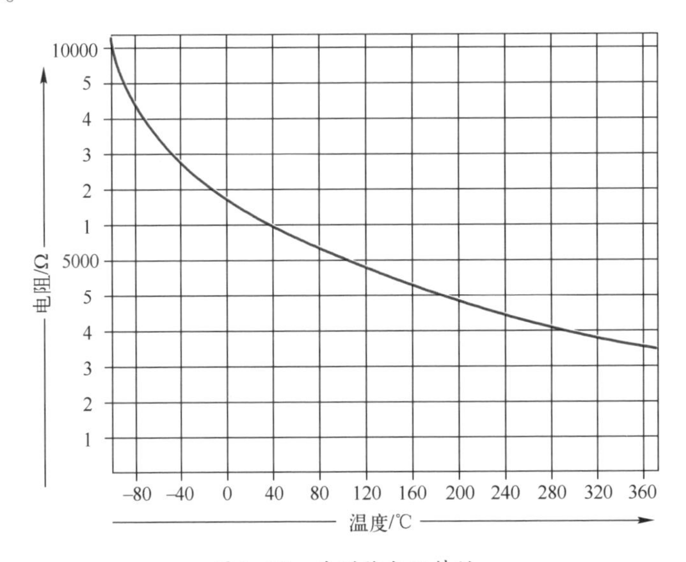

图 2-23　典型热电阻特性

另一方面，阀门也有非线性。

如图 2-25 所示，典型控制阀有快开特性、线性特性和对数（也称等百分比）特性，各有各的用处。线性特性在理论上最好，在实际中还是对数特性应用更多，初始响应较为和缓，接近全开的时候动作加强，确保依然能提供有效控制。阀门的开闭实际上是在通过阀压降改变体积流量，这是流量的压差法测量的反问题。流量测量有开方问题，阀门特性就有平方问题，在实用中，这就是对数特性。这样的非线性是有意为之，是在用非线性对冲非线性，不需要补偿。

但有时，阀门特性是阀型固有的，并非“下大棋”。比如超大口径管道使用的蝶阀具有快开特性，初始响应很猛，但到开度很大的时候，阀门开度的变化不再能导致有效的阀压降变化，也无法提供有效的流量变化，这样的非线性就需要考虑补偿。

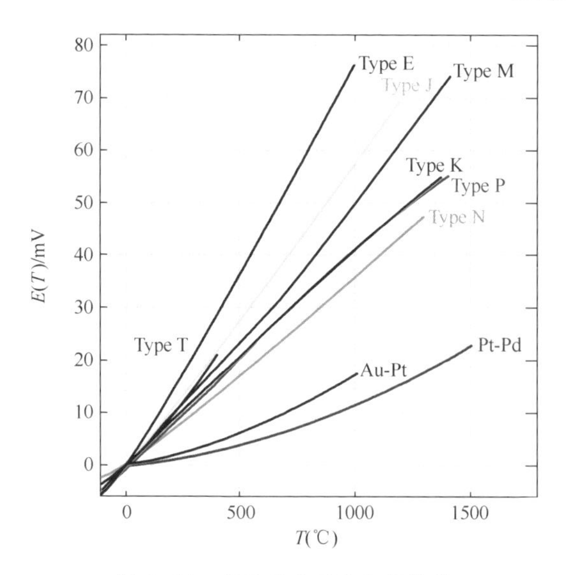

图 2-24　若干种典型热电偶特性

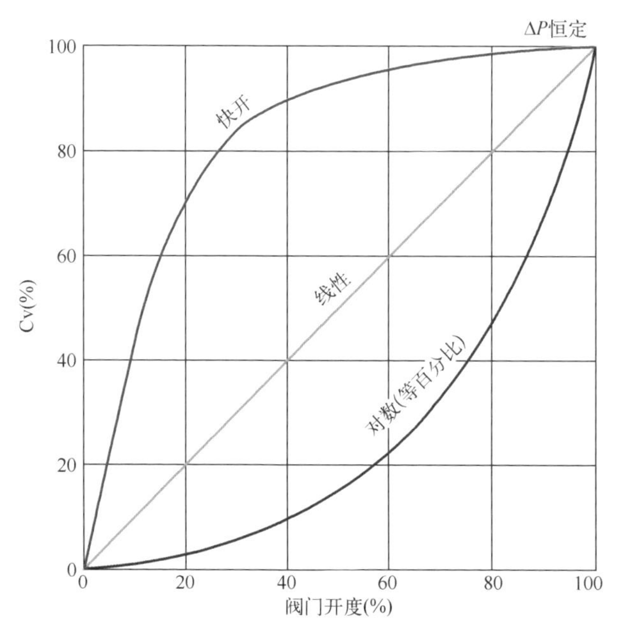

图 2-25　阀门特性

在大部分 DCS 里，在控制器输出和阀门输入之间，有输出特性环节。在通常情况下，不需要做任何处理，信号直通。但在需要对阀门特性进行非线性补偿的时候，这个环节就有用武之地了。

输出特性通过对预选的输入点和输出点匹配实现。比如，输入点（对应于控制器输出）和输出点（对应于阀门输入）在0~100%之间可任意指定，当然最低点必须为0，最高点必须为100，可由低到高任意指定。这样，输出点数值低于输入点导致输出曲线下垂，高于则导致上扬。输入点的数值就决定了输出曲线在哪里下垂、上扬。

输出曲线也用于指定阀门在规定区间里的开闭。比如，在控制器输出0~50%范围内，阀门就需要从全闭到全开。这样的输出特性对分程控制很有用，后面会谈到。

复杂 PID 控制

单回路 PID 依然得到广泛采用。但在计算机控制日新月异的现在，单回路 PID 也更多地成为复杂 PID 控制的基本“元件”。纯粹的单回路 PID 只用于最简单的回路了。

串级控制

串级控制是最常见的复杂 PID，在很多地方，串级控制回路已经代替单回路 PID 而成为最常见的实际控制构型。这不奇怪，因为串级控制在某种程度上可看作单回路 PID 的自然延伸。

典型串级控制回路如图 3-1 所示。显然，串级控制回路由主回路套副回路组成。其中，主回路设定值依然人工给定，但副回路的设定值来自主回路的输出。也就是说，副回路是一个随动控制系统。

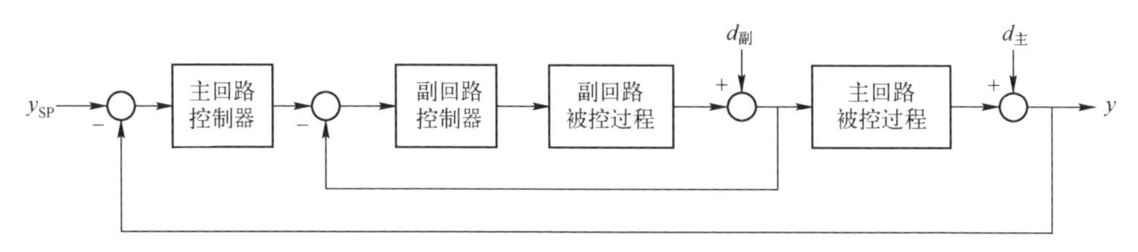

图 3-1　典型串级控制回路

应该指出的是，串级控制回路只有一个执行机构，在副回路。副回路的过程输出影响主回路的被控过程。换句话说，整个副回路可以等效为主回路的执行机构。在概念上，这很重要。

串级控制可以看成分层控制。主要控制目标当然在主回路。但如果常见扰动存在于副回路，副回路可以首先抑制这些常见的扰动，以降低常见扰动对主回路的影响。这样的分忧解难可以在很大程度上帮助主回路实现控制目标。

比如，在加热控制中（见图 3-2），设备的温度是主要控制目标。加热介质是蒸汽，蒸汽通过设备内的盘管对设备内的物料加热。但蒸汽来自共用的总管，其他设备也用总管里的蒸汽加热，或者用蒸汽冲洗管道、设备。其他设备的使用不可避免地对总管压力造成波动，最终影响设备的加热控制。

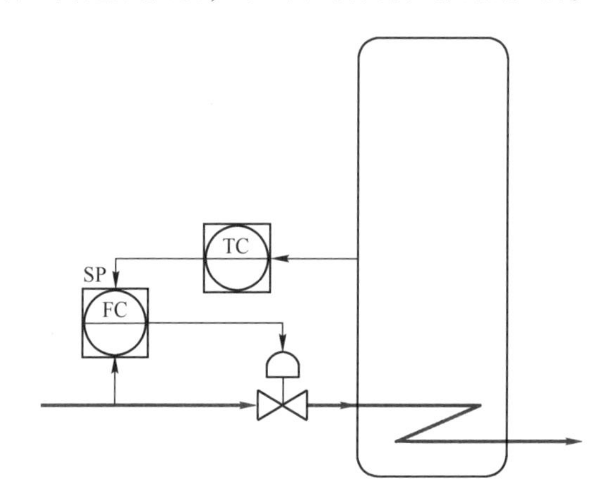

图 3-2　典型的温度-流量串级回路

使用温度控制器（TC）直接驱动蒸汽控制阀，这是一个简单的单回路。假定在初始状态温度已经达到稳定，蒸汽阀开度也稳定在适当位置，保持不变。但总管压力波动会造成实际蒸汽流量发生变动，影响设备内的物料温度。温度控制器最终会察觉到实际温度的变化，这时才会驱动控制阀进行补偿。这是负反馈过程，最终会抵消总管压力波动的影响，但毕竟物料温度也波动了。

如果增加副回路，温度控制器驱动流量控制器（FC）的设定值，流量控制器驱动蒸汽控制阀，那么在初始状态温度已经达到稳定时，流量控制器的设定值保持稳定不变。因为总管压力波动而发生的实际流量波动首先被流量控制器察觉，在流量波动影响到物料温度之前，已经抢先补偿。最终结果是物料温度基本不受总管压力波动影响。

在物料实际温度因为其他原因发生变化时，或者因为设定值调整而需要把实际温度拉到新的数值的时候，温度控制器根据新设定值与实际温度的差别修改输出，指令流量控制器增加或者降低蒸汽流量，从而达到温度控制的目的。

显然，流量副回路相当于一个能自动补偿总管压力波动的控制阀。自动补偿副回路里的扰动正是串级控制回路的主要特点。

副回路对控制阀有线性化的作用。不论阀门特性是快开、线性还是对数，在副回路的作用下，从流量设定值到实际流量的关系在扣除动态影响后，就是线性的，阀门的非线性被弱化了。这也改善了主回路的控制性能。

副回路还有加速动态响应的作用。如前所述，与开环时间常数相比，闭环控制具有降低闭环时间常数的作用，加速动态响应。如果没有副回路，对于主回路来说，实际被控过程是副回路被控过程和主回路被控过程的合成，等效的时间常数较大。有了副回路后，副回路的闭环动态响应可望得到显著加速。对于主回路来说，相当于最后的等效被控过程的开环动态响应也加速了，从而改善动态响应。

回到根轨迹，这相当于主回路的等效开环主导时间常数向偏离虚轴的方向移动，把整个根轨迹带离虚轴。在极端情况下，副回路的动态响应非常快捷，相当于副回路的动态可以忽略，可等效为主回路的开环传递函数降阶了，进一步增强稳定性。

在实际控制系统里，控制阀是投资较大的设备，尤其是大直径、高压、复杂物料管路上用到的控制阀。测量仪表的投资相对较小。在 DCS 时代，控制器都是虚拟的，由软件组态显示，增加一个控制器并不涉及硬件投资。串级控制回路的投资增加有限，但控制效果显著改善，是得到广泛应用的主要原因。

在实际应用中，需要注意两个问题。

首先，副回路的动态响应需要大大快于主回路。这不仅指被控过程的开环动态响应，也指副回路和主回路的闭环响应。在主副回路的整定中，一般需要主回路的稳定时间是副回路的 3~5 倍。

在控制理论上，可以用谐振频率来分析，也可以从 PID 对连续变化设定值的响应具有固有滞后来解释，如图 2-6 和图 2-7 所示。

但这个问题还可以从直观上解释，不需要绕那么远。串级控制回路好比存在上下级关系的团队。如果团队领导是个慢性子，也对团队成员很放手，不会有事无事不停地发号施令；而团队成员手脚麻利，办事干净；这个团队会很好地运作，领导也心想事成。如果反过来，团队成员拖泥带水，干什么都慢一拍；领导急如风火，不停地发号施令，那团队成员肯定都忙得团团转，什么也干不成。

其次，主要干扰应该落在副回路。就上述温度控制的例子来说，主要干扰是蒸汽总管压力波动，流量副回路可以有效地加以抑制。但要是主要干扰来自其他因素，比如，设备的金属表面暴露于空气中，风速、风向、气温、降雨对物料温度有显著影响，而这是温度波动的主要因素，那么流量副回路对总管压力波动的抑制再好，对最终的温度控制依然作用十分有限。

应该指出，串级控制是更加广义的分层控制的简单形式。更加先进的模型预估控制及其他统称为先进过程控制的控制架构其实也是某种形式的串级控制，通常并不直接驱动控制阀，而是通过驱动单回路甚至复杂 PID“副回路”的设定值间接驱动控制阀。先进过程控制也经常是多变量的，也就是说，多个测量值一起输入一个多变量控制器，多变量控制器同时驱动多个执行机构或者“副回路”。但在概念上，依然是“主回路-副回路”的概念，只是增广了。

前馈控制

负反馈是自动控制的基础，但负反馈有一个基本缺陷：控制系统只有等误差已经发生了，才可能做出反应。所以反馈控制必然是有误差的，也必然是有滞后的。在很多情况下，这是必要的代价，因为在很多情况下，既不知道扰动什么时候发生，也没法测量扰动，或者扰动来源太多，太琐碎，不便或者不值得测量。

但在有的时候，扰动源明确可知，而且可测，这时前馈控制就十分有用。

前馈控制在理论上可以单独存在，但一般是与反馈系统共同工作，形成前馈-反馈控制系统，如图 3-3 所示。下面集中讨论前馈-反馈控制，并简称为前馈控制。不带反馈的纯前馈很少在现实中存在。

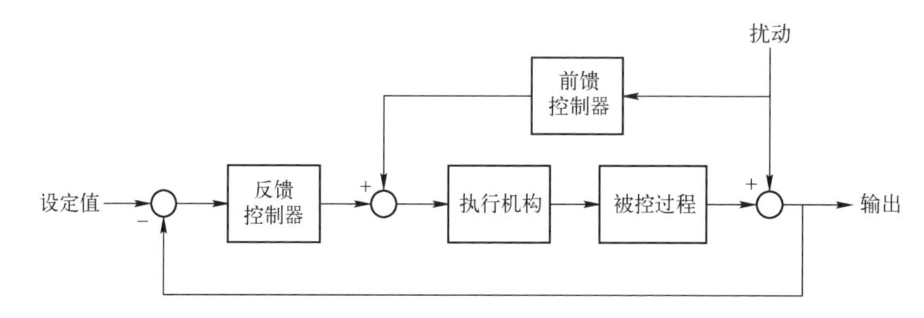

图 3-3　前馈控制

将前馈与反馈分别考虑的时候，前馈本身是开环控制，作用是完全补偿。假定忽略执行机构的传递函数，被控过程的传递函数为 $G_P(s)$，前馈控制器的传递函数为 $G_{FF}(s)$，输出为 y，扰动为 d，如果：

$$G_{FF}(s)=-\frac{1}{G_P(s)}$$

则干扰及前馈控制对输出的影响为：

$$y(s)=d(s)+G_{FF}(s)G_P(s)d(s)=0$$

也就是说，上述前馈控制器可以完全补偿扰动 d 的影响。实际扰动多种多样，可测的只是其中的一部分，所以反馈回路依然重要。但前馈回路把主要而且可测的扰动补偿掉之后，反馈回路的干扰抑制负担大大减轻，合成的控制效果大大改善。与串级控制相比，前馈控制更加积极主动，对闭环控制质量的改善更大。

在实施中，$-\frac{1}{G_P(s)}$可能出现极点多于零点的情况，不可实现。但在控制实践中，静态前馈就能达到动态前馈 80%~90%的效果。$G_{FF}(s)=-\frac{1}{k_P}$实现起来就很容易了。这也是典型前馈控制，动态前馈其实用得不多。

在实施中，反馈部分的 PID 用增量式，前馈也是增量式，假定只采用静态前馈：

$$\Delta u_{复合}(k)=\Delta u_{PID}(k)+\Delta u_{FF}(k)=\Delta u_{PID}(k)+k_{FF}\Delta d(k)$$

也就是说，干扰变量的变化才驱动前馈作用，干扰变量本身的数值大小并不重要。干扰变量不变化的话，前馈不起作用。这一点很重要，否则干扰变量不变的话，前馈作用也对反馈作用增加一个定常的偏置，这就扭曲反馈的控制作用了。

不过这是加法前馈，也就是说，前馈控制作用与反馈控制作用是相加的，前馈作用相当于在反馈作用基础上增加一个增量。还有乘法前馈，也就是说，前馈控制作用与反馈控制作用是相乘的，或者说前馈作用相当于在反馈作用基础上施加一个乘法因子。

在加法前馈中，$k_{FF}=0$ 相当于没有前馈作用；在乘法前馈里，$k_{FF}=1$ 相当于没有前馈作用。一般使用加法前馈，乘法前馈很少使用。

图 3-4 显示了一个典型的前馈控制例子。图中，蒸汽对容器内物料加热，加热的物料通过加注阀注入保温罐车，作为产品送走。罐车是一辆一辆来的，每来一辆，加注阀打开，液位下降，液位控制器（LC）打开进料阀补液，容器内温度下降，温度控制器控制加温。

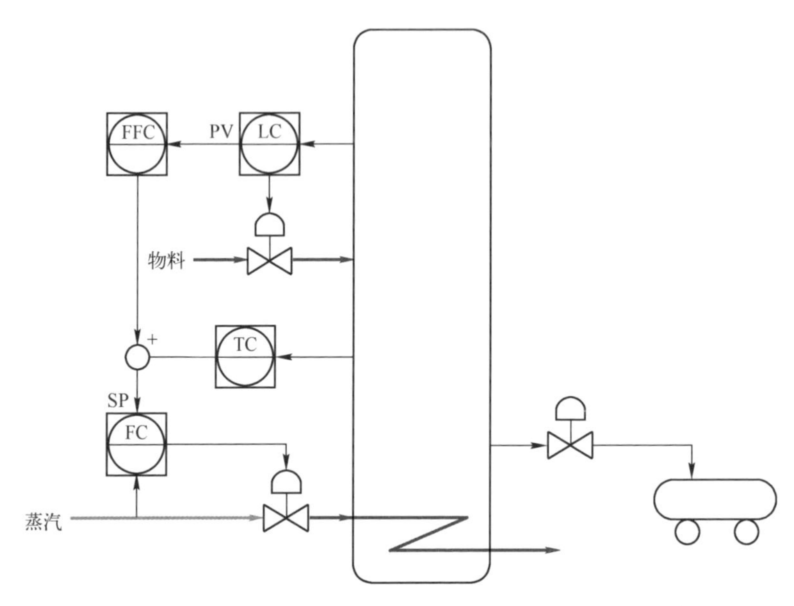

图 3-4　典型前馈控制实例之一：液位对蒸汽流量的前馈

应该注意的是，为了图示方便，前馈控制器（FFC）单独画出，但在 DCS 实现时，前馈控制器很可能是温度控制器的组态选项之一，并不以单独的控制器存在。温度控制器将前馈和反馈控制作用叠加后，输出到蒸汽流量控制器的设定值。

由于每一次开始加注都是确定性的可测事件，液位变化和补液是造成温度变化的主要原因，这是温度-流量串级回路无能为力的，只能被动反应。但将液位变化信号作为前馈信号，未雨绸缪地驱动蒸汽流量相应增加，就可有效地抑制开始加注造成的已知干扰，最大限度地保持容器内温度不变。

在这里，液位不是唯一可用的前馈信号，加注阀的开度（或者流量，如果有加注流量测量的话）也可以作为前馈信号。由于常用的前馈只有静态前馈增益，已知扰动的时间因素需要考虑，需要将控制作用与前馈驱动信号在时间上匹配适当。过晚的前馈信号当然于事无补，太早的前馈信号可能也弄巧成拙。

在这里，加注流量确实是造成温度变化的主要原因，但实际温度变化要到液位变化和补液开始才发生，所以采用液位测量值（PV）为宜，采用液位控制器输出到进料阀上的控制信号也可以。

另一个典型前馈控制的例子如图 3-5 所示。注意，图中，上游装置的进料流量设定值成为前馈驱动信号。这是因为前馈控制主要用于粗略补偿，精确控制还是依赖反馈控制。前馈控制的动作一般较大（微小的扰动不值得前馈补偿，但对于大幅度的扰动，前馈控制力度不大就没有意义了），需要既果断又稳健。用上游进料流量测量值作为前馈驱动信号貌似更加精确，实际上这样的精确度没有必要，还可能因为实际流量的波动和测量噪声而对下游蒸汽流量带来不必要的波动。

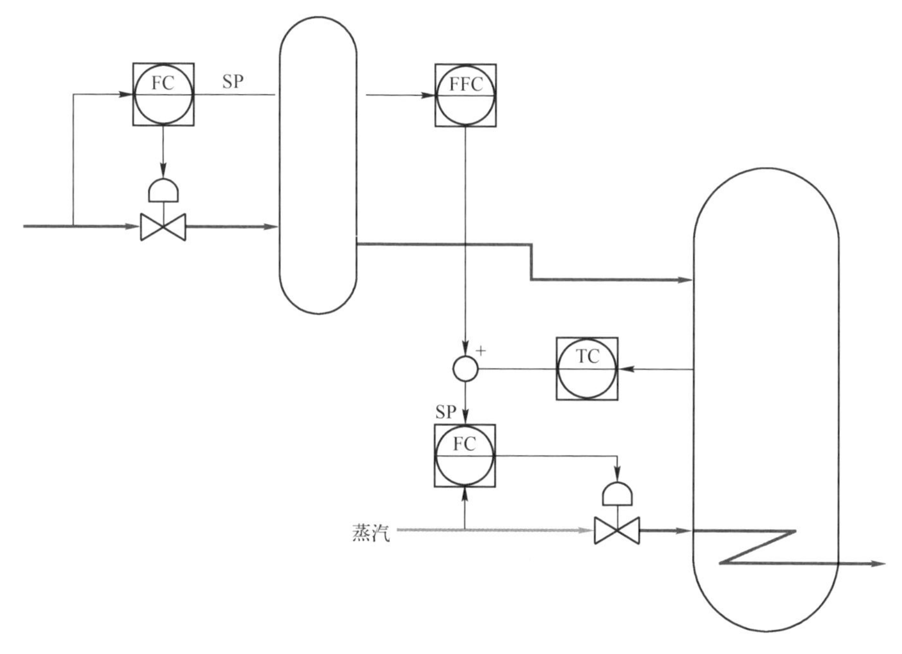

图 3-5　典型前馈控制实例之二：进料对蒸汽流量的前馈

在这里，用上游进料流量设定值作为前馈驱动信号更加合理。这是因为不论是人工更改的进料流量设定值，还是先进过程控制的作为，都是广义的人为发起的事件，用设定值反而更加准确地“通知”下游有关意图，数值上更加稳健、确定，以避免带来不必要的额外扰动。

不过考虑到上下游之间的时间因素，前馈控制器的输入端可能需要增加一个延时环节，与进料影响大体匹配，避免蒸汽控制作用过早施加。在实用中，延时时间略微短于实际时间问题不大，略微提前的控制作用“对冲”进料变化的影响；长于实际时间则降低前馈控制作用的有效性。

图 3-5 符合很多人对于“前馈”的想象，但“前馈”只是信号的流动方向，是扰动与控制作用的前后关系，不一定是物料或者能量的流动方向。图中上游进料流量的改变恰好在过程流程的上游，但如果情况相反：下游装置的出料流量变化是过程的主要扰动来源，那么出料流量就成为前馈驱动信号，在过程流程上就

是“在后”了，但这依然是前馈控制，因为扰动发生在前，控制作用发生在后。对于图 3-4 的例子而言，用加注阀的开度或者加注流量作为前馈驱动信号的话，就是这种情况。

在实用中，前馈控制是很有用但经常得不到足够重视的控制手段，在很大程度上是出于人们对前馈增益的畏惧。如前所述，前馈要用就要“出重手”，否则没有意义。但“重手”出错了，问题就大了。前馈还是开环控制，没有反馈的“逐渐磨掉误差”的机制。前馈-反馈当然有反馈元素，但前馈是来帮助反馈的，要是反过来要反馈帮前馈收拾摊子，这就本末倒置了。

前馈控制的整定在理论上需要计算干扰通道和过程通道的增益，实际上没有那么复杂。甚至可以说，前馈增益是所有基本控制器增益中唯一可以根据过程数据简单而且相对可靠地计算出来的。

前馈增益 k_{FF}一般定义为：

$$k_{FF}=\frac{\Delta u_{FF}\%}{\Delta d}$$

注意，其中 $\Delta u_{FF}\%$是按照以控制阀量程百分比为基础的相对增量定义的，但 Δd 是按照实际变量的量纲定义的。这是因为前馈控制的输出要叠加到 PID 的输出上，而 PID 的输出是按照以控制阀量程百分比为基础的相对增量定义的，两者必须一致。但前馈驱动信号与正常的测量值是不同的渠道，不经过一系列预处理，也就没有百分化的处理，所以直接引入了。当然，具体到实际 DCS，各家的实施可能不一样，需要仔细看清 k_{FF}的实际定义。

就图 3-5 所示的例子而言，如果是一般实际过程装置，会有大量实际历史数据。在没有前馈补偿的时候，每次进料变化后，蒸汽最终会稳定在一个新的流量。

比如，图 3-6 显示了一段典型操作期间的历史数据。进料从 5 t/h 增加到 8 t/h（左纵轴）后，蒸汽阀开度需要从 25%增加到 30%（右纵轴）才能维持温度。也就是说：

$$k_{FF}=\frac{5}{3}=1.67$$

也就是说，进料每增减 1 t/h，蒸汽阀开度需要增减 1.67%。这只是一段数据，实际上需要多观察几段数据，包括进料增加、减少、阀位起点和终点在不同位置等情况，确认 k_{FF}的数值范围。在最后实施的时候，一般取保守值，还要减半或者取 2/3。也就是说，对于这个实例，最后实际实施可能取 $k_{FF}=0.8\sim1.0$。

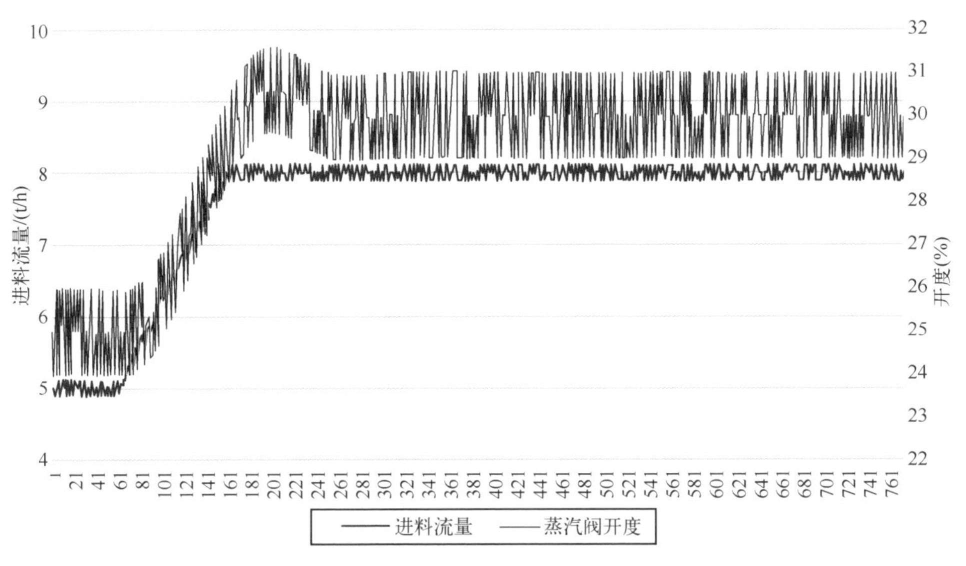

图 3-6　进料流量变化导致蒸汽阀开度变化的历史数据

注意，比例控制增益没有负数，都是正的，这是因为正反作用已经把驱动变量（对于 PID 来说就是测量值）增加时控制量是增加还是减少的问题解决了。前馈控制在大多数系统实现中比较简单化，没有正反作用，而且前馈的动作方向也未必与反馈一致，所以前馈增益可正可负，实施的时候一定要注意弄对正负，否则就适得其反了。

另一个要注意的问题是：在多个回路之间，尽量用单向的前馈回路，不要用来回交错的前馈回路。也就是说，可以从 A 回路引出信号驱动 B 回路，但避免从 B 回路再引出信号回过来驱动 A 回路。单向的前馈是有益的，双向的前馈就造成难以预测后果的回路之间的耦合了。

一般说来，前馈驱动信号是模拟量，这才可能通过前馈增益直接计算出可以实施的控制增量。但有时需要用逻辑量（开关、启停等）作为前馈动作的触发变量。比如，机械密封有时采用高压液封。也就是说，在普通密封件的基础上，再增加一层流动的高压液体作为补充密封，如图 3-7 所示。

液封把过程侧到驱动设备侧的很高的压差一分为二，降低了对密封件的压差要求。流动的液封液还带走密封件的摩擦生热热量，改善密封件的冷却和寿命。系统的复杂度提高了，但耐久性和可靠性反而增强了。

为了进一步增强可靠性，液封液采用互为备份的双回路。如图 3-8 所示，每一台液压泵都有足够的能力同时驱动双回路。任一回路的液压泵故障的话，旁通阀（DV1 和 DV2）自动打开，相应的截止阀（BV1 或者 BV2）自动关闭，另一回路的液压泵自动向两个回路同时供油。但这需要两个回路的压力控制阀同时迅速减小开度，以保持压力。

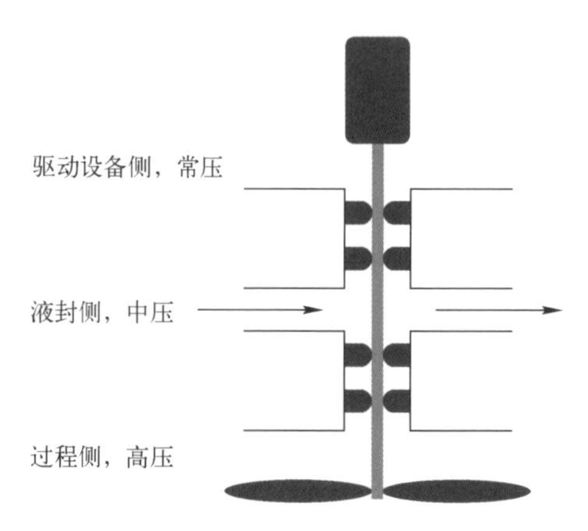

图 3-7　采用高压液封的搅拌轴密封

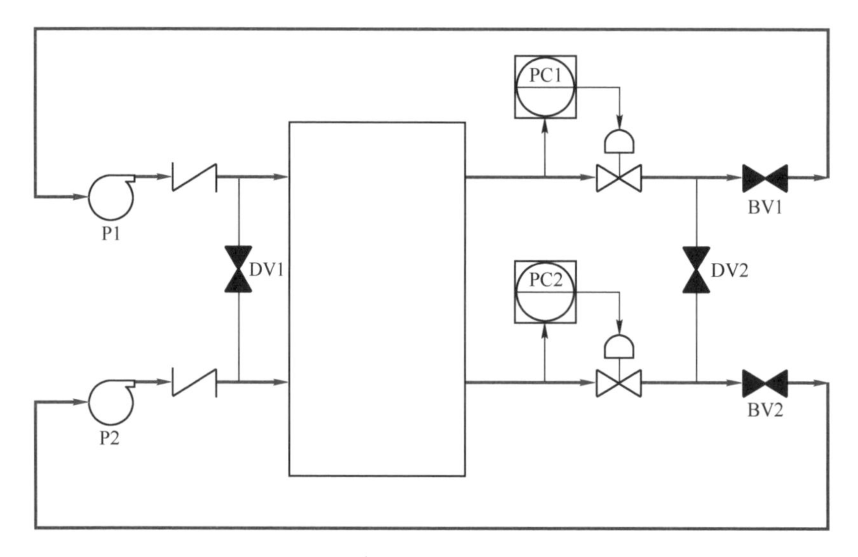

图 3-8　互为备份的双回路液封压力控制

两个回路各有背压控制，但是单靠反馈来不及，等到补偿动作开始时，已经损失太多压力，可能导致机械密封件因为差压过大而损坏。如果过程侧的高压流体流入液封腔甚至常压侧，更是可能造成很大的问题。需要在液压泵 P1 或者 P2 故障停机时，不等压力或者流量变化，直接采取前馈动作，同步通过背压控制器 PC1 和 PC2 降低阀门开度，保持压力。

在道理上，可以用液压泵 P1 或者 P2 的出口压力或者流量作为前馈的驱动。但高压液压回路的动态响应时间很短，P1 或者 P2 的出口压力或者流量开始变化的时候，PC1 和 PC2 的反馈控制也差不多开始了，前馈已经没有多少意义了。

但 P1 或 P2 故障导致 DV1、DV2、BV1、BV2 动作，逻辑信号争取了宝贵的几秒钟，这是可用的前馈驱动信号。问题是，逻辑信号不能直接计算出可用的前馈动作增量。已知 P1 停机了，DV1、DV2、BV1、BV2 的连锁保护动作启动了，但是 PC1 和 PC2 的输出在具体数值上应该如何变化？

这里需要数值和逻辑混合的办法，将当前的 PC1 和 PC2 的输出削减一个百分比，削减的幅度是一个可调参数。注意：这样的削减必须是一次性的，只是把 PC1 和 PC2 的输出在当前瞬间削减一定的百分比，然后自动回到正常的 PID 控制。具体的实施因 DCS 而异，但肯定要通过自定义的逻辑功能或者编程。

对于只有特别短的响应时间的情况，这样的逻辑驱动前馈控制值得考虑。

分程控制

实际控制阀都是有最优工作范围的，一般在 10∶1 左右。也就是说，如果阀的最大流量为 100t/h 的话，在 10~100t/h 范围内，阀门能有效控制，低于 10t/h 的话，阀就难以提供足够的精度了。

任何阀门都有零开度，开度为零就关死了。由于实际阀的构造，真的要保证关死，需要一点负开度，比如-3%，而不是 0。0 实际上是将开未开的位置，由于机械误差和磨损，可能会有些许泄漏。

另一个问题是：实际机械结构都有一定的黏滞，特别细微的动作在微观上实际上是一顿一顿的。阀门越大，顿挫导致的流量变化越大。所以任何控制阀在 0~5%的开度范围内都处于控制精度很差的位置。小开度也导致高磨损，流速高，压降大，还可能因为局部涡流、汽蚀等对阀芯造成损害。

因此，需要大范围控制精度的话，需要大小控制阀接力工作：大流量时用大阀，小流量时用小阀。这就是分程控制。

图 3-9 所示的开-开型分程控制是最典型的形式。控制器输出从 0 增加到 50%时，A 阀从全关变化到全开，此时 B 阀保持关闭；控制器输出继续从 51%增加到 100%时，B 阀从全关变化到全开，此时 A 阀保持全开。控制器输出从 100%变化到 0 时，B 阀首先关闭，然后 A 阀关闭。

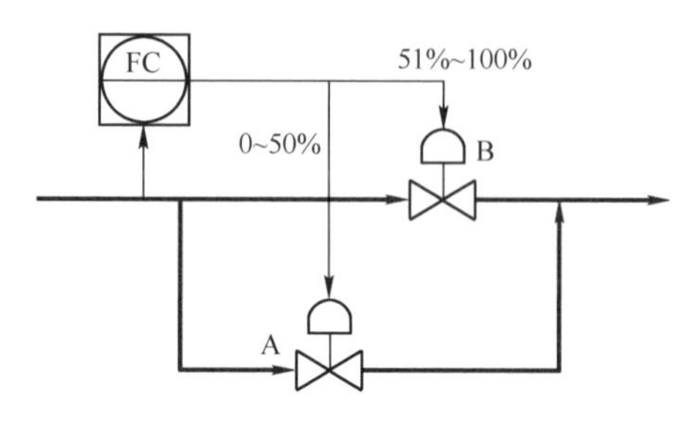

图 3-9　开-开型分程控制

当然，开-开型也可以是关-关型，同理，只是阀门动作、方向反向而已。同时，开-开型分程控制也可以有三个甚至更多的控制阀并联，如图 3-10 所示。

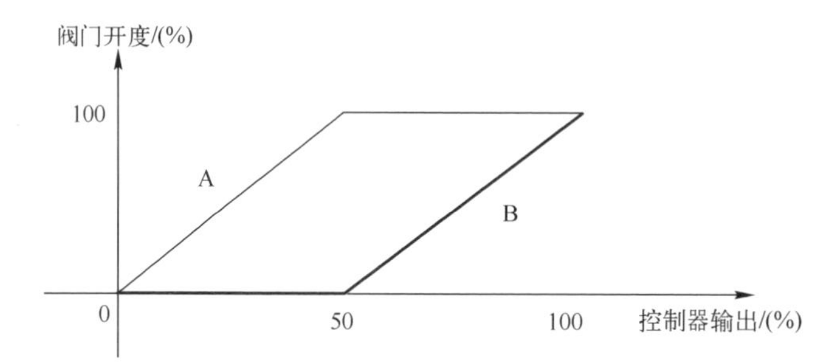

图 3-10　开-开型分程控制的阀门特性

另一种分程控制的典型形式是关-开型，常用于补压-泄压控制，如图 3-11 所示。

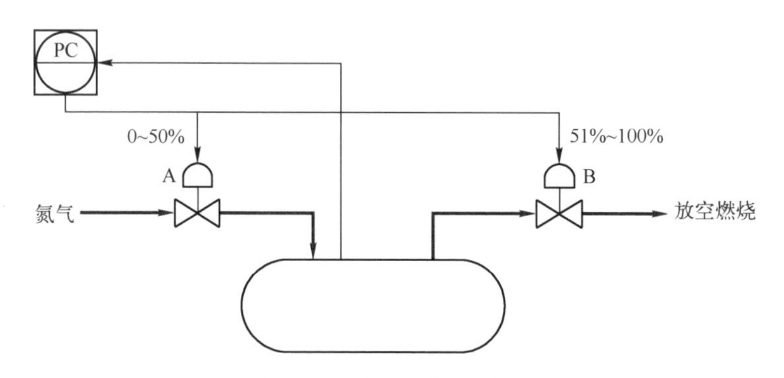

图 3-11　关-开型分程控制

在涉及碳氢化合物的化工厂里，很多大型容器用于容纳液相物料，挥发性气体充斥气相空间。需要适当用氮封保持正压，防止空气渗入、引起爆炸危险。但压力过高的时候，需要通过放空阀，将高压易燃易爆气体导向放空燃烧装置、可控地烧掉，避免积聚和引起爆炸危险。

图 3-11 就是这样的补压-泄压系统。在控制器输出从 0 增加到 50%的过程中，氮气阀从全开过渡到全关，在此期间，放空阀保持全关；然后控制器输出继续从 51%增加到 100%，在此过程中，氮气阀保持全关，放空阀从全关过渡到全开。

图 3-12 显示了关-开型分程控制的阀门特性。在理论上，也可以有开-关型分程控制，但在实际上很少见。

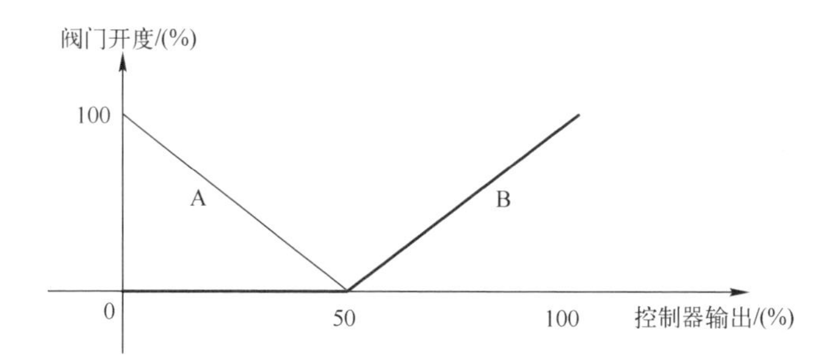

图 3-12　关-开型分程控制的阀门特性

第三种分程控制是交叉型。A、B 阀都全程工作，但动作方向相反。在控制器输出从 0 增加到 100%的过程中，A 阀从 100%的全开状态关闭到 0 的全关状态，B 阀从 0 的全关状态打开到 100%的全开状态，或者反过来。

图 3-13 所示的就是交叉型分程控制，在这里用于物料的加热控制。换热器控制问题后面还要具体谈到，这里是高精度温度控制方案，优点在于温度控制精度高、反应灵敏，缺点在于这不是节能的温度控制方法，直接控制换热器使得出料温度达到要求更加节能。问题是换热器的动态响应较慢、较复杂，在高精度场合下，还非得用这样的交叉型分程控制不可。

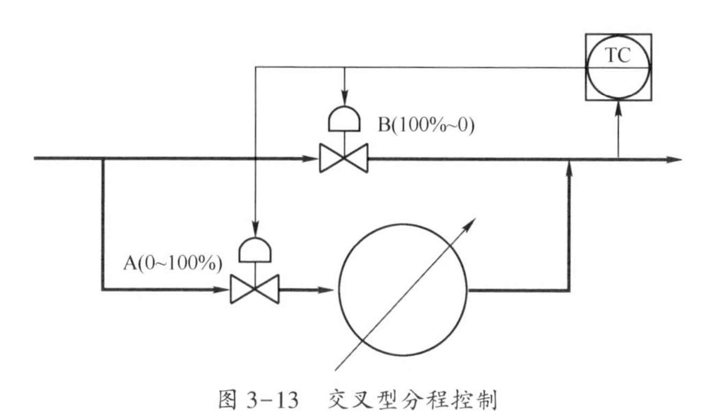

图 3-13　交叉型分程控制

图 3-14 显示了交叉型分程控制的阀门特性。当然，A、B 可以对调，不改变其交叉的基本特点。

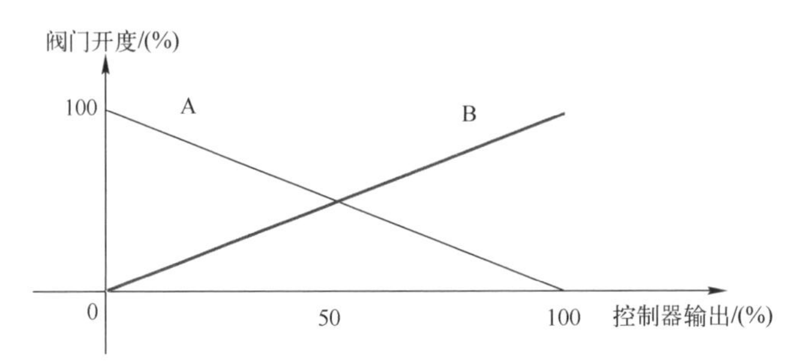

图 3-14　交叉型分程控制的阀门特性

关-开型和交叉型的 A 侧或者 B 侧也可按需要用开-开型分程控制增加控制精度。比如，在交叉型分程控制中，在正常情况下，需要 A 阀全开，以最大限度地利用换热器的热能。但 B 侧用开-开型分程控制代替单一的 B 阀，其中 B1 为小阀，B2 为大阀。这样，在正常运行时，由 B1 阀控制温度，B2 阀全关，既保证温度的精细控制，又减少将已经加热的物料再次冷却，浪费能量。

分程控制在道理上很简单，但在实用中有一些地方需要注意。

开-开型分程控制一般是用于解决大小阀的问题。既然这样，大阀口径可能远远大于小阀。机械地将分程点定于 50%的话，单一增益控制器的整定就会有难以兼顾的问题。如果增益对小阀恰当，对于大阀可能过于灵敏，反之亦然。

这不难理解。增益代表的是“对于同样百分比的测量值变化，需要多少百分比的阀门开度变化”。同样百分比的阀门开度变化对于小阀来说，流量变化没有多大，但对于大阀来说，流量变化就大了。

在实用中，如果大小阀的尺度差距较大，需要考虑将分程点设置在与大小阀的流量相应的位置。比如，小阀（A）流量为 0~30 t/h，大阀（B）流量为 0~120 t/h，分程点可能设置在 20%~30%范围为好。没有直接定在 20%是因为阀门特性，常用的对数阀在控制器输入在低值时，开度变化较小（“较懒”）。

另一个问题是分程点的死区和重叠。如前所述，控制阀在 0~5%范围内很不灵敏，而且工作不可靠。在实用中，开-开型分程控制可能需要将 A 阀的范围延伸到 0~51%，B 阀也延伸到 49%~100%，在重叠区内，B 阀刚开始开启，大部分流量走 A 阀，B 阀流量控制不精确的影响较小。等到 B 阀的开度也增加到一定程度后，控制能力恢复正常。

只要有可能，最好在工艺条件设计的时候，就尽量避开大小阀的交接点。要么在大阀的中段运行，要么在小阀的中段运行。只有在工艺条件过渡转移的时候，需要跨过交接点，这就是短痛了，总有办法对付过去的。

但对于关-开型分程控制而言，A 阀和 B 阀之间需要有一个死区，确保 A 阀将关未关、B 阀将开未开时，没有氮气“短路”直接进入放空系统，造成浪费。

交叉型分程控制没有死区和重叠问题，但有正反作用问题。

前面提到过单回路 PID 控制器的正反作用与控制阀的气开、气闭和正反作用问题。对于复杂 PID，同样的规则在一般情况下也适用，但分程控制是个例外。

开-开型分程控制还好办，两个并列的阀一般都是相同的气开/气闭特性，对于阀和控制器的正反作用而言，可以把两个并列的阀看作单一的等效阀，然后控制阀和控制器的正反作用相应处理。

关-开型和交叉型的两个阀的气开/气闭特性一般是反向的。比如，对于图 3-11 中的补压-泄压系统来说，氮气阀（A 阀）一般是气开的，放空阀（B 阀）一般是气闭的。这样，仪表空气发生故障时，氮气阀自动关闭，放空阀自动打开，既不浪费氮气，或者对其他氮气用户造成泄压问题，也确保安全。

但气开/气闭特性反向也正好有利于控制器，因为控制器的输出与阀门开度改变方向的关系正好需要在分程点前后反向。控制器的正反作用一旦设定，是不可能在分程点前后反向的。

A 阀、B 阀选取正作用还是反作用都可以，只要锁定“补压视角”或者“泄压视角”，保持一致就行。而且不仅 A、B 阀之间要保持一致，最好全过程装置内所有类似的控制系统都一致，避免不必要的混乱。

假定如图 3-12 所示，A、B 阀都设为正作用，控制器输出从 100%～0 使得 B 阀从全开过渡到全关，然后 A 阀从全关过渡到全开，或者说控制器输出增加朝加大 A 阀开度、降低 B 阀开度方向运动。A、B 可以等效为一个补压的气开阀，只是阀门从负全开最终过渡到正全开。这样，压力上升，需要降低补压（可等效于增加泄压），也就是说，降低控制器输出，控制器需要为反作用。这是“补压视角”。

这样，在压力从低到高的过程中，控制器输出一路走低，首先减小 A 阀开度，减少补压，然后过渡到 B 阀增加开度，增加泄压。

也可以锁定“泄压视角”，那样就跟着 B 阀走，等效为一个气闭阀，A、B 阀都设定为反作用，所以控制器输出增加朝加大 B 阀、减小 A 阀的方向运动。

但控制器需要设定为正作用。在压力从低到高的过程中，控制器输出一路走高，首先减小 A 阀开度，减少补压，然后过渡到 B 阀增加开度，增加泄压。

“补压视角”和“泄压视角”的结果是一样的，只是从相反的视角实施。只要 A、B 阀和控制器的正反作用正确配合，都能正常工作。

对于交叉型分程控制，也可采用类似方式处理。对于图 3-13 所示系统，B 阀是冷料阀，用于反应器在仪表空气故障时的安全冷却，为气闭阀；A 阀是热料阀，为气开阀。同样把 A 阀和 B 阀一并看作一个等效的气开阀，这时等效阀的作用依然与 A 阀同向。这样，如果 A、B 都设定为正作用，在温度升高时，需要 A 阀（热料阀）减小开度，所以控制器依然是反作用。

结合关-开型和交叉型，可以看到，等效阀的关键是首先把 A、B 阀的作用方向选为相同，这时等效阀的作用方向必然与其中一个阀一致。控制器的正反作用选取只要与这个阀的作用方向相配合，另一个阀的作用方向就自然选取正确了。为了减少烧脑，可以跟着 A、B 阀中的气开阀走，A、B 都定为正作用，等效阀与气开阀同向，控制器的正反作用只要与气开阀相配合就可以，气闭阀自然就正确了。

在非常罕见的情况下，不排除有 A、B 同为气开或者气闭的可能，那时就需要另外考虑了。需要将 A、B 一个设为正作用，另一个设为反作用，然后将 A、B 等效为单一的气开或者气闭阀。

比值控制

过程工业有大量需要物料配比的情况。反应器的进料需要按一定的比例，锅炉燃烧需要空气和燃料按一定的比例。

比值控制在某种程度上可以看作前馈控制的一个特例，只是前馈增益恰好为物料配比比例，如图 3-15 所示。但比值控制也与前馈控制有本质不同，因为比值控制在本质上就是开环的，这是指比值本身不在闭环控制之下，而前馈控制主要还是反馈控制的补充。

在道理上，似乎可以让 A 流量自由浮动，同时以 A 组分与 B 组分的流量测量值之比作为测量值，通过 PID 控制器驱动 B 组分流量设定值作为从属变量。但这是非常糟糕的做法。由于比值测量值是 A 流量/B 流量，PID 一方面驱动 B 流量设定值，另一方面对 B 流量测量值由于除法关系而高度非线性，整个回路是高度非线性的，很容易失稳。

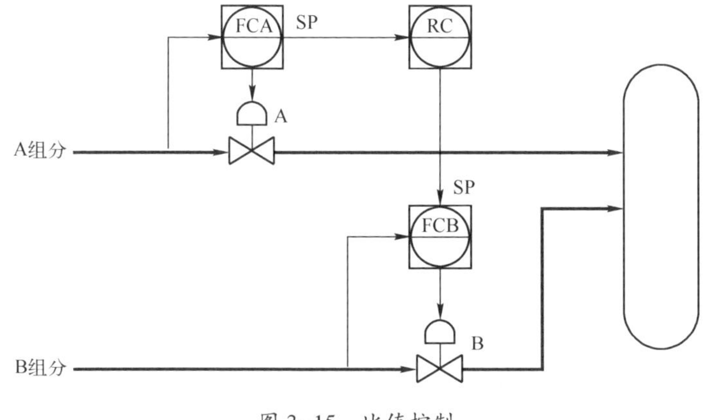

图 3-15　比值控制

测量值换成 B 流量/A 流量也不解决问题。不同的 A 流量相当于引入不同的测量环节增益。事实上，用 PID 直接控制比值也构成了一个本来并不存在的人为动态回路，把 A 回路和 B 回路的动态特性交织在一起，再掺和进 PID 本身的动态行为。

正确的做法是做乘法：

$$u_{比值}=比值设定值\times A\ 流量设定值$$

$u_{比值}$作为输出，驱动 B 流量控制器的设定值。在数学上，这和用比值作为测量值输入 PID 好像等价，但这样一来，没有了人为的动态回路，也消除了非线性。注意，在比值控制器里，应该用 A 流量设定值作为驱动变量，而不是测量值，这很重要。这消除了 A 回路实际流量波动对 B 回路设定值的不必要扰动。

选择性控制

在通常情况下，每一个控制阀都有特定的用途，用于控制某一个过程参数。但在有的情况下，同一个控制阀在一般情况下依然用于控制 A 参数，但在特殊情况下需要用来控制 B 参数。这就是选择性控制，也称超驰控制。

选择性控制的核心在于选择器，可以有高选和低选。高选在多个输入（上级控制器的输出）中选择最高的作为输出，如图 3-16a 所示。低选在多个输入中选择最低的作为输出，如图 3-16b 所示。这里“多个”为至少两个，但可以更多。

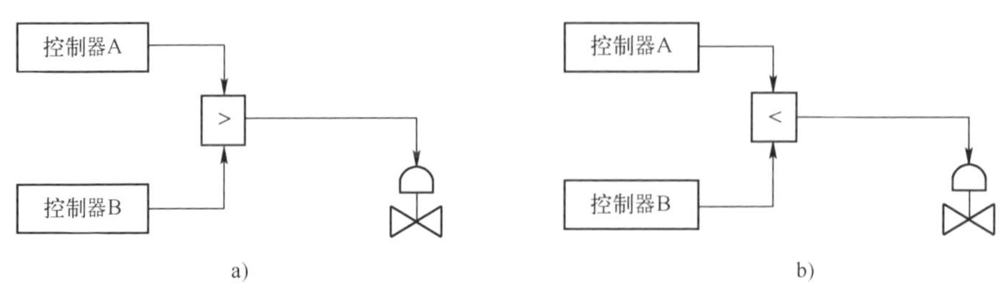

图 3-16　带高选和低选的选择性控制

图 3-17 显示了一个选择性控制的实例。在这里，炉膛温度用燃料流量来控制，温度升高时，降低燃料流量，温度降低，则增加燃料流量。这是简单的温度控制回路。但燃料管路有最低背压限制，背压过低的时候，烧嘴容易发生回火，这是危险的。因此，需要有背压保护。也就是说，烧嘴背压低于低限的时候，接过控制，增加燃料流量，确保燃料背压高于低限，不至于因为温度控制的要求而过低。

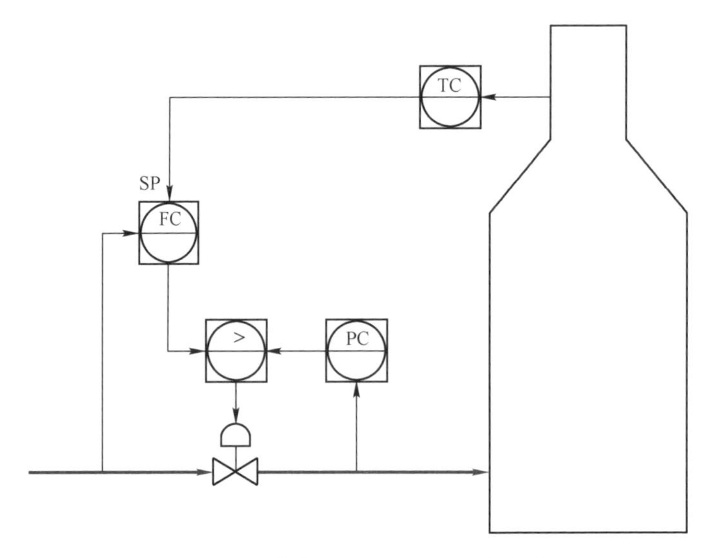

图 3-17　带背压保护的锅炉温度控制

这里高选就是实现最低背压保护的关键。应该注意，在说法上，“最低背压保护”似乎暗示低选，但选择性控制的高选还是低选是由控制阀的保护动作方向决定的，不是由过程变量触及高限还是低限决定的。

需要切记：发生异常、需要保护时，控制阀应该往增大的方向运动，那就是高选；反之就是低选。

选择性控制的整定有点特别。正常回路依然按照一般情况来整定，但保护回路的整定有两点特别之处：

1）很难像通常情况一样，通过测试或者经验法整定，因为需要保护的异常情况在正常运行时根本就不应该出现，一旦出现也是要尽快解决，不会有时间精细整定。

2）通常的稳定性并不重要，一旦进入需要保护的情况，尽快将过程状态带离异常才是首要的。

由于这样的特点，保护回路的整定以快速为主，而不以稳定为主。这当然不是可以不顾稳定性了，只是长时间精确运行在保护极限上不是主要要求，把被控变量“赶回”正常的一侧更加重要。正常回路的整定以稳定性为主要要求，控制动作比较轻缓；保护回路的整定以快速性为主，控制动作比较强烈。有时被控变量因为过程状态而慢慢滑向保护极限，一旦越界，就遭到保护回路的强烈驱赶，可能在保护极限上有所振荡。不过在保护极限上，通常的稳定性要求可以放宽，这样的振荡经常是容许的。

保护回路的整定应该以比例为主，只用很少的积分，因为无余差控制在保护极限上并不重要，不在“保护区”内长期滞留更加重要。如果测量值干净，可以辅以微分，但要谨慎。比如，在图 3-17 的最低压力保护情况下，压力保护回路具有过强微分的话，正常温度控制下的大幅度流量波动也可能造成压力保护回路切入，因为微分是根据测量值的运动方向和速度起作用的。如果燃料流量正常，但炉膛温度突然降低，微分作用可能导致燃料阀的开度突然增大，但这样的切入并不必要。

另外，保护回路的测量值跟踪选项可能应该关闭，避免因为需要而转入手动再转回自动时，忘记拉回原设定值了，在需要的时候造成保护失败。

双自由度控制

单回路 PID 只有一组 PID 参数，只能根据一个设计要求进行整定：或者要求快速性，或者要求稳定性，难以兼顾。这是单一自由度的必然难题。但有时还必须兼顾。比如，在高压液相过程中，液相物料的可压缩性很低，进料流量回路的 PID 整定需要降低控制作用强度，避免过度激烈的控制作用导致本回路的振荡，也避免引发其他相关回路的振荡。但在因为生产需要或者转产不同产品而配方改变时，不同物料的流量设定值需要大幅度改变，过于“松弛”的整定就造成实际流量很大的跟踪误差，要么极大延长状态转移时间，要么承受在状态转移过程中实际过程变量大幅度偏离设定值的代价。

双自由度控制对设定值跟踪和干扰抑制提供了两个自由度，对于这样的难题是有效的解决办法，如图 3-18 所示。

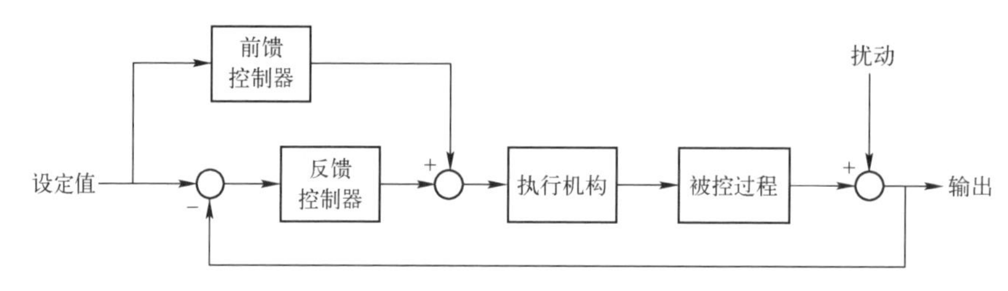

图 3-18　双自由度控制

这其实是一个前馈-反馈系统，只是常见的由扰动驱动的前馈回路换成由设定值驱动的前馈回路。本回路的设定值肯定是可测的，变化也稳健、有规律，实际上是挺不错的前馈驱动变量。

在双自由度控制中，变化中的设定值直接把执行机构（通常就是控制阀）驱动到大致需要的目标位置，前馈回路没有滞后，设定值一动，马上驱动执行机构。剩下的误差和扰动影响由反馈解决，整定依然以稳定和平缓为主。

这实际上和人类的操作习惯是一致的。在已知的大幅度工艺状态变化时，有时把设定值转移到新的位置，由 PID 控制把实际状态带到新位置；有时索性转入手动，根据经验或者历史数据直接把控制器输出也转移到新工况所需的大体位置，然后再切换回自动，精细调整设定值到规定位置。这其实在做的就是双自由度控制的事。

前馈部分的整定与前馈控制一样。可以在没有前馈（对于加法前馈来说，就是 $k_{FF}=0$）的情况下，观察在 PI 或者 PID 控制下设定值变化与阀位变化的关系，估算 k_{FF}。注意，反馈控制器最好含有积分，确保在没有前馈时还是能做到无余差，避免余差对前馈增益估算的影响。大部分反馈控制器都含有积分，所以一般这不是问题。

与前馈控制一样，双自由度控制得到的应用不够多，但可用的场合几乎包括所有高性能单回路 PID。这还没有前馈控制要首先解决干扰的可测问题。设定值永远是可测的。双自由度控制解决了整定的快速性 vs 稳定性的难题，而几乎没有什么使用限制。在最极端情况，关掉前馈通道，系统就自然退化为传统的单回路 PID 了。

阀位控制

阀位控制也称双通道控制。在这里，有两个控制手段影响同一个被控变量。一般一个动作快，用于快速的干扰抑制或者设定值跟踪，但经济成本高；另一个则动作慢，但经济性好。

图 3-19 是一个压缩机的压力阀位控制的实例。在这里，压缩机出口压力由回流阀控制，但回流阀的开度宜小不宜大，否则浪费能源。所以阀位控制器（VC）也参加控制，在回流阀开度过大的时候，也就是说压缩机出力过大、造成浪费的时候，降低压缩机的转速和出力，使得回流阀回到较低的位置；但在回流阀开度过小的时候，也就是说有压力失控危险的时候，适当增加压缩机的转速和出力，使得回流阀回到适当的位置。

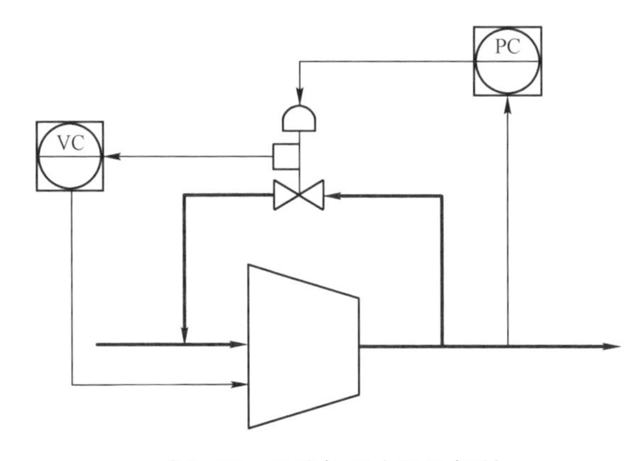

图 3-19　压缩机压力阀位控制

在这里，压力控制器的整定按照通常的办法，但阀位控制器需要慢动作的整定，经常采用纯积分控制器。这也是纯积分控制器少数实用场合之一。在这里，阀位控制与其说是动态控制，不如说是动态和静态之间的最优化。只要积分控制动作非常缓慢，对稳定性的影响不大。

主控制阀要在最优化的同时，依然保持足够的控制能力。阀位控制器（VC）的设定值要合理。过低的设定值虽然节能，但有失控危险。就图 3-19 的例子而言，转速过低的时候，可能因为压力波动而造成下游压力不足，造成过程内的返流，这是不容许的。设定值不合理是阀位控制容易遇到的问题，必须注意。

另外，要注意控制阀的控制能力问题。就图 3-19 的例子而言，要是回流阀的流量范围太小，而转速控制器在最优化过程中把转速推到很高，这时压力波动可能导致回流阀即使全开都开度不足，造成下游超压的问题。这也是不容许的。这里可能用大小阀的分程控制比较合理，在平时用小阀保持精细控制能力，在下游有超压危险的时候，自动开启大阀。

图 3-20 是类似的例子。在这里，风冷器（精馏塔塔顶冷凝器常用）用挡板作为快速的温度控制手段，但挡板实际位置作为风扇转速控制的测量值。挡板开度太大时，接近失控，需要增加风扇转速；挡板开度太小时，风扇在做很多无用功，可以降低转速，节约电力。

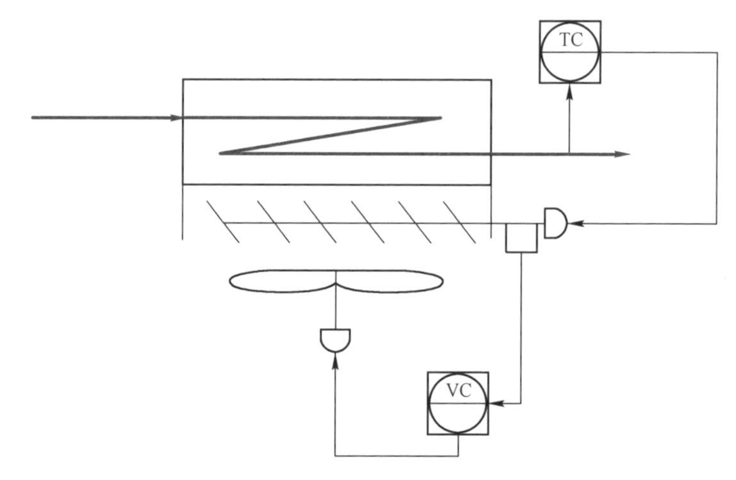

图 3-20　风冷器温度阀位控制

图 3-21 所示的蒸汽降压阀位控制更加复杂。在过程工业中，高压蒸汽的压力高，热值高，但有些地方只需要低压蒸汽，高温高压不仅没有必要，也无谓地提高了材料和焊接的要求。最简单的办法是直接通过降压阀降压，这是很大的浪费，而且对降压阀的阀芯造成汽蚀。但如果过程里采用两级汽轮机驱动的涡轮压缩机，在级间引出已经做功降压的蒸汽作为低压蒸汽，那就在把高压蒸汽的能量转化为压缩气相物料的机械能后，再作为低压蒸汽热源，热效率就大大提高了。

在图 3-21 里，气相物料侧的压力控制通过改变转速来控制压力。没有显示的是第一级和第二级之间的协调控制。高低压蒸汽之间依然有直接的降压阀，用于低压蒸汽端压力波动的快速补偿。但降压阀开度过大时，增加级间引出，同时蒸汽涡轮控制系统内部重新调整第一级与第二级之间的出力分配，降低第二级的出力；在降压阀开度过小时，降低级间引出，同时蒸汽涡轮控制系统增加第二级的出力，降低第一级的出力。

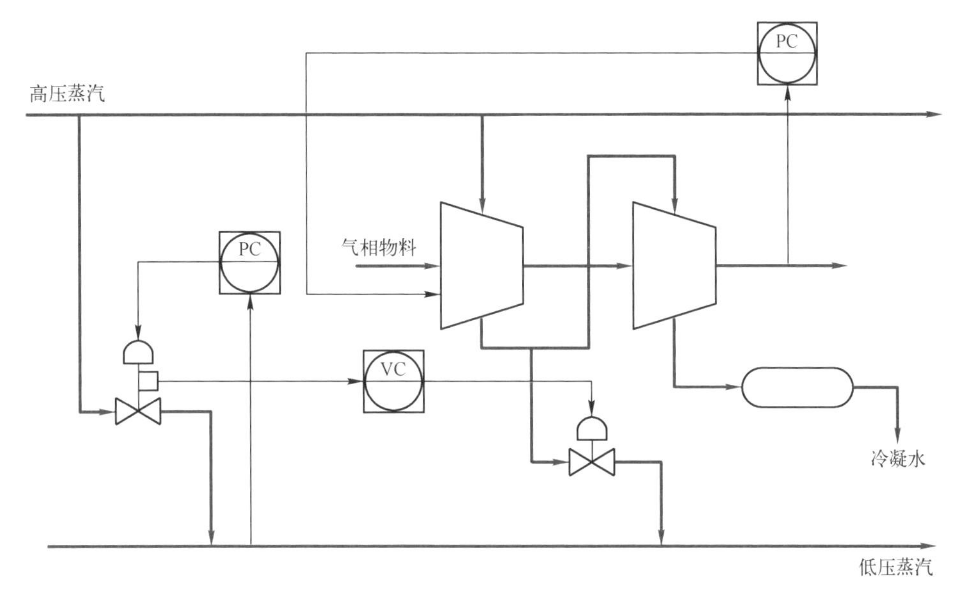

图 3-21　蒸汽降压阀位控制

这里压力控制、引出流量控制、直接降压控制、汽轮机涡轮的级间控制之间有复杂的耦合，但精细整定后，还是可以做到全系统稳定的。

均匀控制和解耦控制

均匀控制与其说是一种独特的控制构型，不如说是控制器整定的一种思路。

均匀控制（见图 3-22）通常特指缓存容器的液位控制。顾名思义，缓存容器就是在过程中提供缓冲容量的。因此，容器内的液位高低只要不超限，并不太关键。尽量利用容器容量，让液位在容器内自然起伏，但保持出料流量相对稳定，这是缓存容器的主要作用。换句话说，缓存容器就是要把上游流量波动与下游相隔离。

大部分均匀控制回路就是简单的液位单回路，但在整定上特别“松弛”，控制动作尽量和缓，以降低下游流量的波动。由于控制阀在出口，开环系统本身就包括积分特性，所以液位控制器不宜具有强积分。这是和常见的液位均匀控制实践相反的。

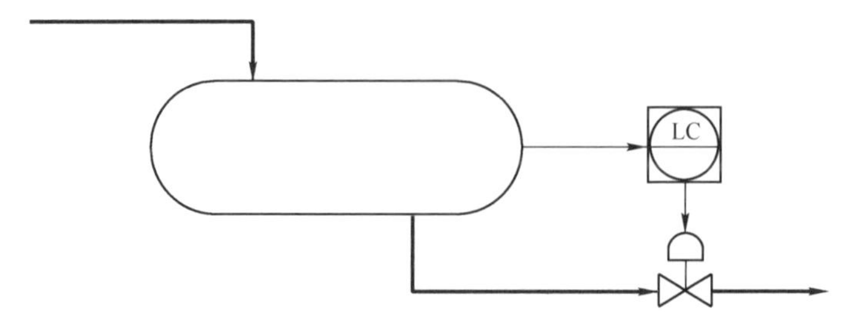

图 3-22　均匀控制

积分控制是用于消除余差的。在液位均匀控制里，液位控制的最大要求就是不至于超过容器内的液位上下限，具体稳定在什么液位无关紧要，余差本来就不是问题。强积分导致闭环里含有双积分，反而影响稳定性。

在很多场合，双增益控制被用于液位均匀控制。从道理上讲，双增益的内区增益小，控制动作和缓；外区增益大，有助于在液位偏离设定值太远、接近液位上下限时增强控制动作，尽快把液位拉回居中的地方。这似乎是理想的液位均匀控制，但在实用中需要注意。

把双增益控制用于液位均匀控制时，需要确保液位的自然波动正好落在内区。否则经常会因为内区控制作用不足，越过内区界限，然后受到外区的强控制作用，液位变化方向反向、快速冲回内区，再次因为内区的“刹车”作用不足，一路冲到内区的另一侧界限。这样周而复始，液位在容器内大幅度振荡。

这两种情况都需要对液位的稳定性具有新的认识。也就是说，放弃通常的平稳期望，容许相当幅度的波动，只要不超限，只要出料流量平稳，容器内的液位波动就是值得承受的代价。但对于大部分工艺操作人员来说，这是很反直观的概念。最后常加强控制作用了事，通过出料流量来控制液位是容易的，只是将上游流量波动与下游隔离的目的达不到了。说到底，物料流入流出最终是要平衡的。缓存容器如果不能吸收上游流量波动，单靠控制设计是不可能避免下游流量的被迫波动的。

在理想情况下，需要对全流程的物料流动和存储情况具有某种通盘管理。这和洪水管理一样，洪峰正在上游通过的话，需要多少时间达到下游、下游洪峰会达到多少，是可以计算和预估的。在此基础上，对下游液位相应管理，就要有的放矢得多。如果上游洪峰不至于造成下游液位超限，下游可以静观待变，因为对自己的容量能有效吸收洪峰心中有数；如果上游洪峰有造成下游液位超限可能的话，下游预先做好准备，提前腾出容量，但也只需要腾出够用的容量，就能在利用容量吸收洪峰和尽量保持下游流量之间达到较好的平衡。

对于上游枯水也是一样的思路，只是措施反过来。

这不是简单的单回路能做到的，需要全流程“库容”的管理和预测。设备和管道的容量和形状是固定的，建立全流程的动态物料平衡就能实现有效的动态库容管理系统。这是大工程，但一旦建立，就可长期自动运作。这是很值得做的一件事。事实上，这也是有经验的工艺操作人员在人工做的事情。在某种程度上，过程控制就是将人工操作自动化，从低级的单回路逐步向上发展到单元管理和全局管理。

但有时容器既有缓存作用，也有为泵机提供稳定压头的作用，如图 3-23 所示。这时稳定的压头可能更加重要，以保证泵机最有效地工作。这时，按照简单液位控制整定就可以，保证液位稳定。事实上，大幅度波动的液位不仅影响泵机效率，还可能因为触及低限，造成泵机关停，对下游过程的影响更大。

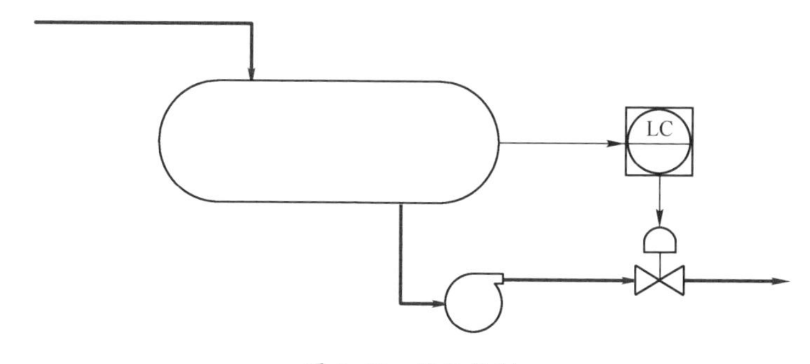

图 3-23　液位控制

在大多数情况下，解耦控制也没有特定的控制构型，主要靠合理整定。

最常见的耦合是共用总管。蒸汽总管是最常见的，但液相反应过程中的惰性载体溶液也可以共用总管。以图 3-24 为例，总管有压力控制，三个引出的分管各有自己的流量控制。显然，三个流量控制回路之间是互相耦合的。也就是说，一个控制器的控制作用可能对另外两个就是外来扰动，三者与压力回路之间更是互相干扰。

这样的工艺设置通常对流量的控制要求还比较高，但高稳定性控制器的控制作用比较迅猛，进一步增加耦合造成的互相干扰。

对于这样的系统，特别需要抵制将三个流量控制器整定成高衰减比的冲动。流量的稳定最终来自于总管压力的稳定。这是“大河有水小河满”的情况，切忌本位主义、山头主义。各自为战最后多败俱伤。

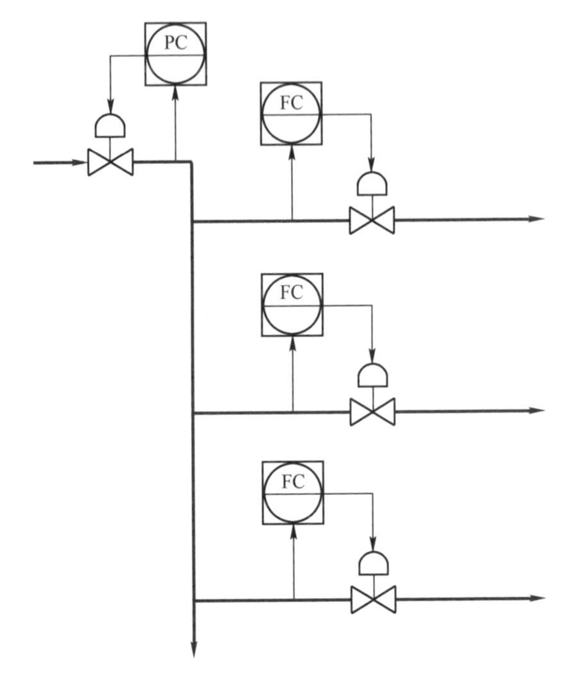

图 3-24　耦合与解耦

在这里，需要将压力控制器（PC）整定成高衰减比，但三个流量控制器（FC）反而需要整定得相对“松弛”。总管压力高度稳定才能尽可能降低三个流量回路之间的互相耦合，相对“松弛”的三个流量回路也互相降低对相邻回路的扰动。

这也是应用双自由度控制的理想场景。流量控制器整定得“松弛”有利于降低耦合，但不利于工艺条件转移时对流量设定值的跟踪。双自由度控制比较好地解决了这个问题。如果三个流量同步改变设定值，必然在产品配方改变时，所有主要配料流量都要相应调整，在设定值爬坡中，三个双自由度控制回路都主要在设定值驱动的前馈作用下改变各自的控制阀阀位，不仅“淹没”了反馈控制的作用，也因为前馈是开环控制而不受耦合的影响。等到爬坡完成时，回到相对“松弛”的反馈控制，回到低耦合状态。

更加复杂的解耦控制方法是存在的，如相对增益方法等。但在多变量的模型预估控制技术已经高度发达的现在，直接走多变量路线更加直接、有效，没有必要再拘泥于设计烦琐、实施复杂的以多回路 PID 为基础的解耦控制了。

推断控制

不论是反馈控制还是前馈控制，直接测量相关变量是首要条件。但在有些情况下，直接测量很难做到，比如聚合反应的分子链长度；或者需要很长的间隔和很大的滞后，比如用气相色谱仪甚至中心分析室测定分析成分。这时控制就需要对测量值进行推断。现在也常用“软传感器”的说法。

最早的推断控制是从精馏塔的成分控制开始的。精馏塔的出料成分是与相关塔板温度直接相关的，但塔压也影响温度与成分的关系。通过比较中心分析室和实际精馏塔的历史数据或者实验研究，是可能得到成分（C）与温度（T）、压力（P）的关系的：

$$C=f(T,P)$$

在控制系统实施和控制器组态时，在通常填入变送器（工业上对传感器的常用称呼）位号的地方用上述计算结果代入，此外，推断控制与普通单回路 PID 没有什么不同。

在 DCS 高度发达的今天，用多个实测值计算一个推断的间接估算值不是难事，推断控制的采用在增加。要注意的是：DCS 都带有系统自检，变送器直接接入控制器的时候，变送器发生故障，自检会采取相应措施，隔离故障。比如在来自变送器的通信中断时，系统会自动冻结控制器的输出，在极端情况下，可以自动迫使控制器转入手动，输出上升或者下降到安全位置，比如燃烧控制回路燃油自动关断，或者设备放空控制回路放空阀自动打开，以确保本质安全。

但变送器通过计算环节绕一道弯后，这样的自检保护一般就需要自己搭建。另外，在计算中，需要注意避免除以零、根号内为负这样的问题。含有指数计算的时候，也需要对突然飙升的计算值有所准备，避免溢出或者其他计算失真导致的出错。

推断控制更加有意思的情况是用不规则间隔、大滞后的分析仪或者中心分析室数据对推断模型的矫正。比如，聚合反应器产出的聚合物分子链长度和其他性质可以用熔融指数和密度来代表，但熔融指数和密度的在线分析仪还不成熟，只有中心分析室可以可靠测定。

用反应器的条件（温度、反应器内浓度、停留时间等）作为输入，是有各种推断模型可用的，但还是需要离线分析仪和中心分析室的实测数据矫正。推断模型能反映各种动态变化，静态精度只有靠间隔较长（以小时计）的实测值间歇性矫正。这样动静态结合，可以在静态精度和动态精度之间获得有用的折中。

问题有三个：

1）离线分析仪和中心分析室的实测数据间隔很大，离线分析仪可能十几、几十分钟一次，中心分析室更是一两小时甚至更长间隔才出一次。

2）离线分析仪的分析过程本身需要较长时间，每次出数据的时候，是十几、几十分钟前的状态。中心分析室的更长，因为还要算入从现场取样到送到中心分析室的时间，十来分钟总是要的。

3）自动的离线分析仪的采样间隔还相对固定，中心分析室就没有那么规则了，说是大体一个小时，实际上每次都是 50~80 分钟不等，要看采样送达和人工分析的速度了。

假定熔融指数（MI）可以按照下式计算：

$$\mathrm{MI}(k)=f(T(k),C_{\mathrm{i}}(k),\mathrm{MRT}(k))$$

式中，k 为当前时刻；C_{i}为配料 i 的浓度，计算中可以有多种配料的浓度，这里用一个 C_{i}概括了；MRT 为平均停留时间，而当前可用的离线分析仪或者中心分析室数据为 $\mathrm{MI}_{\mathrm{lab}}(k-n)$，其中 n 在一定的范围内可变，比如 $50<n<80$。带矫正项的推断计算为：

$$\mathrm{MI}(k)=\alpha\cdot f(T(k),C_{\mathrm{i}}(k),\mathrm{MRT}(k))+(1-\alpha)\cdot\Delta$$

$\mathrm{MI}(k)$是在每一个采样时刻计算的，但矫正项 Δ 只在有新的离线分析仪或者中心分析室送交新结果数据的时候才计算，在两次数据之间是恒值：

$$\Delta=\mathrm{MI}_{\mathrm{lab}}(j-n)-\mathrm{MI}(j-n)$$

j 是最近的离线分析仪或者中心分析室数据送达时刻，比如，现在是 17:30，离线分析仪或者中心分析室数据是 17:10 出的；n 是实际采样到出分析结果之间的时间，比如是 16:30 从现场采样的，也就是说，$n=40$（假定采样间隔为 1 min）：

$$\mathrm{MI}_{17:30}=\alpha\cdot f(T_{17:30},C_{\mathrm{i},17:30},\mathrm{MRT}_{17:30})+(1-\alpha)\cdot(\mathrm{MI}_{\mathrm{lab},17:10}-\mathrm{MI}_{16:30})$$

这个计算中的矫正项 $\mathrm{MI}_{\mathrm{lab},17:10}-\mathrm{MI}_{16:30}$一直要到下一次离线分析仪或者中心分析室出数据才改变，其他数据（$T_{17:30}$，$C_{\mathrm{i},17:30}$，$\mathrm{MRT}_{17:30}$）都是实时的。这需要 DCS 具有便利的调取历史数据的能力，一般 DCS 都能做到。还需要矫正项的计算程序具有较强的历史数据管理能力，因为每次从现场采样送交离线分析仪或者中心分析室的时间不一定都一致，尤其是人工采样、人工送交中心分析室的情况。

这里 $0<\alpha<1$ 是矫正加权因子，α 越接近 1，越“相信”计算值；α 越接近于 0，越“相信”中心分析室的数值。一般来说，中心分析室的数值比较精确，但

有人为误差和输入误差因素。另外，如果计算模型那么不堪，每次矫正都是大幅度，那离线分析仪或者中心分析室两次出数据之间的推断并不可靠，推断控制的有效性就可疑，矫正的时候的“跳变”也太大，用作推断控制会带来不利扰动。

对矫正项进行低通滤波，把阶跃跳变钝化为可控的指数上升、在一段时间里逐步引入全幅度的变化可以减弱矫正的影响，但最终还是需要适当提高基本推断计算的精度，降低对矫正的依赖。在实用中，一般取 $\alpha=0.6\sim0.8$。

对数 PID 控制

大部分控制回路都是围绕一个主要的运作点设计的，设定值不会在全量程范围里满世界跑。但有些回路还真是在大范围里打一枪换一个地方。比如，在聚合反应里，氢经常用作聚合物的断链剂。以聚乙烯为例，高熔融指数聚乙烯是短链的，需要的氢流量较大，可达百公斤/小时级；超低熔融指数聚乙烯是长链的，需要的氢流量较低，可能只有几公斤/小时级。

在 PID 控制下，常规的 PID 是线性的。也就是说，在同样的比例增益 $k_p=0.5$ 下，同样的经过量程百分比化的相对误差变化 1%，导致控制量变化 0.5%，不论当前的实际流量是 5 kg/h 还是 500 kg/h。假定控制阀的全量程对应于 0~1000 kg/h，0.5%就相当于 5 kg/h。

但对于聚合反应来说，氢流量在 500 kg/h 的时候，变化 5 kg/h 的流量还是较小的变化，可能勉强够用。但氢流量只有 5 kg/h 的时候，变化 5 kg/h 就是全关到翻倍的差别了。显然，需要不同对待才能在这样极端的设定下总是正常工作。

对于这样的场景，控制量的实际变化需要考虑当前起点。换句话说，控制律改成：

$$\frac{u(k)}{u(k-1)}=\left(\frac{y(k)}{y(k-1)}\right)^{k_p}$$

也就是说，当前控制量和上一步控制量之比与当前测量值和上一步测量值之比成正比，或者换一个写法：

$$u(k)=u(k-1)\left(\frac{y(k)}{y(k-1)}\right)^{k_p}$$

也就是说，当前控制量等于上一步控制量乘以一个修正因子。这里，$k_p>0$ 是整定参数。在最简单的情况下，$k_p=1$，这样，测量值增加 10%，控制量就增加 10%。两者都是在当前值的基础上的相对变化，而不是差值变化。

套用前述氢流量的例子，在 5 kg/h 的时候，10%对应于 0.5 kg/h；在 500 kg/h 的时候，10%就对应于 50 kg/h。显然，这对设定值大范围变动的场景更加符合实际。

有意思的是，上述控制律两边施加对数的话，就成为：

$$\log u(k)-\log u(k-1)=k_p(\log y(k)-\log y(k-1))$$

这就是对数形式下的比例控制。这里没有考虑设定值变化。考虑设定值的话，应该改写为：

$$\frac{u(k)}{u(k-1)}=\left(\frac{y(k)}{y(k-1)}\frac{y_{SP}(k-1)}{y_{SP}(k)}\right)^{k_p}$$

也就是说：

$$\log u(k)-\log u(k-1)=k_p[(\log y(k)-\log y_{SP}(k))-(\log y(k-1)-\log y_{SP}(k-1))]$$

与基本 PID 一样，设定值不变的话，设定值项在控制律里对消，所以不可能消除“余差”，尽管在这里不再是传统的差值型余差，而是比值型余差了。

为了消除余差，可以考虑在对数比例控制律的基础上增加积分作用，比如：

$$u(k)=u(k-1)\left(\frac{y(k)}{y(k-1)}\frac{y_{SP}(k-1)}{y_{SP}(k)}\right)^{k_p}\left(\frac{y(k)}{y_{SP}(k)}\right)^{k_i}$$

必须说，这样的“对数 PI”控制律没有理论依据，也不可能进行稳定性分析，但在实践中管用，是能消除余差的，尤其在 $y(k)$已经趋稳、“对数比例”项不再变化的时候。

以此类推，还可以再增加微分作用。但这样的控制律本来就很不寻常，通常的 PID 整定经验不管用了，自动整定更不可能，人工整定需要耐心和很多试错，控制律过于复杂增加整定困难，可能不一定要迎着这个困难上，还有其他回路需要优化。

这里也只给出了正作用的控制律，反作用的控制律只要把 $y(k)$ 和 $y_{SP}(k)$ 在分子分母的位置对换一下：

$$\frac{u(k)}{u(k-1)}=\left(\frac{y(k-1)}{y(k)}\frac{y_{SP}(k)}{y_{SP}(k-1)}\right)^{k_p}$$

如前所述，对数 PID 对于“小流量、小动作、大流量、大动作”的场景很实用。但在 DCS 里，只有自定义实现了，现成组态里是没有的。

单元设备控制

过程工业里千姿百态，但一大特点是各种生产过程大多由典型单元操作构成，比如换热器、精馏塔、锅炉/加热炉、泵机和压缩机、反应器等，在控制上有很多共性的问题。应该指出的是，单元操作控制不是简单地将简单或者复杂 PID 套用上去，而需要结合单元操作的特点，建立在对单元操作的深入理解上。

过程工业包括化工、炼油、造纸、化纤、冶金、印染等，各有独特的过程单元操作，不可能全面铺开、面面俱到，这里以化工过程为主来进行分析。炼油可算化工的一个子类，化纤中切片、喷丝之前的过程也基本上与化工相同。

化工与化学是相关的，但不相同。化学注重物质的化学变化，A 和 B 在一定条件下混合、反应，生成的 C 与 A 和 B 都不相同。化工在很大程度上是以物理手段将化学变化的产物分离、提纯并放大到工业化规模，所以加热、分离、输送等是控制挑战的大头，反应器控制反而只是化工过程控制中的一部分，甚至不是最大的部分。

换热器控制

换热是最常见的单元操作之一。换热器有加热用的，也有冷却用的。共同特点是加热（或者制冷，下同）介质与工艺物料在物理上是隔绝的，只有热量传递的关系。

换热器概述

典型换热器为列管式，如图 4-1 所示，其外观好比一个超大的维生素 C 胶囊，当然这是“钢囊”。钢囊本身是换热器壳体，两端的半球实际上是可拆卸的。半球体拆卸下来后，可以看到两端的端板，端板之间就是管束。

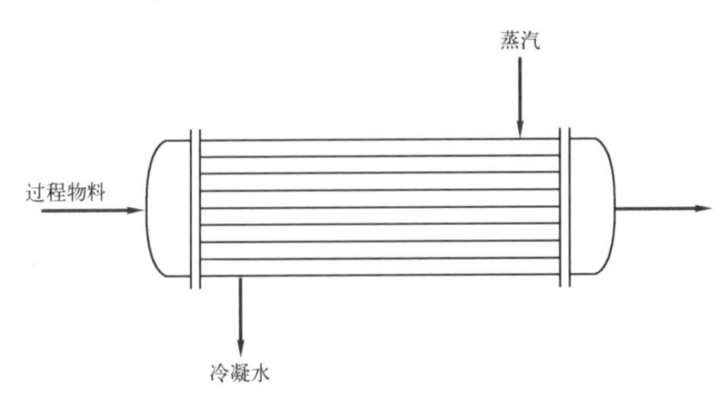

图 4-1　典型的用蒸汽加热的列管式换热器

过程物料从一侧半球流入，通过列管流向另一侧半球体。如果列管是直通的，这是单程换热器；如果列管在两侧端板之间绕几个来回再流入另一端的半球体，就是多程换热器。单程换热器的流阻小，沿管长方向的温度分布简单，但需要较长的列管才能充分换热；多程换热器的特点正好相反。

加热介质在两侧端板之间、列管之外的空间的一端流入，从另一端流出。在列管之间，加热介质“淹没”整个管束。一般加热介质的流动方向和过程物流相反。也就是说，如果过程物流冷端在左、热端在右的话，加热介质就入口在右、出口在左。这样便于最大限度地利用加热介质与过程物流之间的温差。

为了便于描述，列管内称为管程，端板之间、列管之外称为壳程。

壳程分单相和相变两种。单相的壳程内没有相变，水加热、油加热就是这样的，进口是水（或者油），出口还是水（或者油），只是温度降低了，在降温过程中把热量传递给了过程物流。这样的换热器比较简单。

带相变的壳程最常见的是用蒸汽，进口是蒸汽，出口是冷凝水（实际上是汽水混合物）。整个壳程的温度相对均匀，蒸汽与冷凝水处于相平衡状态，温度在理论上没有差别。相变释放的潜热远远大于温度变化释放的显热，所以带相变的壳程尽管传热机制更加复杂，还是得到广泛使用。

管程内一般是单相的，但也有带相变（闪蒸）的，称为闪蒸换热器。管程内的闪蒸对工艺设计和过程控制都是较大的挑战，还容易在管壁上发生结垢问题，但传热效率进一步提高。如果换热器的加热目的是使得过程物料汽化，用单相换热器需要加压，保持过程物料在加热后依然处于液相，然后在出口通过闪蒸阀降压闪蒸，有时还需要闪蒸罐继续降压闪蒸，这样带来的设备数大大增加，运作和维修成本也大大增加。闪蒸换热器则节省了压降很高导致阀芯容易受到汽蚀损坏的闪蒸阀，和容易结垢的闪蒸罐，是很有潜力的发展方向。

在安装方式上，换热器有水平安装和垂直安装。前者便于维修，尤其对于需要把两端半球体拆下的大修和管束清洁作业；后者占地较小，更适合淹没式壳程的换热器的换热面积控制。换热由很多因素决定，其中换热面积是重要的因素。通过冷凝水淹没一部分管束，可以有效地控制换热面积，达到控制换热量的目的。

水平或者垂直换热器都可控制换热面积。壳程和列管可简化看作圆柱体，垂直换热器的换热面积就是水面以上的列管暴露面积；水平换热器的换热面积可简化地用端板的水下截面积来考察。

垂直换热器的冷凝水液位改变和换热面积是线性关系（见图 4-2a）。水平换热器的话，冷凝水液位与换热面积只有在接近中轴线高度时接近线性，越是接近直径的上下端，越是非线性，不利于换热面积的控制（见图 4-2b）。另一方面，垂直的淹没式换热器有冷凝水沿列管外壁成液膜降落的问题，液膜在管壁和蒸汽之间起隔离作用，影响传热，水平淹没式就较少出现这个问题，所以还是使用很多，不过需要用单独的汽水分离装置和冷凝水罐确保壳程内没有冷凝水积聚，避免非线性液位问题，整个壳程都能用于换热，确保高效，但设备数量和管道接口多，造价和维修麻烦一点。

如果在设计和运作上要求水平换热器在部分淹没状态下工作，淹没面积作为换热面积的控制手段，而且需要时常大幅度变化，可以考虑壳程内冷凝液容积控制，作为换热面积控制的近似替代。液位与换热面积的关系是非线性的，但液位下容积与换热面积的关系是线性的，只是计算比较烦琐一点。但要做到高精度控制，这样基于换热器机理的线性化可能是必需的。

换热器的温度控制

换热器控制最重要的是过程物流的出口温度控制，最常见的手段是对加热介质的进入流量进行节流控制。

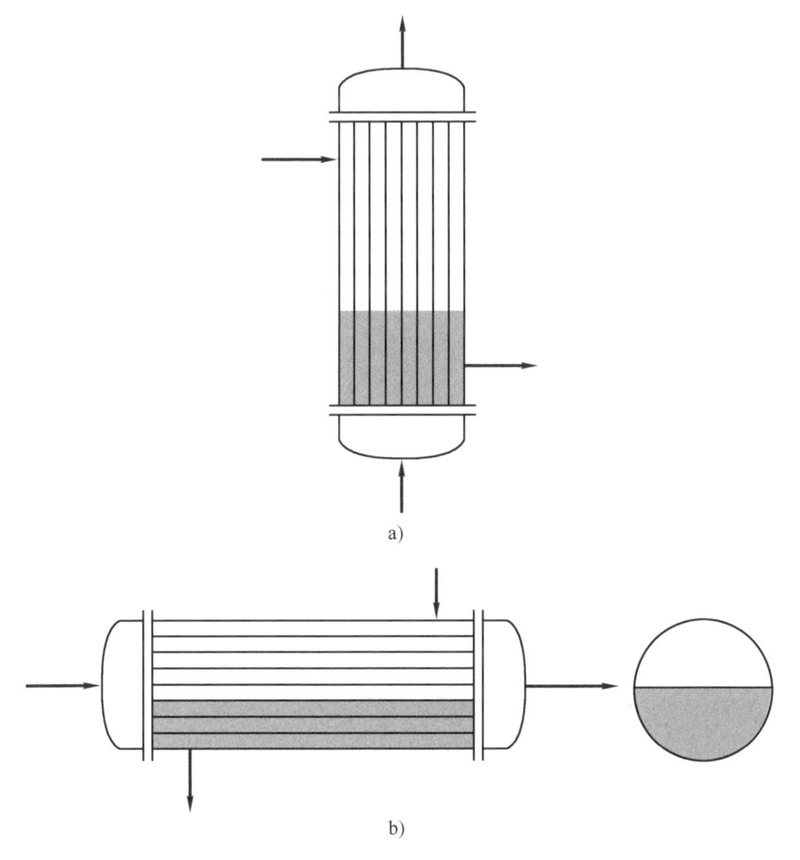

图 4-2　垂直的淹没式换热器的液位与换热面积是线性关系，水平的就是非线性关系

对于壳程单相和相变的换热器来说，两者看起来一样，都用入口流量的节流控制，但两者的机理不一样。单相的话，改变加热介质流量直接改变带入的显热，这个好理解。

对于相变壳程来说，对入口节流改变的实际上是壳程压力，改变相平衡点，以此控制传热量。

两者的最终目的都是改变传热量来最终控制过程物流的出口温度。用过程物流的流量作为前馈可以帮助提高出口温度控制精度。

出口温度对加热介质流量的串级则可克服加热介质端的波动影响。

如前所述，出口温度也可以用换热面积来控制，尤其是淹没式换热器，如图 4-3 所示。垂直的淹没式换热器较为简单，温度对液位的串级就够用了。对于水平但带相变壳程的换热器来说，需要对冷凝罐液位有效控制，只有足够的液位才能保证液封，不会有蒸汽进入冷凝水管路，但也不能让液位上升到太高，影响汽水分离，更不能上升到壳程内，降低传热面积。

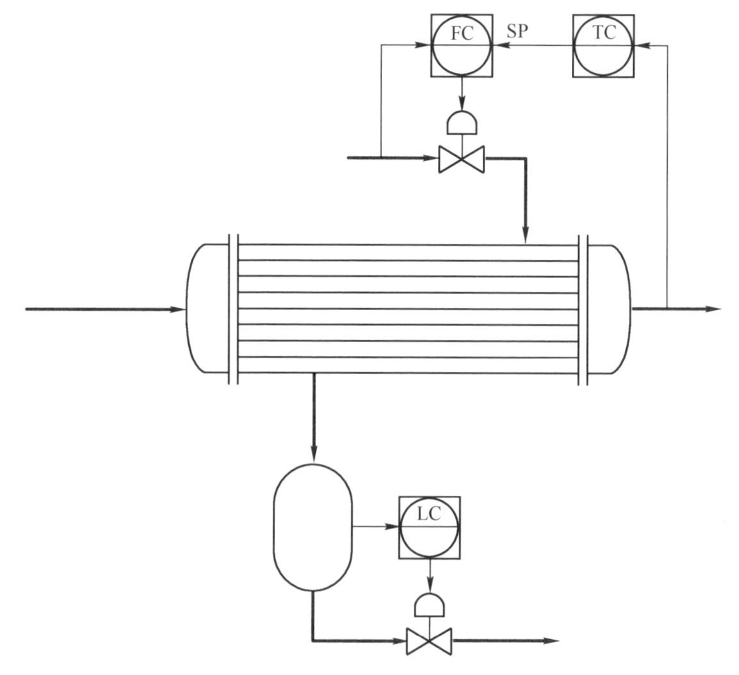

图 4-3　带冷凝罐的水平换热器温度控制

带相变的换热器控制

如前所述，一般换热器的管程不带相变，但高强度传热可能导致相变，有时高强度传热的目标本身就是使得物料升温汽化，以降低后续的精馏塔的热负荷。但管程内的相变会引出很多过程和控制的问题。

相变说白了就是沸腾。由于气相和液相的密度差别很大，沸腾汽化导致急剧升压；沸腾中的液相也随着气泡的生成和破灭而不稳定、局部化，带来短促、激烈、频繁的压力变化。

一个简单的办法是提高换热器的压力，确保管程内处于高压，处于相变区外。然后再用闪蒸阀或者闪蒸罐降压、汽化。闪蒸阀利用物料通过阀的时候自然产生的压降引发闪蒸，同时控制换热器的背压。闪蒸阀的压降较大，工作环境恶劣，还需要提供背压控制，对阀和控制的要求很高。另外，很大的阀压降导致焦耳–汤普森效应，使得降压后的气相有显著的降温，不利于作为精馏塔的气相进料能量水平。

如果物料性质简单，背压控制相对简单。物料涉及多相液态的时候，也就是说，流体内各相都是液相，但各个液相截然不同，比如重油、轻油和水的混合物，在高压下会溶解成单相，但随着压力降低，各相开始析出，那样压力控制要求高不说，在装置启停或者产品转型时，各相的占比急剧变化，流体的黏度、密度等性质变化很大，从接近于清水的“好脾气”物料到接近于黏稠浓汤的高黏度物料，一切皆有可能。可能需要某种变增益 PID 加上前馈才能有效控制。

闪蒸罐比较简单，但依然需要控制阀控制背压，还增加了设备数量，效率较低。多相液态物料在装置启停或者故障的时候，要考虑液相分离积淀的问题，有的东西一旦积淀，就不容易再流动起来。

管程里压力降低，直接发生相变，更需要背压控制（见图 4-4）。这时压力测量的噪声很大，但也不一定，看似高频的噪声可能是相变中迅速波动的真实压力。这时用小微分可能有奇效，但需要具体情况具体分析，不能一概而论。

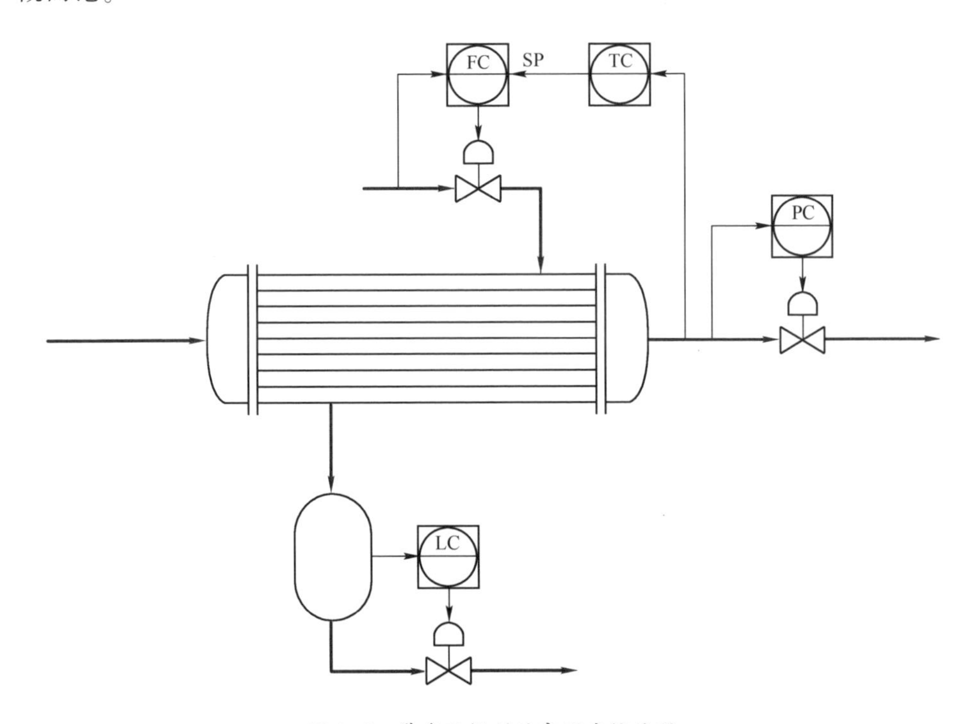

图 4-4　带背压控制的高强度换热器

随着工艺设备和操作高强度化，带管程相变的换热器会得到越来越多的应用。由于闪蒸在管程发生，还避免了大幅度阀压降导致的焦耳-汤普森效应带来的气相降温损失，热效率高得多。这也意味着更大的控制挑战。

换热器温度的混合控制

直接控制换热器出口温度是热效率最高的，但未必是控制精度最高的。一般加热对温控精度要求或许不高，反应器进料的温控要求就很高，这是事关有效控制反应条件的重要参数。

换热器的升温和降温都比较慢，高精度温度控制有时需要交叉型分程控制，热流与冷流的精确混合的反应灵敏度和精确度都大为提高。

问题是把物料加热了，再与冷流混合，总是有能量损失。在理想情况下，需要采取某种双通道或者阀位控制，用换热器出口温度控制将热流温度提升到接近最终要求，只用最低流量的冷流确保控制精度和灵敏度，降低能量损失。

这样一来，又需要冷流流量采用大小阀分程控制，以确保全范围的控制精度。

图 4-5 显示了这样一个双通道与分程控制的复杂系统。最终温度控制器（TC1）通过交叉-开开型分程构型控制最终温度，阀位控制器（VC）根据 TC1 的输出控制换热器出口温度（TC2）。另一个方案是引出 TC1 的设定值，通过加法器驱动 TC2，使得 TC2 的设定值略高于 TC1。

两个方案各有优点：加法器方案简单、直接，避免了阀位控制器带来的动态耦合；阀位控制器方案的最优化能力更加广泛，能自动适应过程物流流量大幅度变动的情况。

为了适应物料流量大幅度变动的情况，还需要加上进料流量对换热器出口温度的前馈。

锅炉与加热炉控制

锅炉是过程工业里的重要设备。在很多地方，锅炉是过程热源（各种压力的蒸汽）的主要来源；在一些地方，锅炉产生的超高压蒸汽在驱动汽轮机发电后，降压成为过程热源，进一步提高全过程热效率。

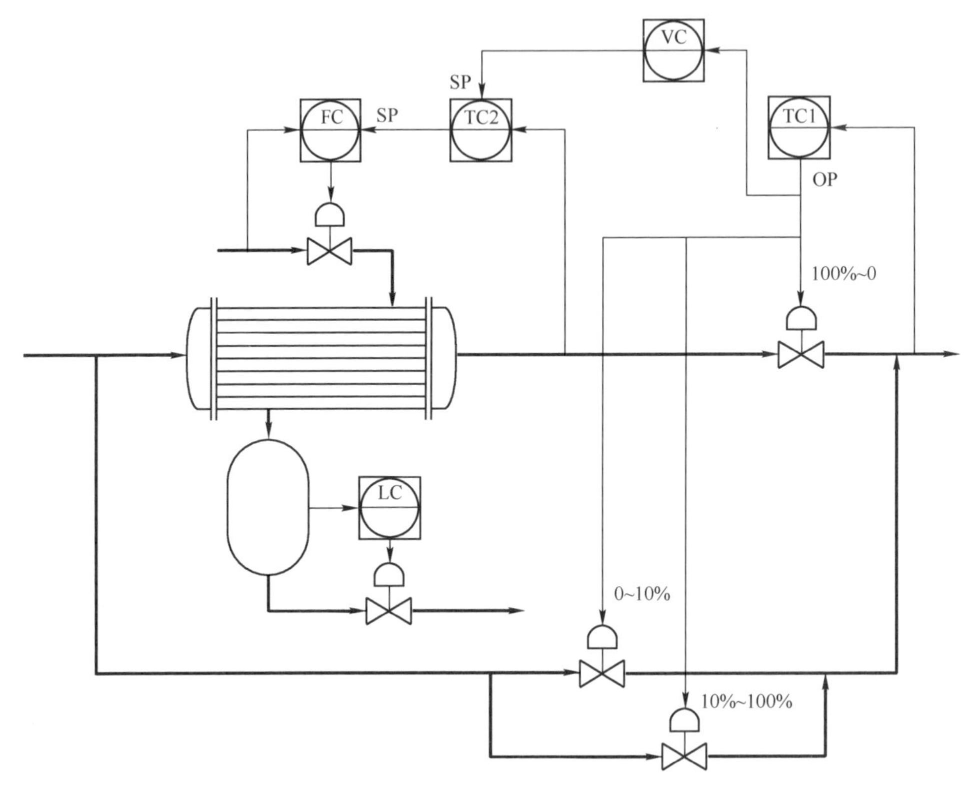

图 4-5　换热器出口温度的混合控制

汽包液位控制

锅炉汽包是进水受热后闪蒸成为蒸汽的地方。锅炉汽包的液位控制属于锅炉基本控制，但不能是简单的液位回路，需要采用三冲量控制。汽包本身是相变容器，内部的水处于沸腾状态，温度和压力取决于蒸汽总管的压力控制。液位过高会导致蒸汽带液，促使过热器容易结垢，甚至液滴导致汽轮机叶片损坏；液位过低可能导致锅炉烧干，有爆炸的危险。

但沸腾的液位容易有虚假液位的问题。蒸汽负荷突然增加时，汽包压力降低，沸腾加剧，气泡大量增加，导致液位虚高；进水突然增加时，冷水抑制沸腾，气泡大量破碎，导致液位虚低。经过一段时间后，虚高和虚低消失，液位指示恢复正常，但虚高、虚低期间控制器误动作会导致大问题。

图 4-6 显示了一个汽包三冲量液位控制系统，三冲量实际上是三变量的另一个说法。对于汽包液位来说，液位本身是一个变量，但引入进水流量（FI1）和

蒸汽流量（FI2）这两个额外变量后，真实液位就不容易受到额外气泡或者气泡破灭导致的虚高、虚低的干扰了。在这里，减法器（FDC）在进水流量与蒸汽流量之间形成差值，作为液位控制器（LC）输出的修正量，输入流量控制器（FC）作为设定值，FC 就是简单的流量副回路。

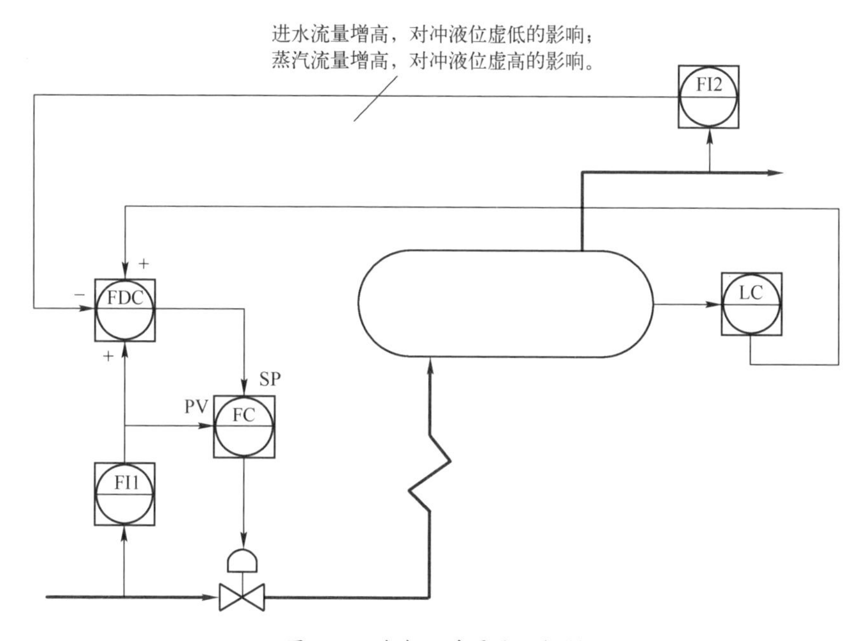

图 4-6　汽包三冲量液位控制

在平衡状态下，进水流量与蒸汽流量应该是平衡的，也就是说，差值为零。进水流量大于蒸汽流量（差值为正）时，液位将上升；进水流量小于蒸汽流量（差值为负）时，液位将下降。所以，FC 应该采取反作用，液位控制器（LC）也应该采取反作用。

任何以加减器为控制器的回路都需要仔细考虑量程问题，在加减不同变量的时候，尤其要小心避免桃同李相加减，不同量程的变量加减出来可能是荒唐的结果。比如，流量和液位相加，就要想清楚加出来是个什么东西了。在这里，进水流量和蒸汽流量都是流量，还恰好是静态平衡的，所以两者必须是同样的量程。液位控制器的输出量程跟着下游走，也就是进水流量控制器的量程，所以也是相同的量程。三者正好完美符合，加减器用共同的量程就行。

汽包压力控制

图 4-7 所示是典型锅炉的蒸汽压力对燃烧的串级控制回路。锅炉的压力控制

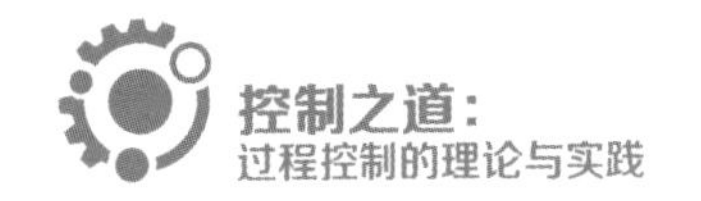

是负荷控制。压力回路驱动燃烧控制，涉及燃料和空气的控制，后面会详细谈到。

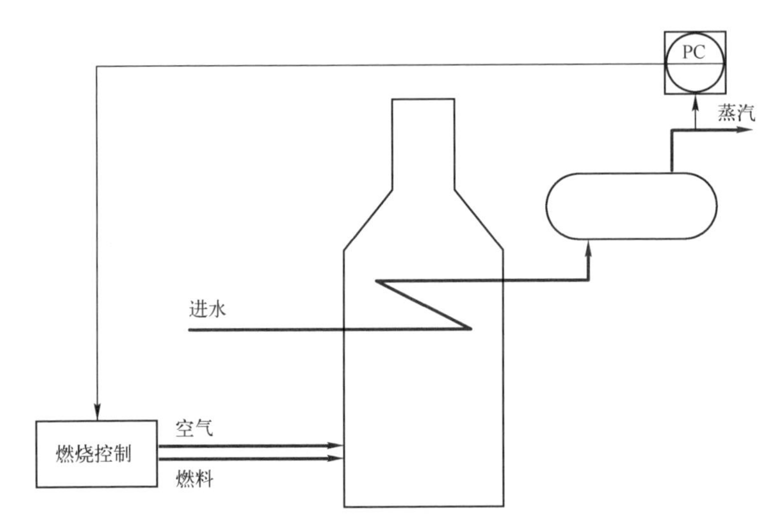

图 4-7　典型锅炉的蒸汽压力对燃烧的串级控制回路

不产生蒸汽的加热炉单纯一些，以对物料加热为主，但可能要加热到很高的温度，如各种裂解炉。加热炉的基本控制是出料的温度控制，如图 4-8 所示。加热炉没有汽包液位问题，但可能涉及多种燃料。裂解炉一般是过程装置的前端，还有整个后端对裂解产品进行分离和后处理，其中常有不凝性气体和其他可燃尾气、尾液。

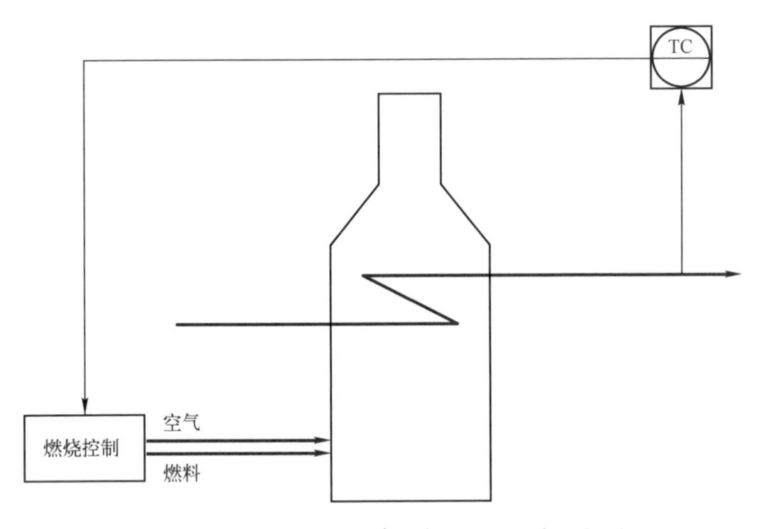

图 4-8　加热炉需要出料温度对燃烧的串级控制

不凝性气体指凝点大大低于精馏塔塔顶操作温度的组分，常常需要燃烧焚化处理，也就是所谓的“点天灯”。因为听任向大气释放肯定是不行的，不仅造成污染，也容易形成危险的可燃气云。但这也可以废物利用，作为补充燃料在炉膛里产生热量。可燃尾气、尾液也是过程里排放的废气、废液，可能的话，作为辅助燃料烧掉是最理想的。

问题是不凝性气体和可燃尾气、尾液的流量不稳定，组成更会波动。因为这些是作为废物排放的，没有质量控制标准。但波动的热值使得混合燃料的热值不稳定，在燃烧控制中需要考虑这个问题。

废料处理的焚化炉也可以归入这一类。可燃废料直接喷入炉膛，在高温燃烧中焚毁。在这里，需要控制的是炉膛温度，以确保可靠焚化（见图 4-9）。

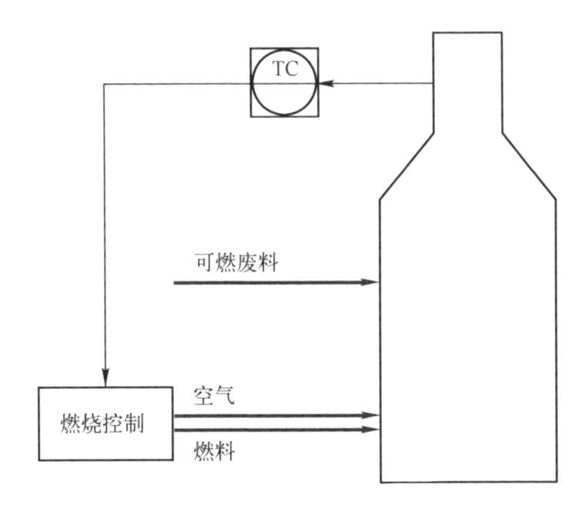

图 4-9　焚化炉需要炉膛温度对燃料的串级控制

有些裂解炉可以“一炉两用”，在对物料高温裂解的同时，在炉膛壁面内通过水管，产生高压甚至超高压蒸汽，用作过程热源或者汽轮机驱动的压缩机的动力，同时对炉膛起到降温保护的作用。这时基本控制仍然是出料的温度控制，但可能需要蒸汽的高低压保护控制。

燃烧与空燃比控制

加热设备的共同点是燃烧控制，燃烧控制的主体就是燃料与空气的混合比例问题。对于单一燃料的加热设备，这个问题不复杂，燃料与空气之间有根据化学反应计量方程式计算出来的化学计量比。这是理想的空燃比。实际燃料有杂质，还有其他因素可能导致的热值不均匀，可能导致实际空燃比与理想空燃比不一致。

贫氧燃烧导致不完全燃烧，不仅浪费燃料，也造成黑烟等污染。实际空燃比需要比理想空燃比增加一点安全系数，确保略微富裕的空气。但过量的空气不参与燃烧，平白通过排气带走过多的热量，也增加氮氧化物的生成，这也是主要的污染物，因此必须低于法定的排放标准。

最简单的燃烧控制是独立的燃料流量单回路和废气中氧含量（AC）对空气流量的串级回路，如图 4-10 所示。

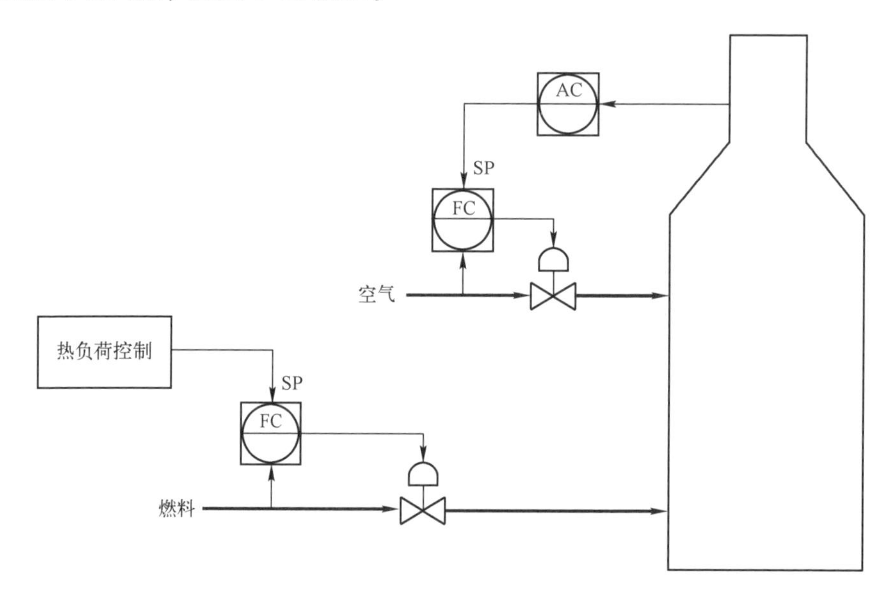

图 4-10　独立的燃料流量单回路和空气流量控制

在这里，燃料流量由热负荷控制（汽包压力、出料温度、炉膛温度等）决定，但空气流量是“浮动”的，由废气中的氧含量决定。废气中氧含量的设定值一般很低，比如在 1%~2%一级。过高不仅浪费，还产生过量的氮氧化物；但过低容易导致不完全燃烧，容易出危险。

独立的燃料和空气控制较简单，好处是对于不同燃料所需要的不同的燃料-空气化学计量比不敏感。燃料热值和化学成分变化时，空气可能暂时不足或者过量，但马上就从废气氧含量里反映出来，反馈控制很快就会跟上，使得空气流量重回需要的水平。

但空气流量是通过反馈调整的，永远落后于燃料流量的变化。如果热负荷经常大幅度变动，可能经常会出现热负荷增加时燃烧不完全、热负荷降低时产生过量氮氧化物的问题。这样的简单控制只适合长期稳定的简单燃烧控制情况。

要解决经常性、大幅度热负荷变化的问题，需要按照化学计量比对燃料和空气进行比值控制，如图 4-11 所示。

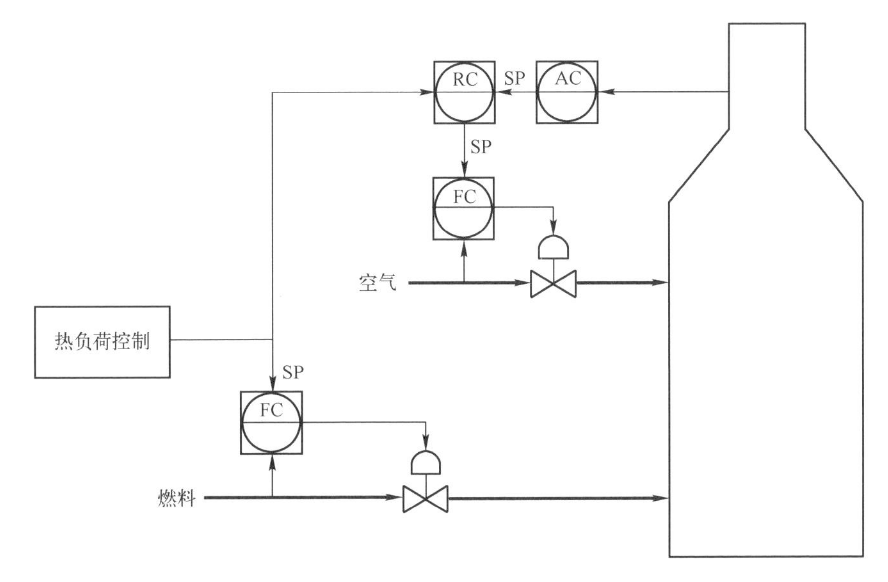

图 4-11　空燃比控制

热负荷控制根据热负荷（汽包压力、出料温度、炉膛温度等）决定燃料流量，同时将燃料流量设定值作为驱动变量输入空燃比控制器（RC）。在投运时，空燃比控制器的设定值可按照化学计量比设定，以后由废气氧含量控制器（AC）根据废气里的氧含量实时微调，AC 以采用慢动作纯积分控制律为宜，这里速度不是关键，稳健更加重要。纯积分也便于初始化，在投运后由化学计量比无扰动过渡到按照实际燃烧情况的空燃比。

在实际使用中，燃料可能包括基本燃料、可燃尾气，甚至多种可燃废料，包括尾气、废液等，具体实施就更加复杂了。

带可燃废料的空燃比控制回路如图 4-12 所示。在燃料流量回路里，热负荷控制给出需要的总的燃料流量，然后用减法器扣除可燃废料的流量，最后才是实际需要的燃料流量。比值控制器（RC1）用于处理可燃废料与燃料之间的热值差异，可燃废料的流量乘以校正系数（RC1 的设定值）后才成为等效的燃料流量，才可输入加减器。

可燃废料也有空燃比，这是由 RC2 负责的，根据可燃废料的流量计算需要的空气流量，与燃料所需的空气流量相加后，形成最后的空气流量设定值。燃料的空燃比则由 RC3 负责，RC3 的设定值由废气含氧量控制器（AC）

实时微调，以确保在完全燃烧和低氮氧化物之间保持最优，并补偿可燃废料实际需要的空燃比偏离设计值的情况。AC 补偿燃料而不是可燃废料，前提是假定燃烧依然是以燃料为主、可燃废料为辅。如果反过来，AC 应该补偿 RC2。

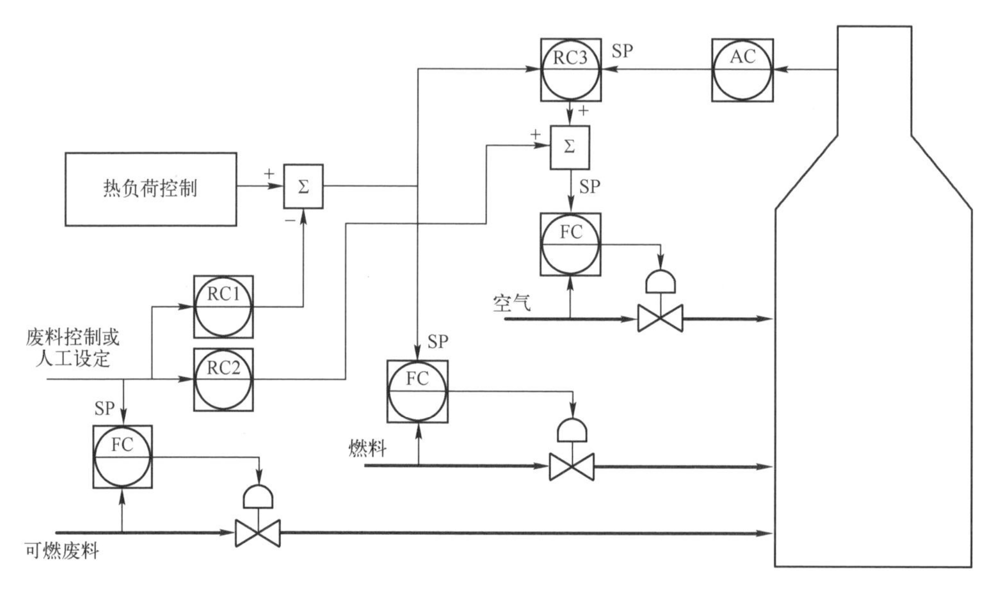

图 4-12　带可燃废料的空燃比控制回路

可燃废料（包括可燃尾气和可燃尾液）本身的流量控制一般基于可燃废料的产生和排放要求，必须可靠排放，避免在过程内淤积，因此是独立于热负荷控制的。

交叉极限控制

更加精巧的空燃比控制是交叉限制控制。这是利用高选和低选的特性，巧妙地实现了燃烧负荷变化时空气的先进后出和燃料的后进先出，在任何时候都确保足量空气，避免不完全燃烧，但又不导致长时间的过量空气。

在简化情况下，交叉限制控制在燃料回路和空气回路上分别增加低选和高选，如图 4-13 所示。假定初始状态为平衡状态，高选的两个输入端的数值相等，低选也是一样。假定热负荷控制要求增加燃料流量，控制输出增加。在高选一侧，燃料流量未变，增加的热负荷控制输出胜出，空气流量设定值增加，导致空气控制阀开度增加，空气流量增加。

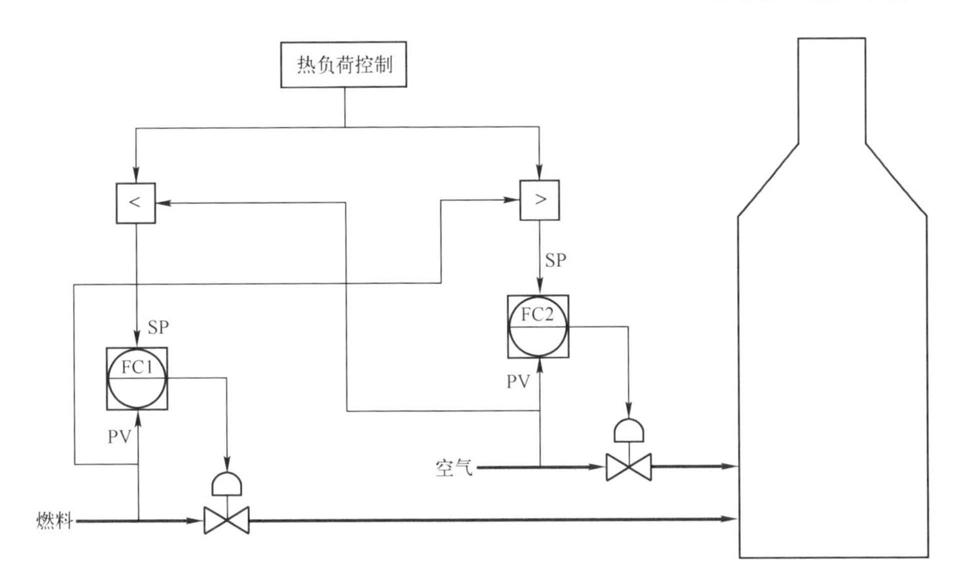

图 4-13　简化的交叉限制控制

在低选一侧，由于空气流量在一开始尚未增加，增加的热负荷控制输出不被选中，燃料流量设定值保持不变，燃料控制阀和实际流量也保持不变。但在空气流量开始增加后，燃料流量设定值也在低选的控制下“被容许“增加，直到与空气流量达到新的平衡。

这就是交叉限制控制能够对空气流量实现先进后出、对燃料流量实现后进先出的机制，也是交叉限制名称的由来。

但简化的交叉限制控制有一个前提：燃料和空气流量控制器都按照 0~100%的标称值或者相对量运作。也就是说，流量、设定值都是 0~100%的相对量。空燃比为“1”，实际上是隐含在 0~100%的标称化里。

这样的实施很不直观，一般还是希望流量控制器按照工程单位（kg/h、m^3/h 等）表示，也希望能直观地看到空燃比。图 4-14 显示了改进的交叉限制控制，不仅直接采用工程单位和空燃比控制器（RC），还包括了废气含氧量对空燃比的修正（AC）。

这里，燃料和空气流量控制器回归正常的以工程单位为基础的常规实现，也就是说，燃料控制器（FC1）的设定值和测量值用实际工程单位表示，空气流量控制器（FC2）也一样。空燃比控制器是成对的。RC2 的设定值为燃料对空气的化学计量比，RC1 的设定值为燃料对空气的化学计量比的倒数，图中虚线表示两者之间的倒数锁定关系。这样，在高选和低选的输入端，工程单位是一致的，数

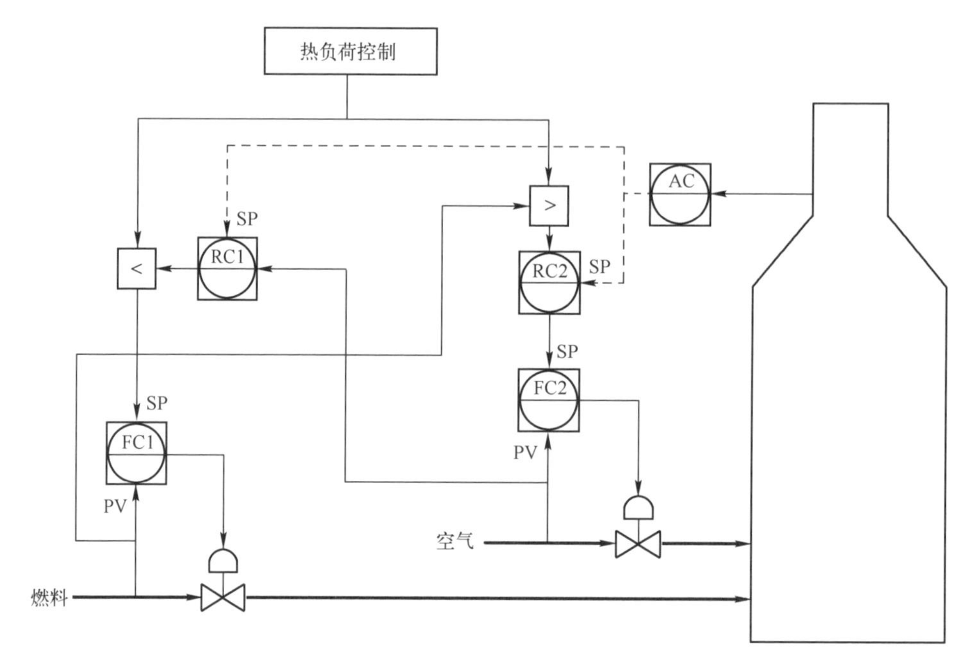

图 4-14　基于工程单位和空燃比控制器的交叉限制控制

值可比。

这里，废气含氧量控制器（AC）同时控制 RC1 和 RC2 的设定值，在实施时，实际上只控制 RC1 的设定值，RC2 的设定值通过倒数器（图中没有标示）同步设定。

热负荷控制的输出则以燃料流量为单位。

这样的实施比以 0~100%相对量更加复杂，但直观，还是值得的。交叉极限控制也可包括可燃废料，可参照图 4-12，在热负荷控制的输出端增加一个减法器，在空气流量的输入端增加一个加法器，以及相应的比值控制器用于处理可燃废料与燃料之间的热值差异和可燃废料的空燃比，可燃废料流量本身依然是独立的流量回路。

泵与压缩机控制

泵和压缩机都用于流体，作用是使过程装置里的物料保持流动，区别是泵用于液体，压缩机用于气体。

对于过程控制而言，泵的控制主要有流量控制和压力控制，其类型有正排量泵、离心泵和轴流泵。

正排量泵的控制

正排量泵周期性地将固定体积的流体输送出去。对于非可压缩流体（如常态下的简单液体），这意味着不能在出口用控制阀那样的节流方法控制流量，否则节流将“憋死”正排量泵的输出端，造成不可接受的高压和机械损坏。

最简单的正排量泵是往复泵（见图 4-15），主要包括活塞式和柱塞式，就像打气筒一样，通过液缸内的活塞往复运动，在单向阀的控制下，形成抽吸和压出的循环。活塞式的出力大，但活塞的密封要求较高；柱塞式靠伸入缸内的体积形成挤压，出力不及活塞式，但密封可以固定在缸体上，相对容易做到高可靠性。

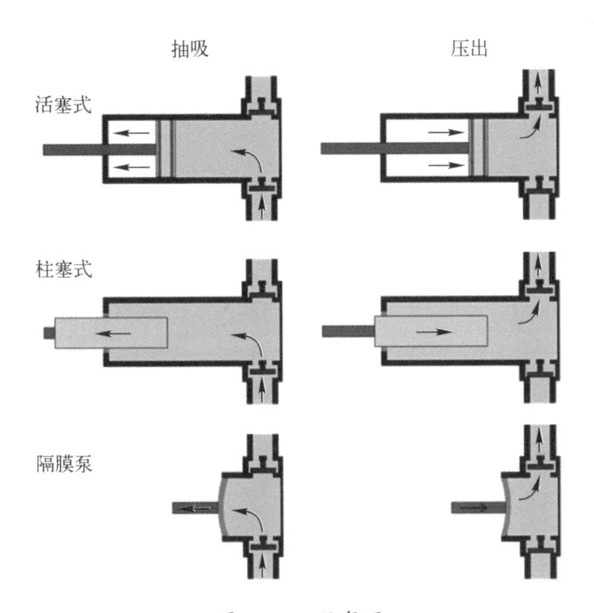

图 4-15　往复泵

比较特殊的往复泵为隔膜泵，原理有点像马桶疏通器，也称皮搋子。推杆推动弹性膜对缸内的流体形成挤压。隔膜泵的好处是密封好，确保流体与外界隔离，但弹性膜是高维修率部件，需要经常更换，以确保没有破损。

往复泵的流量具有本质的脉动性，多缸可以使相位错开，脉动周期和振幅减小，改善流量的平稳性。有时在往复泵的输出端用一个带弹性膜的阻尼罐进一步吸收流量的脉动。

最高效的往复泵流量控制方法是直接控制驱动推杆/活塞/柱塞的转速。由于排量与转速精确相关，往复泵也常用于高精度计量泵的场合。

往复泵还有一个独有的控制手段：冲程。改变每一次往复运动的冲程直接改变每一次往复运动的排量，这是另一个控制流量的方法。

转速和冲程的双重控制使得往复泵具有很大的流量控制范围，这对工业应用和过程控制十分有利。冲程控制的作用比较“猛”，一般用于粗调；转速控制比较精细，一般用于精调。

在对流量控制精度要求特别高的场合，有时还会在往复泵的出口另加控制阀（见图 4-16）。这时，必须用回流控制出口压力，不能单纯依靠出口节流来控制流量。转速和冲程可像阀位控制一样，用于动作缓和的最优化，确保控制阀开度处于最优或者最经济位置。

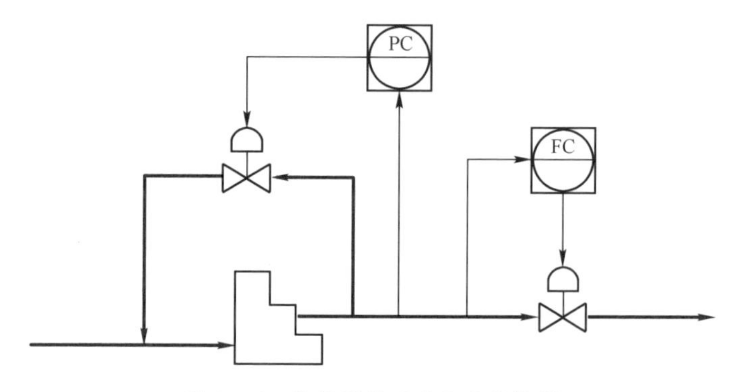

图 4-16　往复泵的压力和流量控制

定速、定冲程的往复泵的流量控制只能通过回流来实现。回流也是压力控制的基本手段。

往复泵简单、可靠，但脉动的流量是一个困扰。旋转式正排量泵解决了脉动流量的问题。典型旋转式正排量泵有齿轮泵、凸轮泵和叶轮泵，如图 4-17 所示。

外齿轮泵是最常见的齿轮泵，通过齿牙与泵壳之间的空间压缩流体，确保前向流动。内齿轮泵在概念上没有那么直观，偏心的内齿轮是主动的，外齿轮是被动的。内外齿轮之间的月牙板将吸入的流体一分为二，但在内外齿轮重新咬合前汇合，而内外齿轮重新咬合时将流体向出口挤压，形成高压。凸轮泵用交替咬合的凸轮代替齿轮，减少磨损。叶轮泵则通过偏心轮带动叶片，在流道收缩的过程中压缩流体，形成高压。

旋转式正排量泵也可通过调速来控制流量，但没有冲程这个手段。如图 4-18 所示，与往复式正排量泵一样，定速旋转式正排量泵需要通过回流来控制压力和流量，变速旋转式正排量泵可将转速作为阀位控制中的经济控制手段。

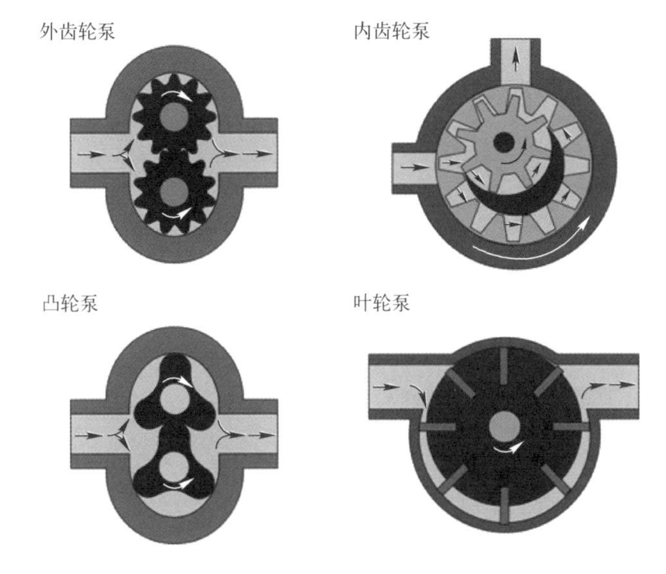

图 4-17　旋转式正排量泵

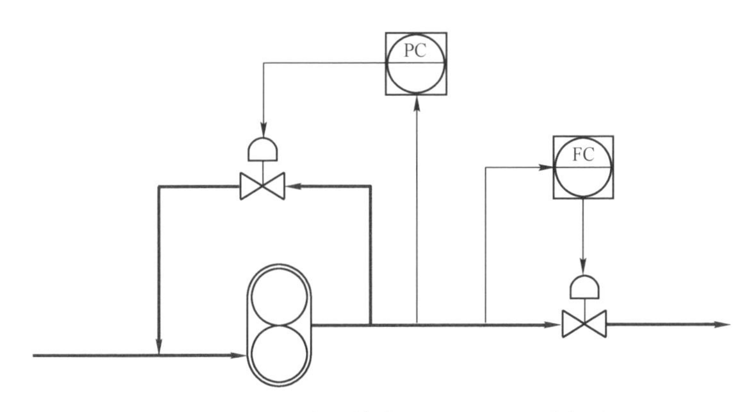

图 4-18　旋转式正排量泵的压力和流量控制

正排量泵的压力高，但一般用于流量较小的场合。正排量泵也适合高黏度或者含沙量高的流体。隔膜泵的作动机构与流体完全隔离，特别适合超净场合，如医用、液相催化剂等。

离心泵的控制

更常用的是离心泵，通过叶轮在蜗壳里高速旋转时产生的离心力将流体“甩”出去。离心泵简单、高效，流量也大，更大的好处是容许节流。不过考虑到装置开停时前向流动完全停止的情况，还是需要用回流实现最低流量保护控制，以保护泵机不会被“憋死”和损坏，如图 4-19 所示。

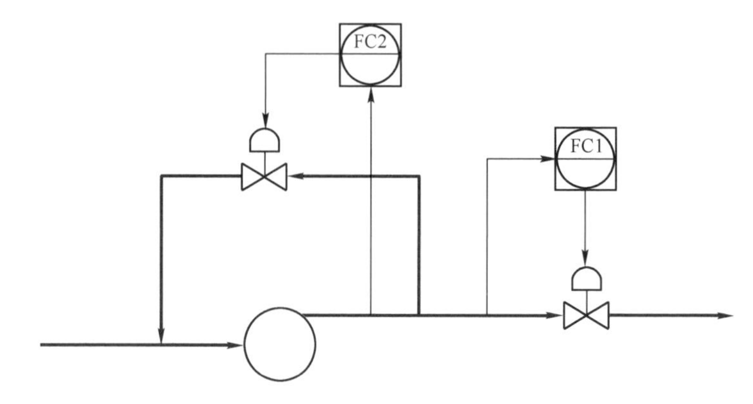

图 4-19　带最低流量保护的离心泵流量控制

最低流量保护回路（FC2）的设定值直接用最低流量，在功能上有点像选择性控制的保护回路，但又不完全一样。首先这里不涉及高选、低选，其次最低流量回路可能长时间运行，尤其在装置启动前的热车准备状态和停止后准备再次启动的待命状态，所以参数调试上不仅需要考虑在流量急速跌到下限时及时保护，还要考虑在较长时间内在最小流量上稳定运行的需要。前向流量回路（FC1）就按照一般的流量回路来整定。

最低流量保护回路还有一个比较特别的应用场合：浆料的防沉淀控制。如果物料含有大量泥沙，或者一旦停止流动就会有固态析出沉淀的某些两相物料，需要保持最低流量的流动。这时回流管路一般回到上游容器，而不是回到泵的上游管道，其他考虑相同。

轴流泵好比风扇，可以单级或者多级，扬程没有离心泵高，但流量特别大。轴流泵主要用于灌溉、排涝、运河船闸进排水、电厂循环水泵等超大流量的场合，在过程工业上较少使用。在控制上和离心泵相仿，前向流量和最小流量保护的组合就能管用。

压缩机的防喘振控制

气相物料就需要用压缩机了。压缩机也有离心式和轴流式，同样有离心式的压比更高、轴流式的流量更大的特点。但气体具有较大的可压缩性，使得压缩机控制具有与泵完全不同的挑战，最大的挑战就是喘振。

喘振是压缩机叶片“打滑”时，失去压缩能力，造成后级的压力暂时高于前级，形成级间逆流。与进气一起在前级形成堆积后，压力再次升高，恢复前向流动。由于叶片依然缺乏压缩能力，前向气流后继乏力，再次导致压力反转。如此往复，压力差在前向和后向之间快速、频繁反转，导致温度、压力的迅速变化，造成强烈的机械振动和巨大的噪声。大型压缩机发生喘振的时候，现场感觉像地震一样。

压缩机的喘振特性十分复杂。在不同转速下，压缩机有特定的工作特性曲线（见图 4-20），大体上增压比随流量的增加而降低，但左端为喘振点。增压比是出口与入口的压力之比。各种转速下的喘振点连起来，就是喘振限。喘振限左侧为喘振区，流量和压力组合进入这个区后，就会发生喘振。另外，对于大多数实际应用，入口压力是给定的，所以喘振特性中的增压比也常用出口压力表示。

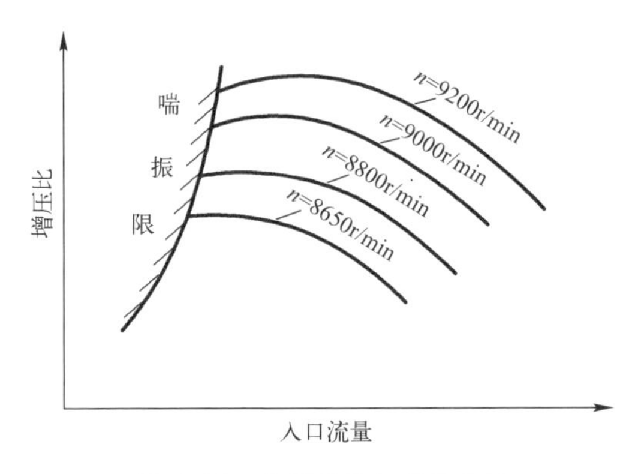

图 4-20　典型压缩机喘振特性

发生喘振后，最简单的措施是增加入口流量，或者说在喘振特性图中把工作点向右移动，脱离喘振区。

对于每一个特定转速，喘振发生在喘振点对应的流量。将防喘振控制器（FC2）的设定值设定在喘振流量加一定的安全裕度，就可实现最简单的防喘振控制，如图 4-21 所示。对于常用的转速范围，以对应的最高喘振流量为基础，也可实现有效的防喘振控制。但缺点是要么只能用于很小的转速范围，要么不能充分利用喘振容限，浪费压缩机的能力。

在参数整定方面，正常运转时，回流阀应该全关。在接近喘振的时候，迅速增加回流阀的开度，把压缩机带出喘振区，无余差控制的意义不大，所以一般用纯比例控制或者比例为主、带弱积分的 PI 控制。有时候会加单向微分，也就是说，微分作用只对流量下降的变化率敏感，但对流量增加的变化率不做反应。

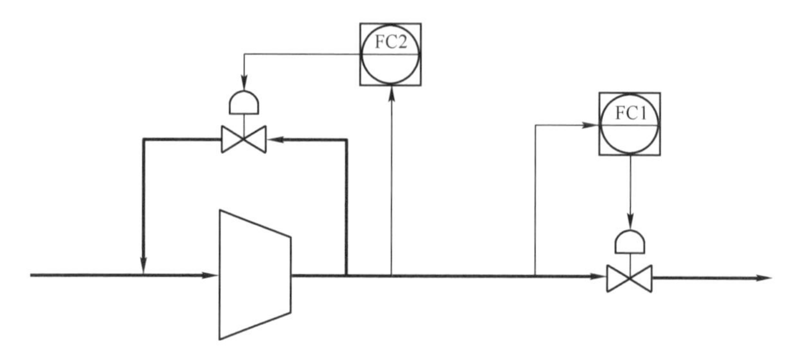

图 4-21　简单的流量型防喘振控制

但降低流量只是拉出喘振区的一个方法，降低增压比是另一个办法。这就是用压力和流量双重保护的防喘振控制（见图 4-22）。这比单纯利用流量要更加可靠，尤其是流量没有温度和压力补偿的情况下。但也要注意压力回路和流量回路的耦合问题，两者都要求快速反应，解耦的挑战更大。

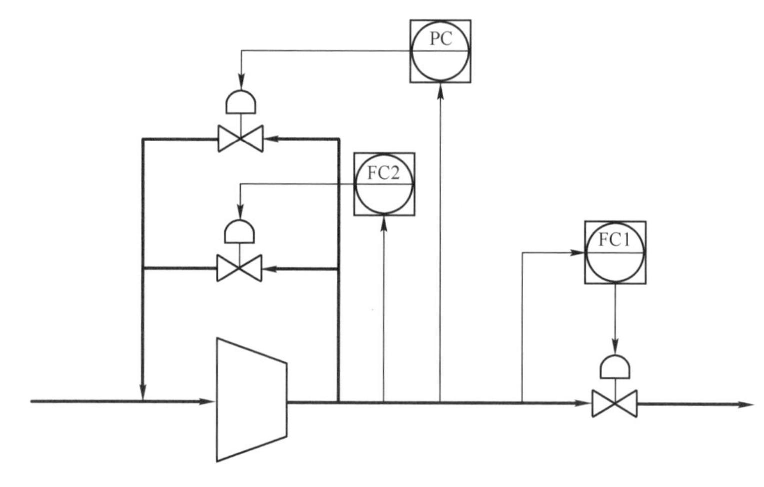

图 4-22　压力和流量双重保护的防喘振控制

更加先进的防喘振控制根据喘振特性实时计算喘振流量，作为防喘振控制的基点，为了确保计算精确，入口、出口的温度和压力也一并考虑，用于补偿流量，如图 4-23 所示。

为了进一步确保防喘振性能，有时采取两级控制。在实际流量达到喘振流量加安全裕度Ⅰ时，比例-单向微分的防喘振控制开始动作；在实际流量达到喘振流量加安全裕度Ⅱ（安全裕度Ⅱ<安全裕度Ⅰ）时，也就是说，实际流量进一步逼近喘振限了，再对控制输出叠加一个短脉冲动作，帮助回流阀加速增加开度，

然后再移交回比例-单向微分的连续控制。这与图 3-8 例子提到的逻辑驱动前馈控制有异曲同工之处。

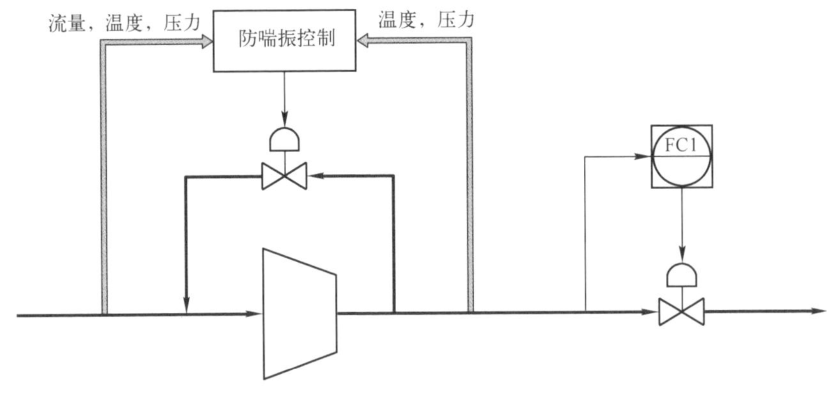

图 4-23　先进防喘振控制

精馏塔控制

精馏塔是化工上最常见的分离设备，利用各组分的沸点和露点差别在逐级蒸发和冷凝中达到分离目的。在最简单的情况下，蒸馏就可看作一级精馏，通过蒸馏把米酒浓缩成烧酒就是现代精馏的先驱。

精馏塔概述

如图 4-24 所示，典型精馏塔一般在塔的中段进料，在塔顶和塔底出料。在每一块塔板上，下面上升的气相流动与上面下降的液相流动在塔板上接触、换热，达到相平衡。新增的液相继续向下流动，成为流向下一级塔板的下降液相。新增的气相继续向上流动，成为流向上一级塔板的上升气相。

每一块塔板可看成带冷凝回流的蒸发器，每一块塔板都达到相平衡，但在气相逐级上升和液相逐级下降的过程中，轻组分（沸点较低）向上浓缩，重组分（沸点较高）向下浓缩，最后达到轻重组分的分离。

典型精馏塔有几十到上百块塔板。典型塔板有筛板型、泡罩型和浮阀型。筛板就是平面塔板上有很多孔，气相直接穿孔而上；泡罩则是在孔的顶上加一顶“帽子”，气相从“帽子”周边横向射出；浮阀与泡罩都戴“帽子”，差别在于泡罩的“帽子”是固定的，浮阀的“帽子”在压力下浮动，压力高就顶起一点，

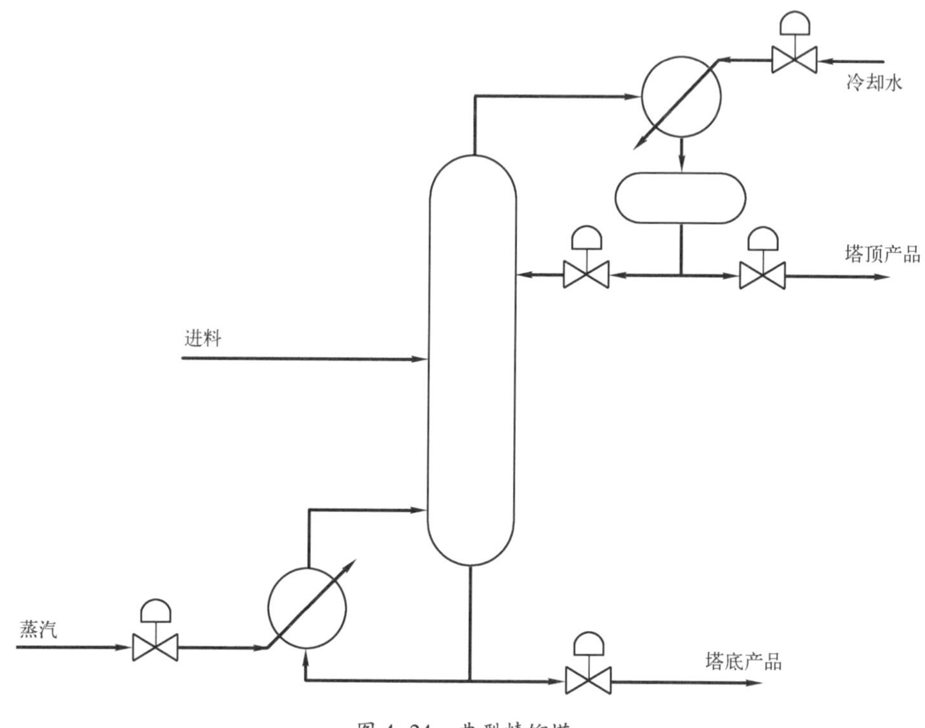

图 4-24　典型精馏塔

增大气相的流道，压力低就降低一点，减小气相的流道，这样保持在各种负荷情况下气相射出速度的一致。

筛板、泡罩和浮阀还有各种更加复杂的变型，如舌板、浮舌、斜孔和各种立体塔板。

按照流动方式，则有溢流（也称错流式）和逆流（也称穿流式）塔板。溢流塔板（见图 4-25a）的下降液相从塔板一侧的降液管（溢流管）流入下一块塔板，液相在下一块塔板上横向流动中，与上升的气相混合、鼓泡、换热，最后在塔板的另一侧通过降液管流入再下一块塔板。理想溢流塔板的液相都从降液管流下来，不会从塔板的开孔中直接流下来。

逆流塔板（见图 4-25b）没有降液管，液相直接从塔板开孔流下来，气液接触和换热不仅在塔板上的鼓泡中进行，也在液相降落的“淋雨”中进行。

在塔底，最后一块塔板的液相下降到塔底本身形成的容器，再沸器用蒸汽或者其他加热介质对塔底物料加热，汽化上升后形成最后一块塔板的上升气相。再沸器的循环可由自然循环驱动，也可用泵实行强制循环。

在塔顶，气相物料离开精馏塔，在冷凝器中与冷却水（或者空气）换热，

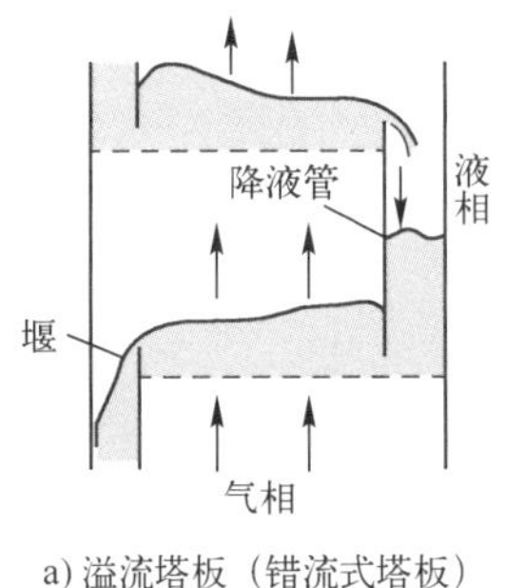

a) 溢流塔板（错流式塔板）

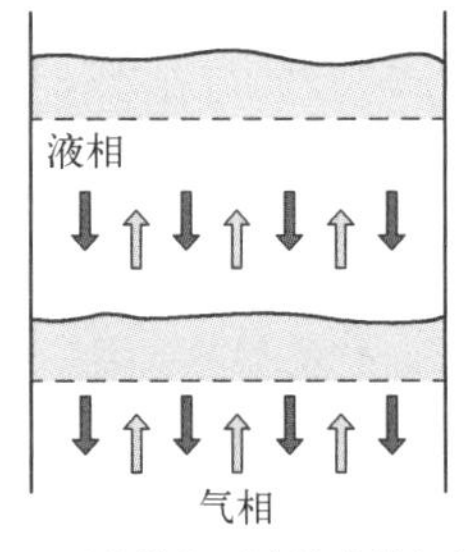

b) 逆流塔板（穿流式塔板）

图 4-25　溢流和逆流塔板

冷凝成液相，然后回流到塔顶塔板，成为第一块塔板的下降液相。回流流量与塔顶出料流量之比称为回流比，是精馏塔的重要设计和操作参数。

塔顶和塔底都可以是最终产品。塔顶是轻质产品，塔底是重质产品。从温度来说，整个塔的温度自上而下，由低而高。从压力来说，整个塔的压力也是自上而下，由低而高。

进料塔板本身也是塔板，进料塔板不仅受到下降的液相物料和上升的气相物料的影响，还受到进料的影响。进料本身可以是气相、液相或者气液混合。进料的气液比也是精馏塔的重要设计和操作参数。

进料塔板以上的精馏塔部分也称精馏段，进料塔板以下部分则称提馏段。

在基本精馏塔之外，还可以有侧线出料，在塔的中间某块塔板出料。也可以有侧线再沸器，对侧线出料加热，汽化形成的气相回到精馏塔，达到中间补热的作用。更复杂的是侧线提馏塔，在侧线引出部分物料后，进入独立的多塔板提馏塔，具有自带的再沸器，塔顶气相回到主精馏塔。这些都是根据特定物料性质和相平衡特点，在基本精馏塔的基础上改进能量和物料分布，进一步优化精馏塔的运作。

进一步细分，还有加压精馏、常压精馏、减压精馏。按照精馏方法的不同，有一般精馏、共沸精馏、萃取精馏。最复杂的还有反应精馏，反应和精馏一锅煮。

精馏还有二元精馏和三元精馏。二元精馏指进料只有 A、B 两个成分（不排除还有一些微量且不影响相平衡的杂质），塔顶为 A 组分主导，塔底为 B 组分主导。三元精馏就是进料有三个成分，按照沸点不同，可在塔顶、中段和塔底富集。重组分在塔底出料。一般需要在中段侧线出料后用提馏塔进一步提纯，轻组分回到塔内继续上升到塔顶，中组分在提馏塔的塔底出料，如图 4-26 所示。

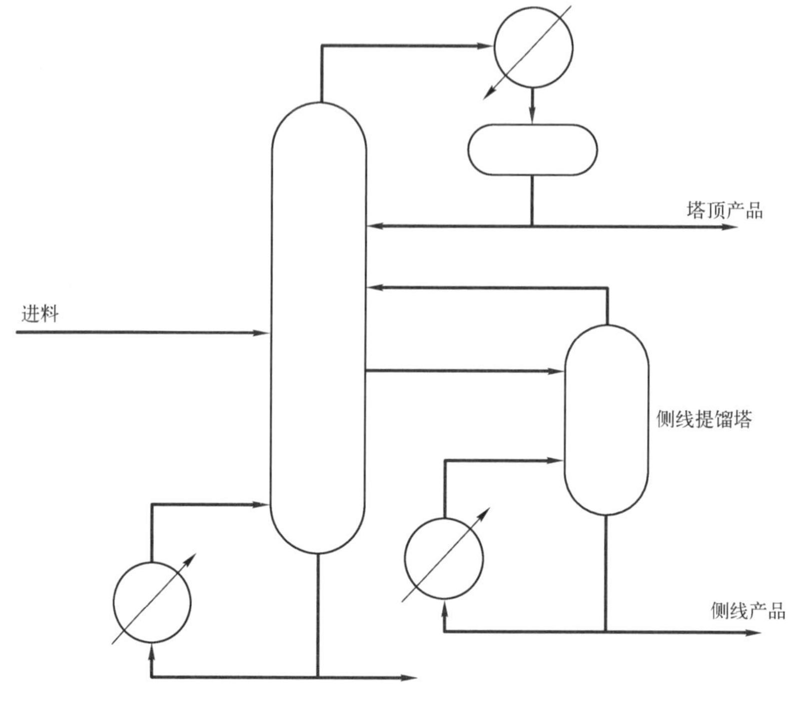

图 4-26　三元精馏

这里只讨论典型的二元精馏的控制。

直接与间接物料平衡控制

精馏塔的基本被控变量有：

- 塔压。
- 塔顶温度。
- 塔底温度。
- 回流罐液位。
- 塔底液位。

基本控制变量有：

- 冷凝水流量。
- 回流流量。
- 塔顶产品流量。
- 再沸器蒸汽流量。
- 塔底产品流量。

这些被控变量与控制变量之间有复杂的耦合和动态关系。也就是说，被控变量与控制变量之间不是一对一的关系，而是具有交叉耦合的关系。比如，回流流量直接影响塔顶温度，但最终也影响塔底温度，更是影响回流罐和塔底的液位。再沸器蒸汽流量反过来，不仅影响塔底温度和塔顶温度，也影响塔底和回流罐液位。严格来说，精馏塔控制是经典的多变量问题。但在工程实践中，还是可以利用合理的配对和精细的参数整定，将精馏塔控制分解为多个单回路控制问题。

塔压相对容易剥离，一般以冷却量为主要控制手段，成为单独的控制回路。塔压控制在下一节详述。

在塔顶温度、塔底温度、回流罐液位、塔底液位和塔顶产品流量、塔底产品流量、回流流量、再沸器蒸汽流量之间，大体有两种配对的方法，最常见的是直接物料平衡控制（见图 4-27）。

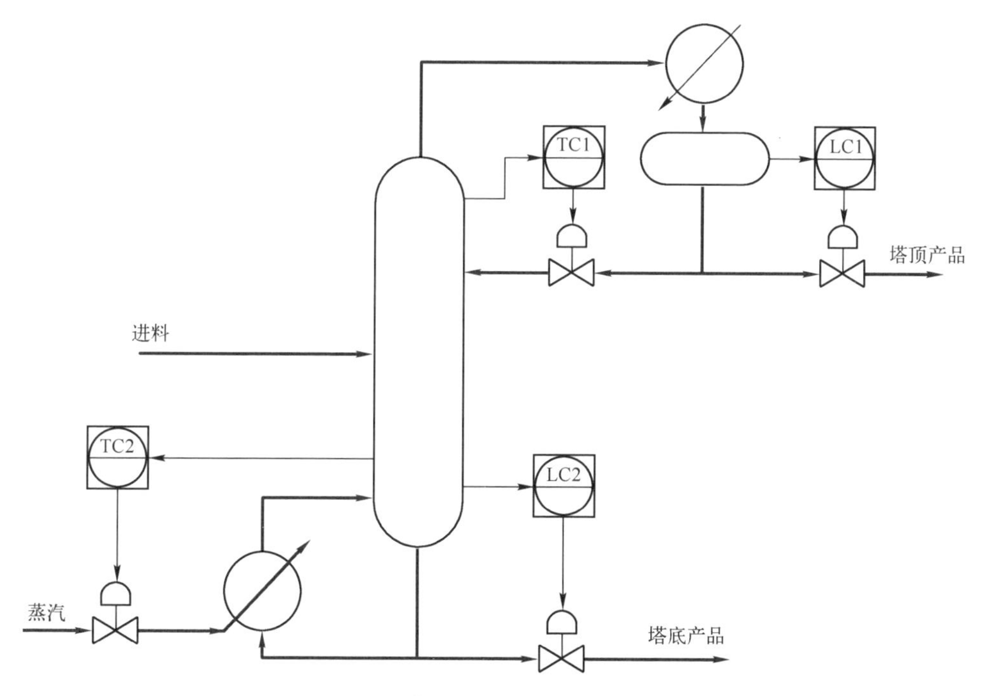

图 4-27　精馏塔的直接物料平衡控制

精馏塔的基本原理是相平衡。压力一定的话，二元精馏的温度与纯度是直接对应的。塔顶温度代表的是轻组分的纯度，塔底温度代表的是重组分的纯度。塔顶温度控制器（TC1）控制回流流量，以控制塔顶温度；塔底温度控制器（TC2）控制再沸器蒸汽流量，以控制塔底温度。塔顶产品流量由回流罐液位控制器

（LC1）驱动，塔底产品流量由塔底液位控制器（LC2）驱动，以实现物料平衡，因此这样的控制组合称为直接物料平衡控制。

在实际实施时，TC1、TC2、LC1、LC2 不一定直接驱动控制阀，通常是驱动流量副回路的设定值，形成串级控制（下同）。

这个方案比较直接，对进料和环境（风冷、塔体散热）扰动反应迅捷，是最常见的精馏塔控制方案。

不过用温度代表纯度不是没有问题的，压力波动有影响，二元之外的杂质也有影响。另外，在高纯度的时候，温度对纯度的变化比较“迟钝”，使得用最高的塔顶塔板或者最低的塔底塔板的温度会有问题。一般用比较接近塔顶但稍微往下几块的“灵敏板”温度作为塔顶温度，同样，用比较接近塔底但稍微往上几块的“灵敏板”温度作为塔底温度。

灵敏板解决了灵敏度问题，但不解决压力波动影响的问题。可以用描述饱和蒸汽压的安托因方程进行压力补偿：

$$T=\frac{B}{A-\log_{10}P}-C$$

其中，A，B，C 为经验常数，可从文献查得，或者通过实验确定。只要有合用的，更复杂的方程当然也可以，还有用神经元网络的。

另一个比较简单的办法是用温差代替灵敏板温度。塔顶温差为精馏段灵敏板温度与塔顶温度之差。由于两个温度受到塔压的同等影响，压力波动的影响可以抵消。实际上，不同纯度下的压力波动影响略有不同，温差并不完全抵消压力波动影响，但抵消大部分也是胜利。

塔底也可用温差代替灵敏板温度。精馏段和提馏段都用温差，就构成双温差控制。

以下提到塔顶或者塔底温度，都是指灵敏板温度，可以得到压力补偿，或者采用温差。

但直接物料平衡控制在塔顶产品流量远远小于回流流量的时候会出现问题。太小的产品流量好比小马拉大车，使得液位控制很不灵敏，塔顶温度导致的回流流量变化可能轻易“淹没”塔顶产品流量的控制能力。塔底产品流量很小的时候也有类似的问题。这时需要改用间接物料平衡控制（见图 4-28）。

间接物料平衡控制用塔顶和塔底的温度分别控制塔顶和塔底的产品流量。对于塔顶来说，温度过高意味着重组分上升，塔顶分离不够，塔顶温度控制器（TC1）需要降低塔顶产品出料。这使得回流罐液位上升，在回流罐液位控制器

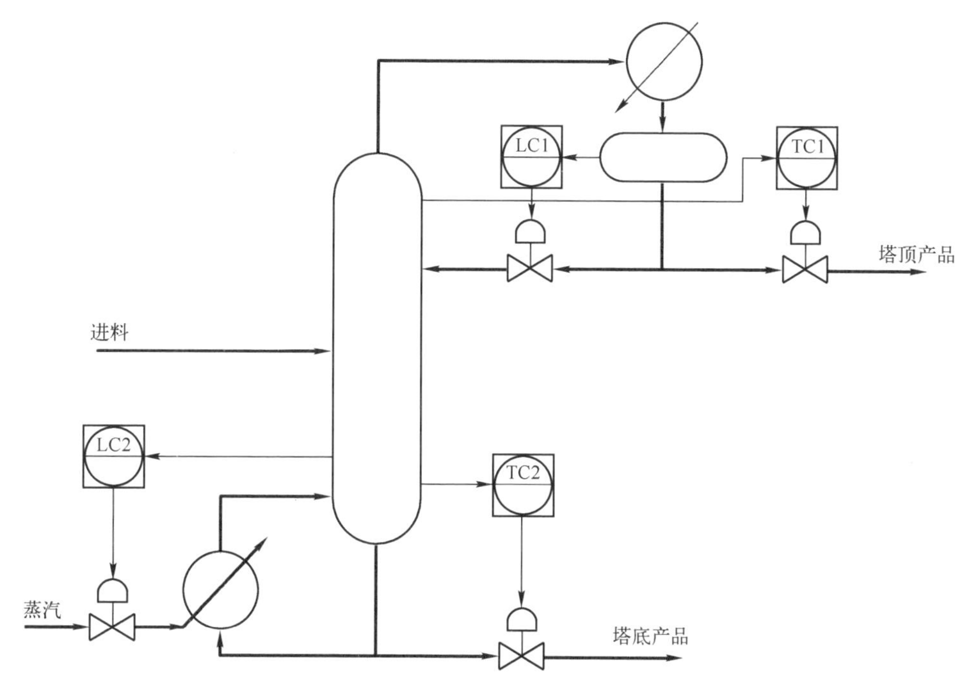

图 4-28　精馏塔的间接物料平衡控制

（LC1）的驱动下，回流流量增加，塔顶温度降低。塔顶温度过低则相反。这是间接使得塔顶的物料得到平衡的方法，因此称为间接物料平衡控制（见图 4-29）。

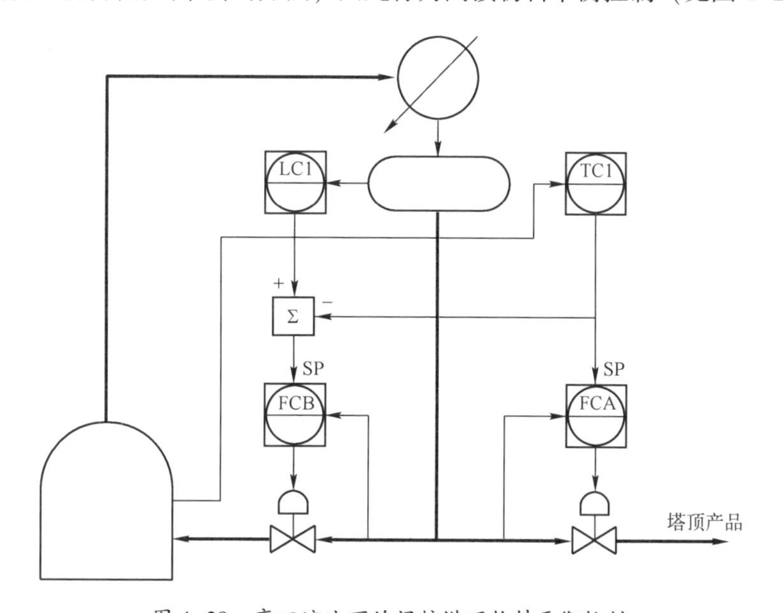

图 4-29　高回流比下的间接塔顶物料平衡控制

问题是回流不仅对塔顶温度的影响又大又直接，还影响塔底温度，其实是影响了整个精馏塔的温度分布。回流也影响塔底液位，间接影响再沸量，最终增加塔顶气相出料和回流罐液位，进一步改变回流流量。这样的双向耦合一旦形成大幅度振荡，较难稳定下来。

一个折中的办法是将回流罐的流量设定值减去塔顶产品流量，这样有助于保持回流罐的液位较少受到塔顶温度的影响，减小回流流量的变化。虽然这直接影响回流流量，但由于较高的回流比（回流流量与塔顶产品流量之比），加减器导致的变化在回流流量里的占比很小，影响不大。但一旦塔顶产品流量造成回流罐液位的实质性变化，回流流量就会大幅度变化，以恢复回流罐液位，那时对整个精馏塔的影响就大了。这是“吃小亏占大便宜”的折中，还是有利的，当然，前提是回流比很大。不过回流比不很大的话，本来就没有必要采用间接物料平衡控制，以采用直接物料平衡控制为宜。在 TC1 和加减器之间也可以加一个阻尼环节，用低通滤波减缓塔顶产品流量波动的影响，借用一点回流罐本身的缓冲能力。

对于塔底来说，温度过高意味着再沸器加热过度，塔底产品过度浓缩了，塔底温度控制器（TC2）需要增加塔底出料流量，间接使得塔底液位降低，通过塔底液位控制器（LC2）间接降低蒸汽流量，减少再沸量。塔底温度过低则相反。

塔底没有回流与塔顶产品那样的物料平衡关系，只有将塔底液位（LC2）与再沸器蒸汽流量之间用均匀控制的办法处理，容许塔底液位适当浮动，尽量保持蒸汽流量平稳，以保持再沸量（上升气相流量）平稳，有利于精馏塔的稳定动作。

但是简单的回流控制有一个问题：回流温度可能低于相平衡温度，这是过冷现象（subcooling）。这可以由很多原因引起，比如塔顶压力控制不好，导致风冷或者液冷不必要地火力全开。更有可能是由于塔顶有不凝性气体存在，使得压力降不下来，同样导致风冷或者液冷火力全开。更糟糕的是不凝性气体可能随进料情况变动，回流温度就要忽升忽降了。如果回流温度只是定常地低，问题还不大，但回流温度时常大幅度变动，同样的回流流量就要对塔顶的相平衡产生很大的不利影响。为此，在可能的情况下，最好对回流进行温度补偿，这就是内回流控制。

内回流流量定义为：

$$\mathrm{IR}=R\cdot(1+C_p\cdot(T_O-T_R)/\Lambda)$$

其中，IR 是内回流流量；R 是外回流流量，也就是通常意义下的回流流量；C_p 是回流的热焓；T_O 是塔顶温度（冷凝器进口温度）；T_R 是回流温度；Λ 是回流的汽化热。

内回流的意义为：在给定回流热焓和汽化热的条件下，塔顶温度与回流温度之差越大，等效的内回流流量越大。这是可以理解的，在能量平衡的意义上，过冷的回流可以相当于更多的处于相平衡温度下的回流。回流热焓越大，同样过冷的回流对塔顶的相平衡影响也越大；但回流汽化热越大，则意味着回流在相平衡中汽化时吸收的热量越大，影响是与热焓对冲的。

内回流控制是中间变量，塔顶温度控制器驱动内回流，然后通过上式解算实际需要的外回流流量，这才是回流阀直接影响的流量。

值得一提的是，不论是直接物料平衡控制还是间接物料平衡控制，都不直接控制塔顶和塔底成分，而成分才是精馏塔控制的最终目标。二元精馏可以用温度推断成分浓度，但多元精馏就不行了，而且压力不断变动的话，温度与成分的关系也不再精确。

最简单的办法是用推断控制，根据实验数据或者文献数据建立简化公式，用温度、压力等参数估计成分，然后以成分估计值代替直接的温度控制。但有条件的话，最好用更加直接的成分测量，以此为基础，建立成分控制回路。

现代成分测量仪表不比从前了，有气相色谱、质谱、红外、核磁共振等各种检测手段，有些具有实时测量能力，有些则是间歇测量，还有较大的分析滞后。

如果有实时成分测量仪表，可以在直接或者间接物料平衡控制中，用成分直接置换温度，这比较简单。

如果只有间歇成分测量仪表，那么还是需要保留温度回路，用成分仪表进行间歇补偿。这里，对温度进行压力补偿依然是好主意，可以提高在间歇补偿之间的估计和控制精度。补偿计算公式可根据实验数据或者文献数据建立。

其次，用成分仪表的读数对温度（或者已经得到压力补偿的温度）进行补偿时，需要像前述推断控制中所说的那样，将仪表实际采样时间与温度记录时间相对应，确保补偿的时候不会把不同时间点上的数据错误比较和补偿。

塔压控制

精馏塔是以相平衡为基础的单元操作，塔压是精馏塔的又一个关键控制变量。

如果塔顶冷凝器是全冷凝，也就是说，所有离开塔顶的气相出料都可以冷凝成液相，那么可以通过调节冷却量来控制塔压。塔压升高，就增加冷却量，冷凝更多的塔顶气相出料，增加对精馏塔的“抽吸”作用，从而降低塔压；塔压降低，则降低冷却量，增加塔顶出料的背压，从而提高塔压。

水是常用的冷却介质，水冷的冷凝器通常就是简单的换热器。这时塔压控制就是简单回路，如图 4-30 所示。

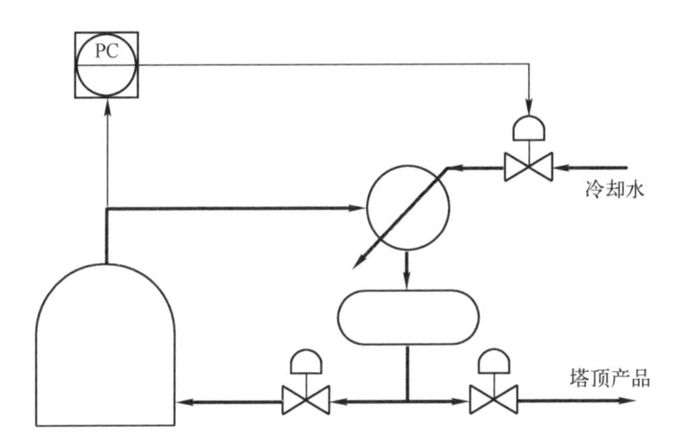

图 4-30　采用水冷冷凝器的塔压控制

在可能的情况下，风冷比水冷的设备和运作成本更低。水冷需要对循环水用冷却塔散热，还需要对循环水进行化学处理。不过风冷的效率较低，受天气的影响也较直接，而且经常需要多个并列的风冷器。

如图 4-31 所示与水冷器的塔压控制相比，并列风冷器的塔压控制是多输出的，压力控制器（PC）需要通过手动-自动控制站（A/M）来“扇形展开”到每个风冷器。手动-自动控制站只有两个模式，在串级模式下，PC 的输出直通传递到相应风冷器的最终控制手段，通常是变速电机（或者可调百叶窗），处于自

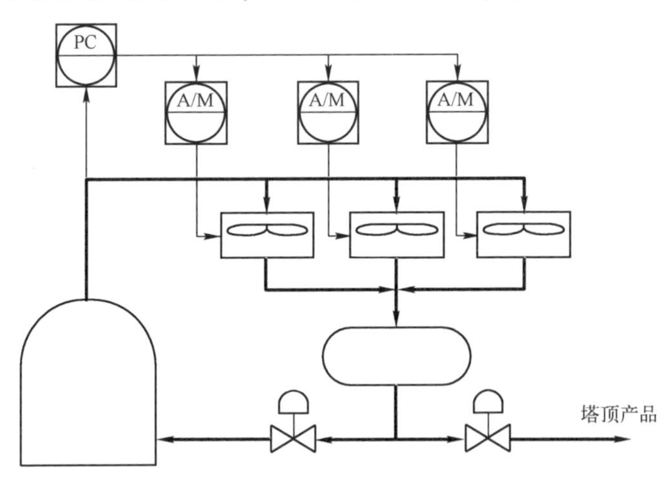

图 4-31　采用风冷器的塔压控制

动控制状态；在手动模式下，操作人员直接手动控制。

手动-自动控制站便于风冷器逐个投运，或者停运检修。在天气炎热的时候，也可以把若干风冷器置于手动模式，全速运转；其余的置于串级模式，还是在压力控制器的自动控制之下，而且可以处于较为适中的转速，具有较好的控制能力。在天气寒冷的时候则相反，置于手动模式的若干风冷器可以彻底停转，节约能源；其余的置于串级模式，保持在压力控制器的自动控制之下。

如果塔顶冷凝器是部分冷凝器，情况就要复杂一点了。如果大部分塔顶气相出料还是可以冷凝的话，还是可以用调节冷却量的办法作为控制塔压的主要手段。不过还是有少部分不可冷凝，需要通过气液分离器，将不凝的气相作为塔顶气相产品引出，液相流入回流罐，作为回流，或者塔顶液相产品。对于有的装置，塔顶液相可全部作为回流，只有气相产品。

不论是否有塔顶液相产品，都需要注意避免液相过冷的情况。由于不凝性组分过多而塔压较高时，主要塔压控制器（PC1）会不断加大冷却量，但不仅无法降低塔压，还会造成液相过冷，不仅浪费能量，还可能因为过冷的回流影响塔顶的相平衡。因此，主要塔压控制器（PC1）需要有过冷保护回路（TC），液相温度过低时，过冷保护切入，压低冷却量，如图 4-32 所示。

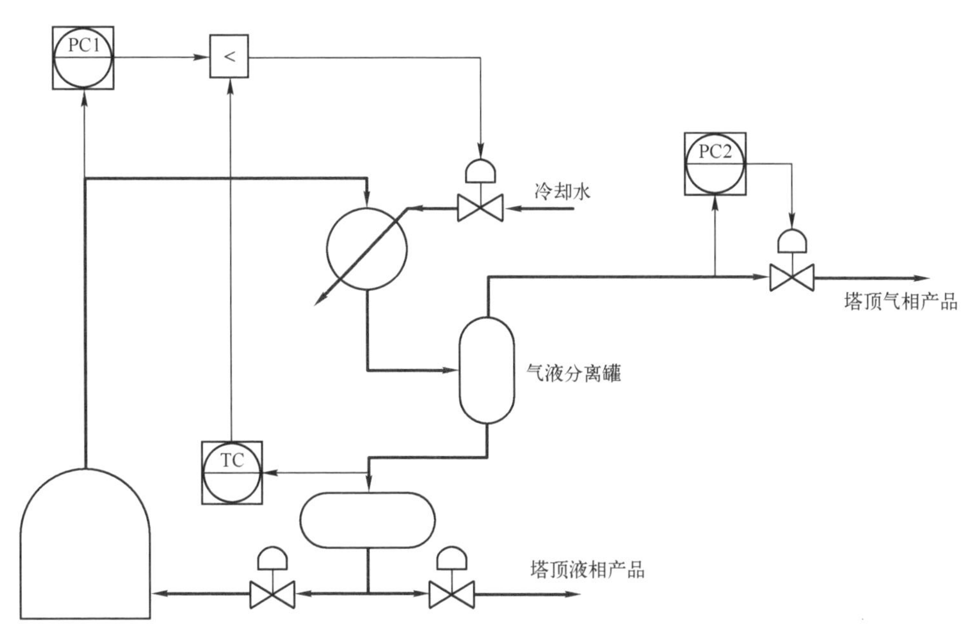

图 4-32　大部分塔顶气相出料可以冷凝时的塔压控制

如果塔压继续升高，超过冷凝可以控制的范围，就需要通过辅助塔压控制器（PC2）来控制气相产品流量，间接控制塔顶压力。主要塔压控制器（PC1）的设定值应该按照塔压要求来设定，辅助塔压控制器（PC2）的设定值可略高于主要塔压控制器，以减少塔顶有用轻组分的“逃逸”。

如果大部分塔顶气相出料不可冷凝，那就不需要费事了。只要不至于导致回流过冷，直接开足冷却量，能冷凝多少是多少，塔压就用气相产品流量控制，如图 4-33 所示。

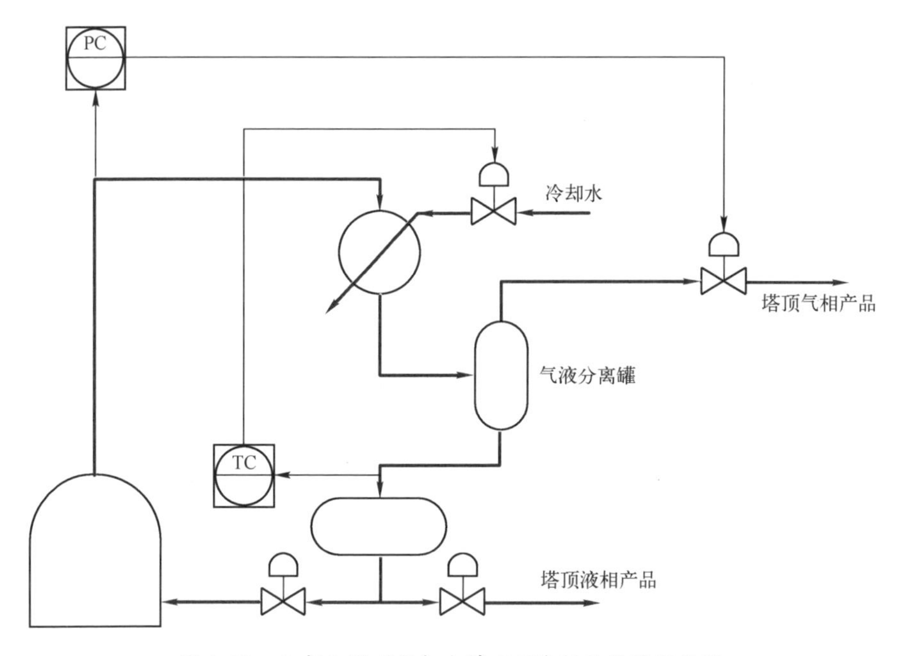

图 4-33　大部分塔顶气相出料不可冷凝时的塔压控制

热泵是新型精馏塔加热方法。热泵用压缩机将塔顶气相出料用压缩机直接加压，在此过程中，一方面确保对塔顶的抽吸，另一方面通过压缩的机械能对塔顶出料加温，然后用作塔底再沸器的加热介质。热泵的全系统热效率很高，热泵压缩机相当于风冷器，在压力控制方面，可以比照处理。

在可能的情况下，热泵压缩机适合长时间稳定地全负荷工作，这对压力控制不利。这时可考虑浮动塔压控制。也就是说，容许塔压有一定的浮动，对塔顶和塔底的温度控制进行压力补偿。如果采用直接的成分控制，压力影响就更小了。

精馏塔的前馈控制

精馏塔是较早采用前馈控制的场景。图 4-34 给出了一种带进料前馈的以过程稳定性为主导的控制方案。驱动变量一般是进料流量，而将进料组成、温度作为驱动变量的情况比较少见。前馈的动作变量则有塔顶产品、塔底产品、回流、再沸器蒸汽流量可以选择。精馏塔的每一个控制变量最终差不多都会直接、间接地影响整个精馏塔的温度分布和物料平衡。

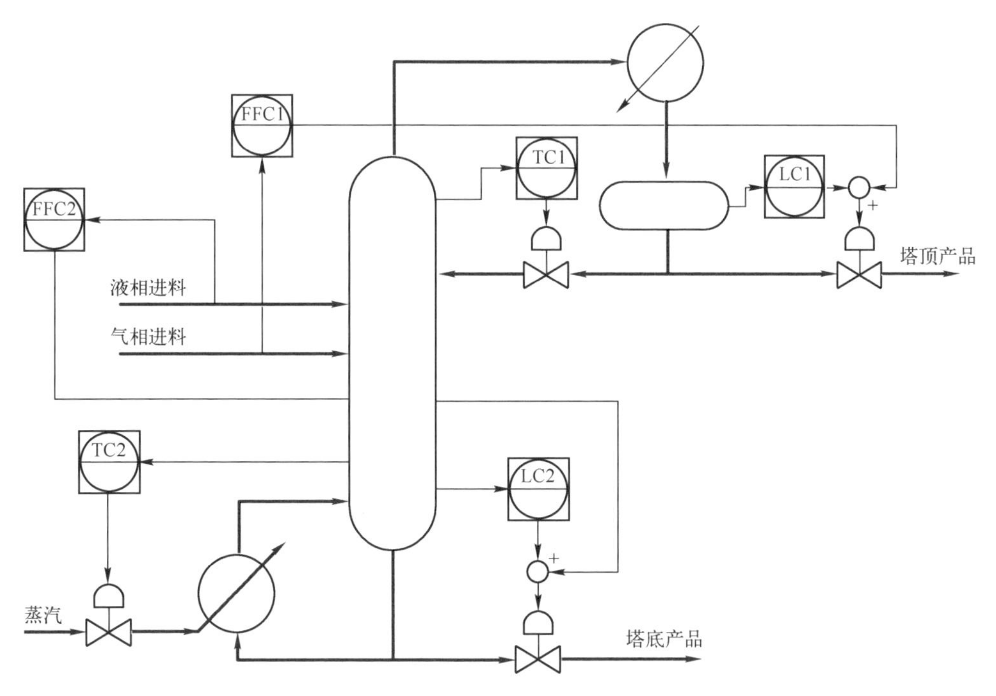

图 4-34　带进料前馈的以过程稳定性为主导的控制方案

前馈控制就是大刀阔斧的，细眉细眼的活儿留给反馈控制更加合适。进料、回流和再沸量对整个精馏塔的温度分布和物料平衡影响很大，但进料直接影响塔的中段，回流和再沸量影响塔顶和塔底，大量塔板相隔，造成很长的高阶动态响应，用回流和再沸量“对冲”进料变化容易弄巧成拙，反而因为大幅度变动而破坏精馏塔的原有能量与物料平衡，双向耦合导致的大幅度振荡可能要很长时间才能稳定下来。在一般情况下，需要以“保精馏塔”为主，暂时牺牲分离，而不宜大刀阔斧地变动回流和再沸量，所以精馏塔前馈的动作变量可能需要以塔顶、塔底产品流量为主。

对于回流比高（也就是说，塔顶产品流量较小）但塔底产品流量较大的情况，进料（尤其是液相进料）流量大幅度波动时，可用塔底产品流量作为前馈的动作变量，帮助塔底的物料平衡。塔底温度就留给反馈控制了。

对于回流比较低、塔顶产品流量较大的情况，进料（尤其是气相进料）流量大幅度波动时，可用塔顶产品流量作为前馈的动作变量，帮助塔顶物料平衡。塔顶温度也留给反馈控制。

塔顶、塔底都有较大的产品流量时，可能两者都需要充当前馈的动作变量，以保持塔顶和塔底的物料平衡，但要注意耦合问题。说到底，精馏塔是高度耦合的过程装置，塔顶、塔底一起大刀阔斧难免刺激起耦合，可能需要“抓大放小”，以一头为主。

进料的气液比本身如果可控的话，是一个很有力的控制变量，可以改变整个精馏塔的行为。增加气相占比的话，可为再沸器卸载；增加液相占比的话，可为冷凝器卸载。但这一般用于静态优化，较少用于动态控制。

反应器控制

化工是过程工业的主力，化工说到底就是分离和反应。分离包括提纯，精馏塔是分离的主力设备。反应则用到反应器。

反应器主要有气相和液相两大类。液相反应器主要分为连续搅拌釜式反应器（CSTR）和管式反应器（PFR），气相反应器主要有流化床反应器，气相也有用管式反应器的。

连续搅拌釜反应器的控制

连续搅拌釜（CSTR）可能是最常见的液相反应器（见图 4-35），通过搅拌，使得反应器内温度和浓度均匀，便于控制反应条件，并避免热点。

连续搅拌釜的控制主要有进料控制、催化剂控制、反应器温度控制、转化率控制等。

进料控制主要是不同进料的比值控制的问题，比较简单。催化剂控制也通常是比值控制问题，以某一基准反应物作为驱动变量。比如，聚乙烯反应，有乙烯单体和丁烯、己烯、辛烯等共单体作为反应物，乙烯是基准反应物，催化剂常按与乙烯的比值控制。

温度控制的问题比较复杂。简单的反应器温度控制用夹套实现，如图 4-36

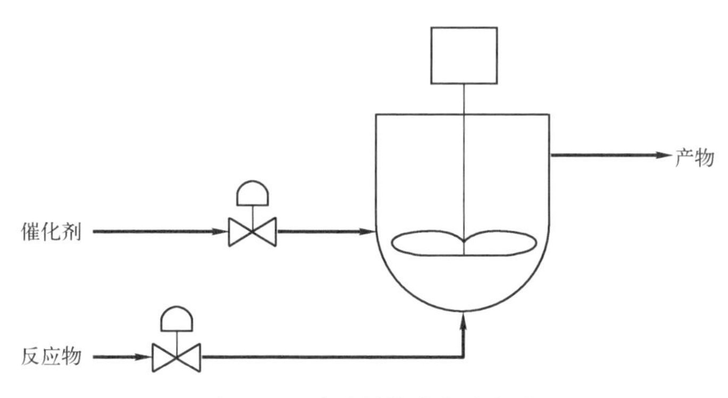

图 4-35　连续搅拌釜式反应器

所示，在反应器外的夹套里通入加热、制冷介质，比如蒸汽、冷却水。夹套温度控制常用关开型分程控制，与图 3-11 所示的容器补压-泄压控制相似。

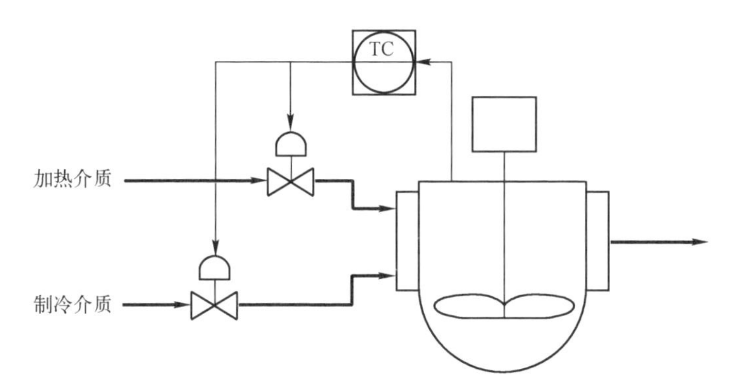

图 4-36　夹套式反应器温度控制

但夹套式温度控制对弱放热反应、弱吸热反应和在本质上没有放热、吸热的反应比较有效，有限的温度波动可以由夹套控制壁温，进而通过搅拌传递到反应器内各处。对于具有强烈放热或者吸热的反应，反应器的搅拌可能不足以将壁温迅速传递到各处，容易形成热点（或冷点）。连续搅拌釜在理论上是浓度和温度各处均匀的，但强放热反应、强吸热反应、高黏度物料都影响传热，使得反应器内具有不利的浓度和温度梯度。

如图 4-37 所示，在过程设计中，有时会用大量的载体溶液作为热载体，将反应物溶解在载体溶液中。载体溶液对反应来说是惰性的，也就是说，它不参加反应，但用很大的热容量吸收放热或者吸热的影响。这时，反应器温度控制的主要手段是反应物控制。也就是说，反应物好比燃料，加温不是靠把气缸捂热，而是靠多加燃料。反应器温度控制与锅炉炉膛温度控制相似，只是燃料和空气换成了反应物和催化剂。

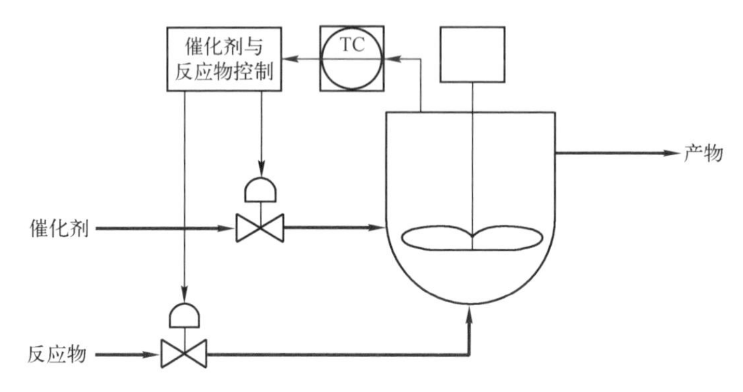

图 4-37 强放热或者强吸热反应器的温度控制

转化率控制是微妙的问题。有些反应可以用催化剂浓度影响转化率，但放热或者吸热反应更经常用温度控制转化率，所以转化率控制与温度控制合二为一了。

但连续搅拌釜可以多个串联。简单的串联反应器可能只有最前端的反应器有进料，后续反应器只是改变反应条件。这时进料控制和催化剂控制与单反应器没有本质不同，只是后续反应器可能有单独的温度控制和转化率控制，这样的串联反应通常不是强放热或者强吸热反应。

更多的串联反应器在各个反应器都有新鲜反应物加入，有时还有新鲜催化剂加入（见图 4-38）。前级反应器没有转化的反应物与产物一起，进入后级反应器继续反应，大大提高累计转化率，并可控制前后反应器的不同反应条件，在前后两级反应中产生双模态产物，达到单模态产物难以兼顾的物理和化学性能。

比如，串联的两级反应器用于聚合反应时，可在前后两个反应器里分别产生不同分子重量分布的聚合物。由于是在反应过程中自然形成的，化学和物理性质比用两个独立的反应器产生类似的聚合物再物理混合要好。这样的“双模态聚合物”可以起到“鱼与熊掌兼得”效果。比如，强度高、韧性好的聚合物经常难以通过挤塑机加工，好比干涩的豆沙，很难搅动；易于通过挤塑机加工的聚合物经常强度和其他物理性质不高，好比油脂。“双模态聚合物”则好比在高性能聚合物外包一层“润滑剂”，就像豆沙拌油一样，极大便于挤塑机加工。而最终产品性质由高性能聚合物主导。

这时除了常规的进料控制和催化剂控制，还有进料分配控制。也就是说，反应物在前后反应器之间的比例也需要控制。这是控制双模态里两个模态的比例的

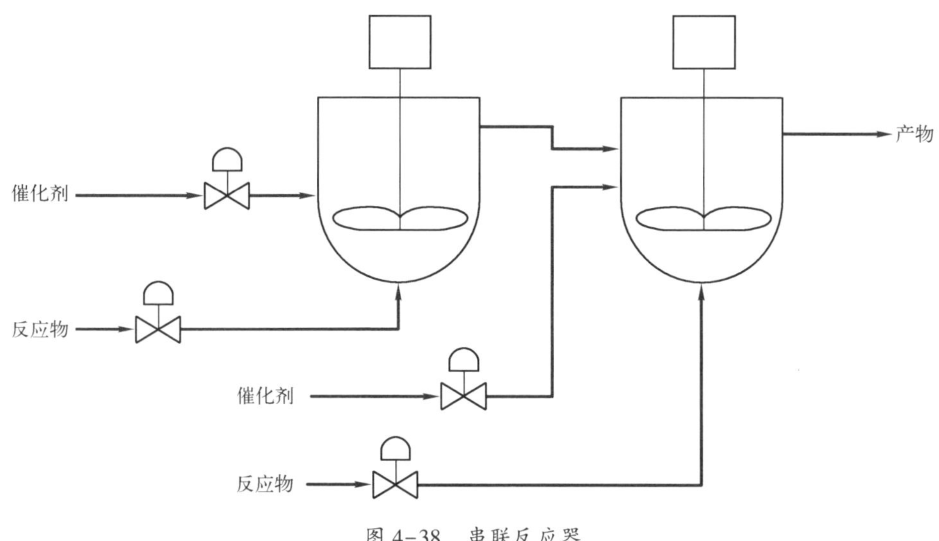

图 4-38　串联反应器

关键，也是产物“功能裁剪”的关键。

还是以聚合反应器为例，进料有单体（比如乙烯）、共单体（辛烯），以及载体溶液需要控制，其中单体是聚合反应的主要反应物，共单体是按照产品需要调整聚合物性质的反应改性剂，载体溶液是惰性的热载体。有下列变量需要控制：

- 总流量。
- 单体浓度。
- 共单体对单体的比值。
- 单体在两个反应器之间的分配比例。
- 共单体在两个反应器之间的分配比例。

单体浓度和共单体对单体的比值可以对两个反应器分别指定，但与单体分配比、共单体分配比一起，只有 5 个自由度。也就是说，实际上，加上总流量，7 个变量中只有 6 个是独立的。

总流量决定了反应器内的平均停留时间，前后反应器的单体浓度决定了反应强度，单体和共单体分配比对聚合物的结构和“功能剪裁”影响更加直观，所以一般取总流量（记为 F_{total}）、前反应器单体浓度（记为 C_{m1}）、后反应器单体浓度（记为 C_{m2}）、两个反应器的总的共单体对单体的比值（记为 R_{cm}）、单体分配比（记为 S_m）、共单体分配比（记为 S_{cm}）为控制变量。这些变量定义如下：

$$F_{total}=F_{i1}+F_{m1}+F_{cm1}+F_{i2}+F_{m2}+F_{cm2}$$

$$C_{m1}=\frac{F_{m1}}{F_{i1}+F_{m1}+F_{cm1}}$$

$$C_{m2}=\frac{F_{m2}}{F_{i1}+F_{m1}+F_{cm1}+F_{i2}+F_{m2}+F_{cm2}}$$

$$R_{cm}=\frac{F_{cm1}+F_{cm2}}{F_{m1}+F_{m2}}$$

$$S_{m1}=\frac{F_{m1}}{F_{m1}+F_{m2}}$$

$$S_{cm1}=\frac{F_{cm1}}{F_{cm1}+F_{cm2}}$$

其中，F_{i1}、F_{i2}、F_{m1}、F_{m2}、F_{cm1}、F_{cm2}为惰性载体、单体、共单体的流量；下标 i 指惰性载体，m 指单体，cm 指共单体，1 为前反应器，2 为后反应器。

在使用中，根据工艺条件给定 F_{total}、C_{m1}、C_{m2}、R_{cm}、S_m、S_{cm}的数值，要求解算 F_{i1}、F_{i2}、F_{m1}、F_{m2}、F_{cm1}、F_{cm2}，这些是可最终实施的流量设定值。由于这里的特定定义，可以逐步解算。

首先从 C_{m2}入手，可以解算出 F_{m2}，因为其分母恰好是 F_{total}。这不是偶然的，因为在后反应器里，进料不仅包括自己的新鲜进料，还包括从前反应器流过来的产物、惰性载体和未反应的反应物，按照物料平衡，前反应器的总量依然等于 $F_{i1}+F_{m1}+F_{cm1}$。

然后从 S_m可解算 F_{m2}，从 R_{cm}可解算 $F_{cm1}+F_{cm2}$，从 S_{cm}可以解算 F_{cm1}，进而解算 F_{cm2}，从 C_{m1}可以解算 F_{i1}，从 F_{total}可以解算 F_{i2}。

实际工艺条件很多变，因为串联反应器和共单体提供了很多组合，比如单反应器（只用后反应器或者前反应器，另一个反应器当作大号管道，直接流过）、单聚物（只有单体聚合，没有共单体参加反应）等。每一个这样的特殊情况都是上述条件的子集，解算顺序需要重新制定。在实施中，这意味着很多 IF……THEN，代码复杂，也很烦琐、低效。

一个办法是对上述定义在数学上重新整理，改写成矩阵形式。具体来说：

$$F_{i1}+F_{m1}+F_{cm1}+F_{i2}+F_{m2}+F_{cm2}=F_{total}$$

$$C_{m1}F_{i1}+(C_{m1}-1)F_{m1}+C_{m1}F_{cm1}=0$$

$$C_{m2}F_{i1}+C_{m2}F_{m1}+C_{m2}F_{cm1}+C_{m2}F_{i2}+(C_{m2}-1)F_{m2}+C_{m2}F_{cm2}=0$$

$$R_{cm}F_{m1}+R_{cm}F_{m2}-F_{cm1}-F_{cm2}=0$$

$$(S_{m1}-1)F_{m1}+S_{m1}F_{m2}=0$$

$$(S_{cm1}-1)F_{cm1}+S_{cm1}F_{cm2}=0$$

改写为矩阵：

$$\boldsymbol{AX}=\boldsymbol{B}$$

其中：

$$\boldsymbol{A}=\begin{bmatrix} 1 & 1 & 1 & 1 & 1 & 1 \\ C_{m1} & C_{m1}-1 & C_{m1} & 0 & 0 & 0 \\ C_{m2} & C_{m2} & C_{m2} & C_{m2} & C_{m2}-1 & C_{m2} \\ 0 & R_{cm} & -1 & 0 & R_{cm} & -1 \\ 0 & S_m-1 & 0 & 0 & S_m & 0 \\ 0 & 0 & S_{cm}-1 & 0 & 0 & S_{cm} \end{bmatrix}$$

$$\boldsymbol{X}=\begin{bmatrix} F_{i1} \\ F_{m1} \\ F_{cm1} \\ F_{i2} \\ F_{m2} \\ F_{cm2} \end{bmatrix},\quad \boldsymbol{B}=\begin{bmatrix} F_{total} \\ 0 \\ 0 \\ 0 \\ 0 \\ 0 \end{bmatrix}$$

解算：

$$\boldsymbol{X}=\boldsymbol{A}^{-1}\boldsymbol{B}$$

就可根据给定的 F_{total}、C_{m1}、C_{m2}、R_{cm}、S_m、S_{cm} 的数值得到 F_{i1}、F_{i2}、F_{m1}、F_{m2}、F_{cm1}、F_{cm2}。

矩阵形式的好处是：可以根据工艺条件灵活重组。“消失”的变量对应于 $\boldsymbol{A}$ 矩阵的行和列。比如，双反应器降阶为单反应器，而且是后反应器，对应的就是 F_{i1}、F_{i2}、F_{m1}，在 $\boldsymbol{A}$ 矩阵里去掉前三列和第 2、5、6 行，就是相应的单反应器情况；在 $\boldsymbol{X}$、$\boldsymbol{B}$ 向量里也去掉相应的变量和常量，重组求逆，就得到需要的解了。单聚物的情况类似办理，只是去掉的是对应于共单体的行和列。

这个方法可以容易地推广到更多的反应器，串并联共存也可以，只要能最后列成线性方程组和矩阵形式。

另一个问题是杂质。单体和共单体进料可能含有极少量惰性杂质，这一般不是太大的问题。惰性载体是在反应后与产物、未反应单体、共单体分离后循环使用的，分离不可能达到 100%，所以惰性载体的流量里也包含单体和共单体。单体和共单体本身也有转化率问题，在反应后需要与产物分离、回收，循环使用。

循环惰性载体、循环单体、循环共单体里，实际上都包括所有组分。共单体还可能在反应过程里异构化，也就是说，有效成分的双键应该在第一位置上，但没有在聚合反应里消耗掉，反而双键转移到第二甚至更后面的位置，成为同位异构的惰性成分了。

这样的“白马非马”使得按照纯物料定义解算出来的流量需要根据纯度和各路惰性成分重新解算，才能得到可实施的实际流量设定值，非常麻烦。

回到矩阵形式，重新定义F_{i1}、F_{i2}、F_{m1}、F_{m2}、F_{cm1}、F_{cm2}为含有惰性和“非本体”成分的实际载体溶液、单体、共单体流量，根据各种浓度，将F_{i1}、F_{i2}、F_{m1}、F_{m2}、F_{cm1}、F_{cm2}按照有效成分、惰性成分、“非本体”成分拆分，可以看到，$\boldsymbol{A}$ 矩阵的基本形式还在，但原来为 0 的项很多非 0 了，成为含有各种浓度的项，$\boldsymbol{B}$ 向量里也是如此。

然而，$\boldsymbol{AX}=\boldsymbol{B}$ 的基本形式没变，矩阵求逆解算的方法没变，依然可以按照不同工艺条件重组矩阵，而且解算出来的F_{i1}、F_{i2}、F_{m1}、F_{m2}、F_{cm1}、F_{cm2}按照定义就是非纯物质的实际流量，可以直接作为载体溶液、单体、共单体进料流量的设定值。具体推算比较繁琐，但按部就班就能得到，这里就不展开了。

如前所述，催化剂通常锚定在某一反应物上，在这里，通常就是锚定在本反应器的新鲜单体进料流量上。催化剂在反应中不消耗，但可以损失活性。如果在前级反应器里催化剂活性损失太大，而单体转化率不高，后级反应器的催化剂也可以锚定在前后两级的总单体进料流量上。在这个问题上，需要考虑具体情况，不宜一刀切。

一个问题是：对于不同的产品，催化剂的用量可以变化很大。这使得线性控制率很难适应所有产品的转化率控制需要。比如，产品 A 需要 1 kg/h 的催化剂，产品 B 需要 10 kg/h。对于同样的 0.1%的转化率变化，0.1 kg/h 意味着 10%的变化，可能对产品 A 已经过猛；但对产品 B 只是 1%的变化，根本感觉不到。或许需要考虑前面讨论过的对数 PID。

实际连续搅拌釜还可以有进料注入口的变化。釜底进料是最常见的，但有时为了帮助均匀混合，还会在釜底进料的基础上，增加侧线进料。也就是说，部分进料在一定高度上通过进料环多点注入。釜底进料和侧线进料的分配比需要按照工艺条件在“全釜底”到“全侧线”之间灵活改变，侧线的不同注入口之间的流量还要均衡。这个分配比控制相对简单，这里就不赘述了。

管式反应器的控制

如图 4-39 所示，管式反应器（PFR）是另一种常见的反应器。在结构上，管式反应器主要就是一截管道。根据反应的停留时间，管道可以只有几米长，也可以有几公里长。反应物在进口加入，产物和未反应的反应物在出口流出。

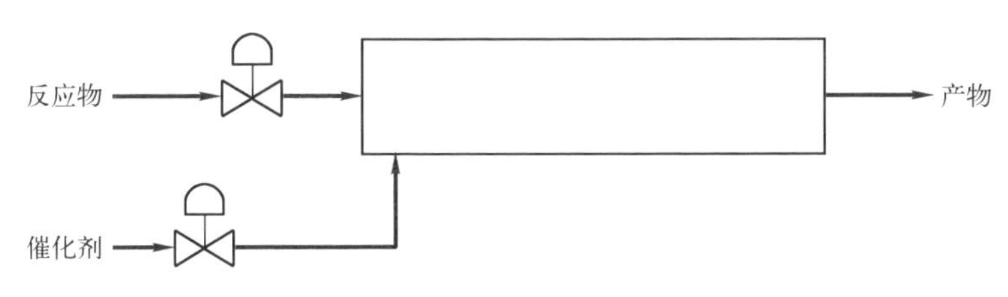

图 4-39 管式反应器

管式反应器简单、高效，但在本质上是分布参数的。理想管式反应器内的浓度、温度只有径向分布，没有轴向分布，好像“平顶”的活塞，所以也称活塞流反应器。实际管式反应器内的浓度、温度既有径向分布，也有轴向分布，或者说锋面像钝头的子弹头一样。连续搅拌釜在理论上内部的温度和浓度均匀分布，实际上也有径向和轴向分布，只是相对较小而已。

管式反应器的进料和催化剂控制与连续搅拌釜相似，连温度控制也有相似之处。对于弱放热/吸热反应、无放热/吸热反应，可沿管壁进行分段夹套温度控制。对于强放热/吸热的反应，只有通过进料的“燃料控制”来控制反应温度了。

转化率也可用与连续反应釜类似的方式处理。

管式反应器也可以有“中途加料”的问题，可以比照连续搅拌釜的侧线加料控制处理。

在有的工艺里，连续搅拌釜和管式反应器会混合使用，后者作为前者的前级或者后级。由于两者的进料和催化剂很相似，混合使用并不会带来控制上的特殊困难。

流化床反应器的控制

流化床反应器在气相反应中常用，尤其是有强烈放热（或者吸热）的气固反应，也就是说，反应物是气相的，产物是固相的。全气相反应没法用流化床。

如图 4-40 所示，流化床反应器本身好比一个空心大灯泡，接近底部的地方有多孔床板，可以是简单开孔，也可以在孔顶带有某种“小帽”，就像精馏塔的塔板一样。气相反应物从板下穿孔而上，板上堆积的是固相产物，一般以松散的颗粒状存在。

气相反应物吹动固相产物床层，颗粒状的产物在悬浮中翻腾，在此过程中，热量被大量带走，避免了强烈放热反应中热量的聚集。气相反应物继续进入反应器床层上方的“虚空”，在催化剂作用下反应，形成的固相产物在“灯泡”的扩

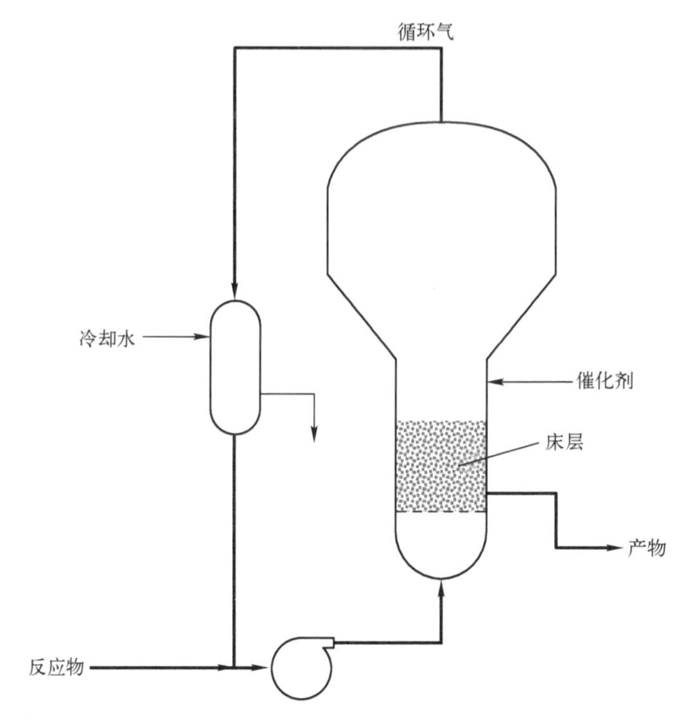

图 4-40　放热反应的流化床反应器

张段减速脱离，回落到床层。未反应的气相反应物从反应器顶部离开，通过循环管和换热器降温，然后通过压缩机回到反应器底部，再次参加反应。

固相产物则在压力差下排出反应器，进入产物采集罐。产物采集罐一般为间歇操作，并有一定的循环气回收系统，确保在固相产物排出的时候，随同进入产物采集罐的循环气大部分回到反应器，继续反应。

流化床反应器的产量大，运作成本低。用于聚合反应的话，反应之后的后处理简单，因为产物已经可以作为半成品直接销售，也可以进一步加入添加剂、挤塑切粒，成为附加价值更高的中间体。

在化学性质控制方面，流化床反应器与连续搅拌釜没有本质不同，也是进料控制、催化剂控制。但在保持流化床物理特性方面，床层气速控制和床层高度控制是特有的。

床层气速控制是为了保证床层流态化。速度低于流态化速度的话，床层翻腾不起来，固相产物与循环气的换热受到阻碍，严重的时候会出现床层“烧结”，那时就必须停车清理了。速度太高则会吹散床层，严重时固相颗粒吹入循环管和换热器，造成堵塞，还可能损坏压缩机。

床层速度就是循环气体积流量除以床板开孔面积。正常运行情况下，开孔面积不变，所以直接控制循环气体积流量就可以了。这是简单的固定设定值的单回路控制。但实际孔板会在运作中有所堵塞，造成实际床层速度变高，这个问题要注意。需要与床层高度相对照，确保实际床层速度没有飘高。

床层高度一般用板下与床层上空的压力之差估计，压差乘以床层截面积就是床层重量，在密度一定的情况下，这就对应于床层高度。床层密度由产品性质决定，不同配方的聚合物具有不同的密度，所以这依然是简单的单回路控制，但设定值需要随产品而变。

床层高度控制驱动固相产物排出，但受到床层速度控制的影响。如果速度过高，吹散了床层，或者造成局部“短路”，压差骤降会产生误导。床层高度失控，则会影响速度控制，过低的床层可能提前造成床层吹散。

为了确保床层高度在有效范围，通常还会用放射性同位素高度仪监测。放射性同位素高度仪在非液相料位测量中应用很多，一方面可靠、简单，防辐射不是太大的问题，一般有防护挡板，还有严格的维修程序；另一方面高度非线性。这是因为辐射源是固定的，常以一定倾角照射料位表面，反射的波束形成读数。变动的料位导致变动的反射路径，使得线性变化的料位导致非线性变化的读数。这使得同位素料位仪很少用于实时控制，只是用于固定高度的报警和连锁保护。测量非线性的问题可以通过线性化解决，但习惯上还是很少用同位素料位仪控制料位。

模型预估控制

PID 控制至今依然是过程控制的基干力量，但 PID 不是万能的，最主要的缺陷是不能有效处理下列问题：

1）多变量。

2）大滞后。

3）约束控制。

4）最优化。

5）非线性。

模型预估控制应运而生。

多变量控制的挑战与机会

PID 在本质上就是单变量的。即使用于多变量场合，也是按照多回路处理，而不是真正的多变量。多变量与多回路最大的差别在于：多回路控制只是对各个控制变量与被控变量对分别配对控制，或者说是将交互作用的多变量问题简化为多个单回路的简单堆叠，在本质上不考虑交互关系，或者说没有明确的手段处理这种交互关系。前馈控制在有些情况下可看作单向的多变量控制，解耦控制是用“装傻”的办法弱化处理交互关系，适合弱交互作用。强交互作用的过程只有真正的多变量控制才能处理，也就是说，在架构上就考虑交互作用，用系统、严谨的数学方法解耦。

一个问题是：在有些控制场合下，控制变量与被控变量的数量不等。控制变量多于被控变量的话，需要妥善处理“多余”的控制变量，可以在“更有力”

和“更经济”之间灵活调配。阀位控制是“简单粗暴”的一种实施，更加系统、复杂的利用需要真正的多变量控制。

被控变量多于控制变量的话，需要在被控变量中仔细处理，要么有些转为约束变量，也就是说，只要不越界，就容许浮动；要么将一些被控变量打包处理，只要求整体意义上的最优化（如“被控变量包”内所有被控变量都与设定值的误差达到最小，但可能没有一个正好达到设定值），否则自由度就不够用了。

实际过程有很多是强交互作用的，比如精馏塔。回流、再沸量、塔顶出料、塔底出料牵一发动全身，改变其中任一变量都会影响到整个塔的能量和物料平衡，所以只有在“松散”运作的时候，才可当作多回路处理，也就是前面提到的直接和间接物料平衡控制。换句话说，进料要平稳，要容许塔顶和塔底成分有一定的波动。

现代过程工业要把潜力榨尽用绝，缓冲容器的容积要最小化，不仅降低设施的造价和维修成本，也降低物料的周转成本。很大的过程容积相当于很大的库存量，而且这部分库存量都没法去库存，只要过程在运行就少不了。但缓存减小就降低了对过程波动的缓冲能力，精馏塔进料波动就常见了。

塔顶和塔底产品在价值上可能有差别，但都是重要的，一个都不能少。更加精准的质量控制意味着更小的产品质量波动。质量有标准，实际过程的产品质量必然容许一定的波动。质量控制就是要确保常见质量“波动带”的下限依然高于期望标准，比如最低纯度刚好高于质量标准要求的纯度。更高的质量是不必要的浪费，更低的质量则有不达标的危险。显然，多变量控制可以达到更加紧密的控制，容许降低“波动带”的中值和宽度，以降低能耗和物料消耗。

大滞后是另一个常见的问题。还是以精馏塔为例。再沸量的变化虽然最终影响塔顶，但需要较长的时间。回流量变化影响塔底也一样。PID 控制只能容忍较小的滞后，大滞后时的 PID 控制问题在史密斯预估器的章节里谈过，但史密斯预估器不容易扩大到多变量应用，也对给定的纯滞后不精确十分敏感。

对于更加复杂的过程系统，控制变量可能在过程的前端，比如合成氨过程的氢制备；被控变量可能在过程的后端，比如氮氢比；过程滞后天然很长，但这也是全过程控制所必需的。

以离散多变量动态模型为基础的多变量控制可以通过“过参数化”将过程滞后有机地整合进去，“天然”适合将预估与控制相结合。这是使用模型预估控制的另一个动力。

控制约束和输出约束也是常见的现实问题。任何控制变量都有物理约束。控制阀的最小开度是0%，也就是全关；最大开度是100%，也就是全开。有时候，控制阀因为工艺原因，只能在一定的范围内变动。比如蒸汽阀最小开度可能是10%，而不是0%，因为全关的话，下游管道可能会冷却，管内蒸汽冷凝后会形成负压，对管道造成破坏，冷凝水在蒸汽压力下再次移动可能会造成“水锤”；而最大开度可能是85%，而不是100%，因为管道使用已久，耐压能力下降，不再能容许全开造成的过高压力。变频调速也通常有高于0的最低速度，启动时必须从0迅速跳到最低速度，然后才能恢复正常工作。

输出约束则是针对被控变量的。有些被控变量值要求在一定的范围内，但并没有太明确的设定值。比如精馏塔塔顶的杂质含量，不超过一定的规定浓度就行，过低并无必要。还有些被控变量有设定值，但超过一定的上限、下限就需要采取额外的行动，以确保不会继续恶化。比如容器液位，设定值为50%，但超过85%或者低于15%时，需要采取额外行动，确保物料不会溢出，或者见底。

多变量给约束控制提供了额外的机会。在控制约束的情况下，主要控制变量达到上限或者下限后，其他控制变量可通过交互作用提供额外的控制作用，帮助把被控变量“拉回来”。比如，在驾车过弯时，方向盘是主要控制作用，但打到头了就不能增加更多控制作用了。这时，猛提油门可以造成甩尾，帮助转向。这就是一个通过“有利耦合”解决约束控制问题的例子。

反过来，如果有多个被控变量同时发生“越界”问题，多变量控制可选择性地优先把部分被控变量先“拉回来”，而相对“放任”另一些被控变量，留待稍后处理。

多变量控制常与最优控制相联系，带约束的最优化方法可用于处理约束控制问题。控制约束问题也可用“降阶”方法解析解出。

非线性控制也需要在数学框架下处理。

也就是说，多变量控制是过程工业深度规模化、精细化的必然。

基本模型预估控制

顾名思义，模型预估控制是以动态模型为基础的具有预估功能的控制方法，这是数学控制方法的一种。

PID控制涉及一点数学，但在本质上是经验的。以模型为基础的控制从数学模型出发，在本质上是数学的。这也是反馈控制，但在控制器设计中，按照一定的设计准则和数学方法，直接依据被控过程的动态模型得出控制器的结构和参数，在理论上不需要参数整定。相比之下，PID 的控制器并不直接利用被控过程的动态模型，控制器参数需要某种整定。

模型预估控制的基本形态依然是线性控制，采用线性动态模型，典型形式为阶跃响应模型或者脉冲响应模型。

如图 5-1 所示，阶跃响应就是在阶跃输入下动态系统的响应，一般具有飞升曲线的形式。脉冲响应当然就是在脉冲输入下的动态系统响应，一般具有尖峰形式。假定系统是开环稳定的，两者都在初始的快速变化后，渐进趋向稳态值。阶跃响应的稳态值由开环增益决定。脉冲响应的稳态值则为零，稳态增益体现在尖峰的高度上。

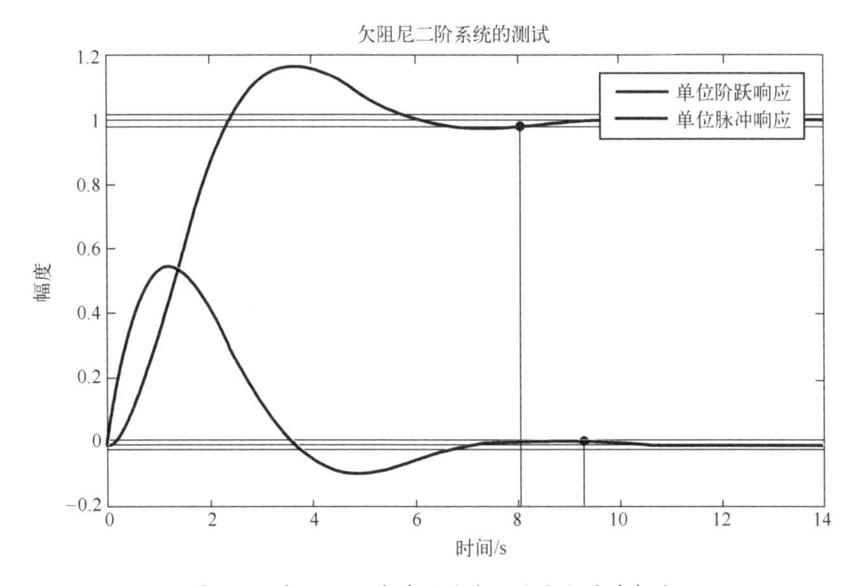

图 5-1　欠阻尼二阶系统的阶跃响应和脉冲相应

在数学上，阶跃输入信号是脉冲输入信号的积分，脉冲输入信号是阶跃输入信号的微分。因此，阶跃响应和脉冲响应也有积分和微分关系，两者在数学上是等价的，或者说是唯一对应的。同时，在阶跃响应或者脉冲响应和传递函数之间，也是一一对应的。

也就是说，动态模型可以用传递函数、阶跃响应或者脉冲响应表示，反映的是同一回事。但传递函数用少数几个参数就唯一地定义了这个动态系统的数学模型，阶跃响应或者脉冲响应则由相应的响应曲线定义同一个动态系统，没有显而易见的参数。因此，传递函数也称为参数模型，阶跃响应和脉冲响应则称为非参数模型。

参数模型的精确度显然受到参数的直接影响。非参数模型没有显性的参数，表述更为一般，尤其是不受模型参数不精确的影响，因此成为众多模型预估控制方法的基础。

如图 5-2 所示，将阶跃曲线按照一定的采样周期采样，可以得到每一个采样点上的响应数值。如果输入是单位阶跃，也就是幅度为 1，每个采样点上的响应数值可直接记录为阶跃响应系数 s_i，$i=1,2,3,\cdots$。在理论上，i 一直到无穷大；在实际上，i 大于一定数值后，响应曲线不再变化，因此可截断。扣除纯滞后之后，实际动态响应曲线截断处的采样步数记为 N。

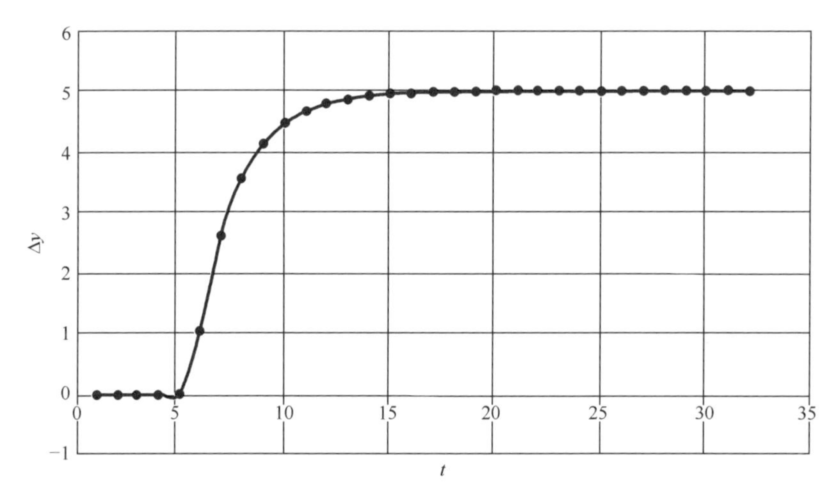

图 5-2　采样的阶跃响应曲线

对于图 5-2 所示的阶跃响应，输出可表述为：

$$y(k+d)=\sum_{i=1}^{N}s_i\Delta u(k-i+1)$$

其中，$\Delta u(k)=u(k)-u(k-1)$，$k=1,\cdots,\infty$，$y(j)=0, j=1,\cdots,d$。$d\geqslant 0$ 为纯滞后。就图中的例子而言，阶跃响应曲线在第 15 步后基本不变了，但前 5 步是纯滞后。因此，$N=10$，$d=5$。

注意，图 5-2 是阶跃响应曲线，但上式实际上是脉冲响应的表述，对 u 差分把阶跃响应和脉冲输入联系起来了。这也可以看作线性叠加原理的应用，任意输入的时间序列被分解成一系列相继的脉冲输入的叠加。

因此，典型模型预估控制需要对被控过程进行阶跃响应测试，但并不需要根据响应数据进行模型辨识。也就是说，并不需要将实测数据通过最小二乘法等方法拟合成传递函数类的参数模型，这使得模型预估控制很受工业界的欢迎。

通过对多输入-多输出的被控过程的动态特性测试，可以得到图 5-3 所示的典型多输入-多输出阶跃响应，从中可得到各个输入-输出通道动态模型的阶跃响应系数。图 5-4 是一个典型的多输入-多输出实例。注意，实际过程可以是简单的 3×3，也可以是复杂的 8×20，甚至更高维数，50×100 都不是闻所未闻的。也就是说，输出变量可以多于输入变量。这时，多出来的输出变量需要按照约束变量处理。也就是说，只有在越限的时候才进行控制，其他时候任其浮动。输入变量数多于输出变量数的情况比较少见。

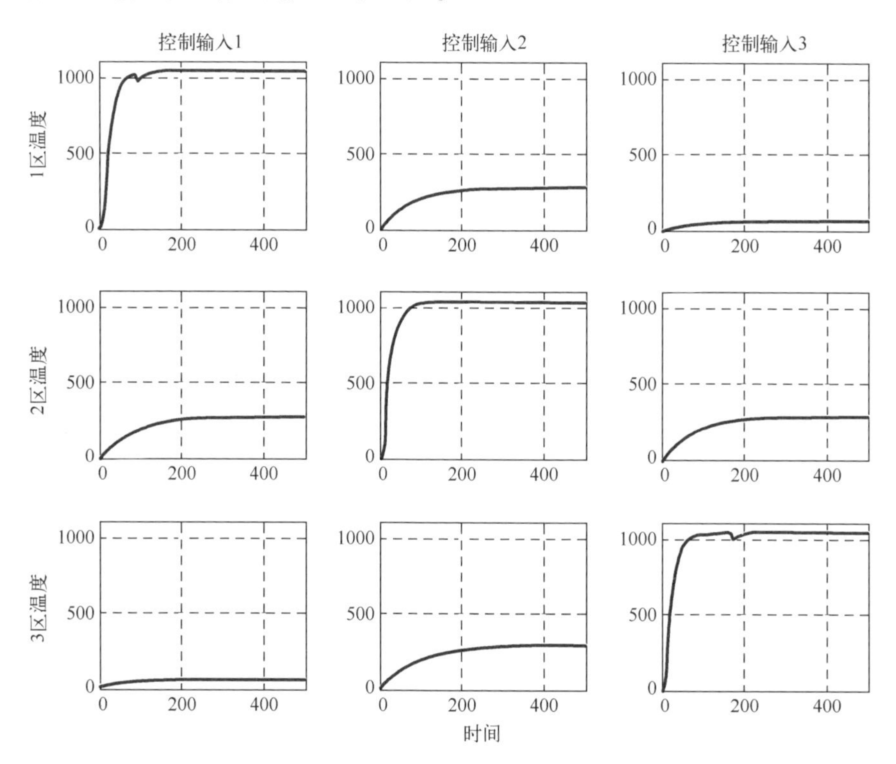

图 5-3　典型多输入-多输出阶跃响应，这里是 3×3 的情况，而且数据很“干净”

为了简化讨论，以下以单变量情况展开，根据过程的动态模型，求解最优控制律。考虑目标函数：

$$J(k) = \sum_{i=1}^{P} [y_{SP}(k+i) - y(k+i)]^2 + \lambda \sum_{j=1}^{m} [\Delta u(k+j-1)]^2$$

其中，P 为预测区间，代表向前预估的长度；m 为控制区间，代表在最优化中对未来控制量的考虑，通常要求 $P>m$；$y_{SP}(k+i)$ 为从现在到未来的设定值；$\lambda>0$ 为控制加权，代表在最优化中对控制误差和控制作用之间的相对权重。

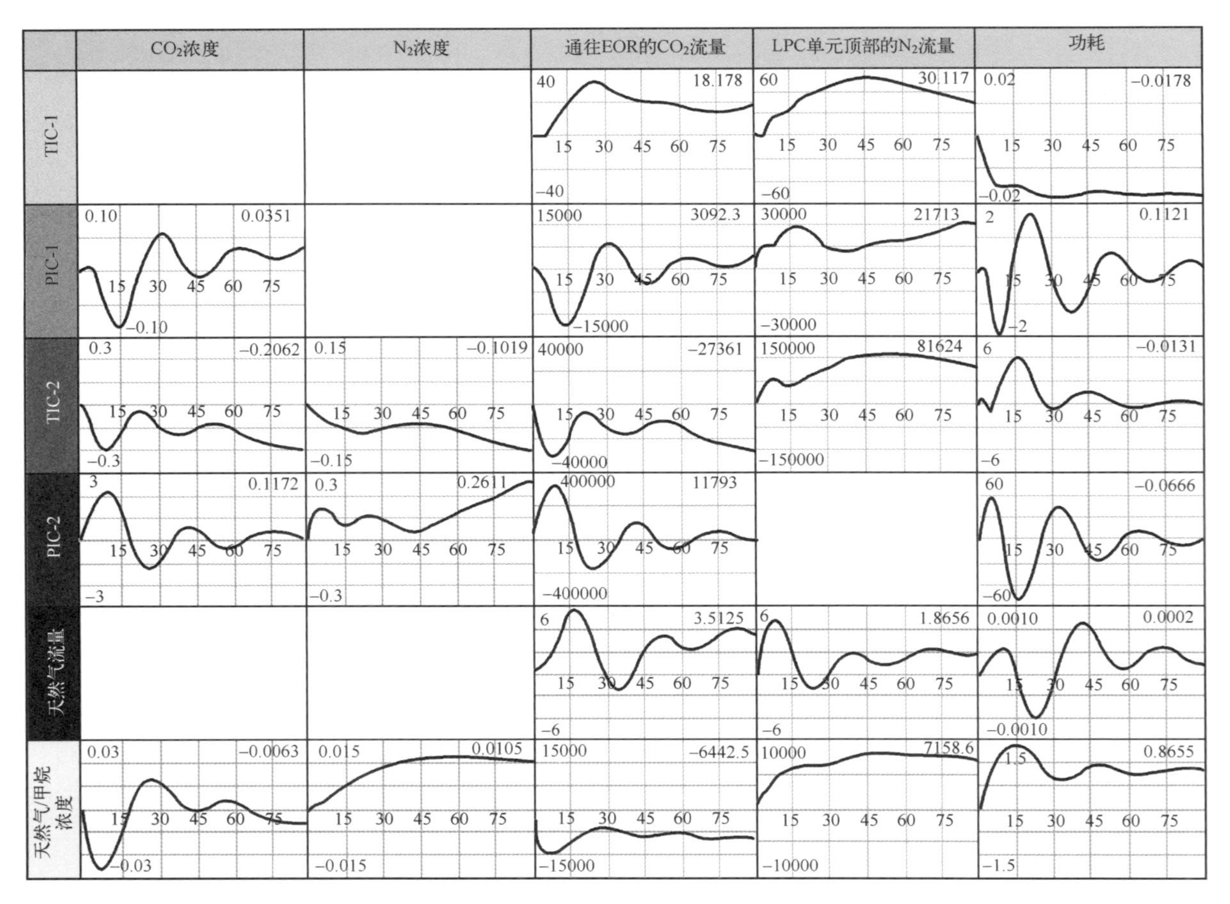

图 5-4　典型的多输入-多输出响应数据并不“干净”，这里是一个空气分离单元的输入-输出响应，有 4 个控制变量（压力 1、温度 1、压力 2、温度 2），5 个被控变量（CO_2 浓度、N_2 浓度、CO_2 流量、N_2 流量、功耗），2 个前馈变量（天然气流量、甲烷浓度）

最优控制就是对目标函数求最小解。

这是多步向前的最优化，对从当前到未来 P 步内的控制误差综合考虑，而不仅仅是当前误差。同时，不仅对控制误差最小化，也对控制作用最小化。这很重要，不考虑控制作用最小化的话，控制误差最小化导致无穷大的控制作用，这是不可实现的。控制误差和控制作用项都平方化了，这是为了确保目标函数永远为正值，所以最小化问题存在。

最优化在本质上是在不同变量之间“讨价还价”，比如在不同的被控变量之间、不同的控制变量之间、控制变量和被控边界之间，以及同一变量的不同时间段之间讨价还价。

与所有的讨价还价一样，参与讨价还价的项目越多，每个项目的议价能力越弱；加权因子越大，相关项目的议价能力越强。

λ 的作用是调整控制误差和控制作用之间的权重。λ 数值较大，说明控制作用的权重较大，那么最终的控制律变化会较平缓，以降低控制作用耗用的能量，但控制误差容许有较大的波动；λ 数值较小，说明控制误差的权重较大，意味着不惜用较大变化幅度的控制作用使得控制误差的波动达到最小。

预测区间 P 较大代表“看得远”，有更多的未来时长里的被控变量参加最优化。只要在整个预测区间内使得这一揽子被控变量达到最小，眼下的误差波动容许稍大；预测区间 P 较小则代表“急功近利”，太遥远的事情顾不上了，最要紧的是把眼下的误差波动控制到最小。如果已知未来设定值变化，也可以与未来设定值变化的轨迹相配合对 P 取值。

控制区间 m 类似。m 较大意味着“从长计议”，容许把一部分控制任务留给未来的控制作用，解出的当前控制作用动作较为平缓；m 较小则意味着不指望未来控制作用能管什么用，误差消除都指望眼前的控制作用，所以解出的控制作用动作较为激烈。

确定了 P、m、λ 参数之后，可对最优化问题重新展开。将 $\{y(k)\}$、$\{y_{SP}(k)\}$、$\{\Delta u(k)\}$ 用矩阵形式重新表述：

$$\boldsymbol{Y}(k+d)=\begin{bmatrix} y(k+d+P) \\ \vdots \\ y(k+d+2) \\ y(k+d+1) \end{bmatrix},\quad \boldsymbol{Y}_{SP}(k+d)=\begin{bmatrix} y_{SP}(k+d+P) \\ \vdots \\ y_{SP}(k+d+2) \\ y_{SP}(k+d+1) \end{bmatrix},\quad \Delta\boldsymbol{U}(k)=\begin{bmatrix} \Delta u(k+m-1) \\ \vdots \\ \Delta u(k+1) \\ \Delta u(k) \end{bmatrix}$$

$$A=\begin{bmatrix} s_P & s_{P-1} & \cdots & s_{P-m+1} \\ \vdots & \vdots & & \vdots \\ s_m & s_{m-1} & \cdots & s_1 \\ \vdots & \vdots & & \vdots \\ s_2 & s_1 & & 0 \\ s_1 & 0 & \cdots & 0 \end{bmatrix}$$

这样，系统模型可改写为：

$$\boldsymbol{Y}(k+d)=\boldsymbol{A}\Delta\boldsymbol{U}(k)$$

则目标函数可改写为：

$$\begin{aligned} J(k)&=(\boldsymbol{Y}_{\mathrm{SP}}(k+d)-\boldsymbol{Y}(k+d))^{\mathrm{T}}(\boldsymbol{Y}_{\mathrm{SP}}(k+d)-\boldsymbol{Y}(k+d))+\lambda\Delta\boldsymbol{U}^{\mathrm{T}}(k)\Delta\boldsymbol{U}(k) \\ &=(\boldsymbol{Y}_{\mathrm{SP}}(k+d)-\boldsymbol{A}\Delta\boldsymbol{U}(k))^{\mathrm{T}}(\boldsymbol{Y}_{\mathrm{SP}}(k+d)-\boldsymbol{A}\Delta\boldsymbol{U}(k))+\lambda\Delta\boldsymbol{U}^{\mathrm{T}}(k)\Delta\boldsymbol{U}(k) \end{aligned}$$

对 $\Delta\boldsymbol{U}(k)$ 求导并设为零，可得极值条件：

$$\frac{\partial J}{\partial\Delta\boldsymbol{U}}=-\boldsymbol{A}^{\mathrm{T}}(\boldsymbol{Y}_{\mathrm{SP}}(k+d)-\boldsymbol{A}\Delta\boldsymbol{U}(k))+\lambda\Delta\boldsymbol{U}(k)=0$$

重新安排可得：

$$\Delta\boldsymbol{U}(k)=[\lambda\boldsymbol{I}+\boldsymbol{A}^{\mathrm{T}}\boldsymbol{A}]^{-1}\boldsymbol{A}^{\mathrm{T}}\boldsymbol{Y}_{\mathrm{SP}}(k+d)$$

由于 $P>m$，$\boldsymbol{A}$ 是“瘦高”矩阵，也就是说，行数多于列数。$\boldsymbol{A}^{\mathrm{T}}\boldsymbol{A}$ 就是 $m\times m$ 的方阵，只要没有特征根为零，就可以求逆。$(\boldsymbol{X}^{\mathrm{T}}\boldsymbol{X})^{-1}$ 也称伪逆，是对非方阵求逆的常用方法。

$\Delta\boldsymbol{U}(k)$ 包含整个未来的控制作用序列，真正起作用的只是 $u(k)$，后面的 $u(k+1),\cdots,u(k+m-1)$ 实际上“备而不用”，所以这样的最优化也称“滚动优化”。

这只是单变量的情况，多变量情况更加复杂、繁琐，但基本道理是一样的。对于 M 输入、N 输出的系统，每一个输入和输出可有：

$$\boldsymbol{Y}_i(k+d_i)=\begin{bmatrix} y_i(k+d_i+P_i) \\ \vdots \\ y_i(k+d_i+2) \\ y_i(k+d_i+1) \end{bmatrix},\quad \boldsymbol{Y}_{\mathrm{SP},i}(k)=\begin{bmatrix} y_{\mathrm{SP},i}(k+d_i+P_i) \\ \vdots \\ y_{\mathrm{SP},i}(k+d_i+2) \\ y_{\mathrm{SP},i}(k+d_i+1) \end{bmatrix},\quad \Delta\boldsymbol{U}_j(k)=\begin{bmatrix} \Delta u_j(k+m_j-1) \\ \vdots \\ \Delta u_j(k+1) \\ \Delta u_j(k) \end{bmatrix}$$

$$\boldsymbol{A}_{ij}=\begin{bmatrix} s_{P,ij} & s_{P,ij-1} & \cdots & s_{P,ij-m,ij+1} \\ \vdots & \vdots & & \vdots \\ s_{m,ij} & s_{m,ij-1} & \cdots & s_{1,ij} \\ \vdots & \vdots & & \vdots \\ s_{2,ij} & s_{1,ij} & & 0 \\ s_{1,ij} & 0 & \cdots & 0 \end{bmatrix},\quad i=1,\cdots,N,\ j=1,\cdots,M,\ M\leqslant N$$

最后的系统模型依然是：

$$\boldsymbol{Y}(k+d)=\boldsymbol{A}\Delta\boldsymbol{U}(k)$$

其中：

$$\boldsymbol{Y}(k+d)=\begin{bmatrix} Y_1(k+d_1) \\ \vdots \\ Y_N(k+d_N) \end{bmatrix},\quad \boldsymbol{Y}_{\mathrm{SP}}(k+d)=\begin{bmatrix} Y_{\mathrm{SP},1}(k+d_1) \\ \vdots \\ Y_{\mathrm{SP},N}(k+d_N) \end{bmatrix},\quad \Delta\boldsymbol{U}(k)=\begin{bmatrix} \Delta U_1(k) \\ \vdots \\ \Delta U_M(k) \end{bmatrix}$$

$$\boldsymbol{A}=\begin{bmatrix} A_{11} & A_{12} & \cdots & A_{1M} \\ A_{21} & A_{22} & \cdots & A_{2M} \\ \vdots & \vdots & & \vdots \\ A_{N1} & A_{N2} & \cdots & A_{NM} \end{bmatrix}$$

目标函数则可改写为：

$$\begin{aligned} \boldsymbol{J}(k) &= (\boldsymbol{Y}_{\mathrm{SP}}(k+d)-\boldsymbol{Y}(k+d))^{\mathrm{T}}\boldsymbol{Q}(\boldsymbol{Y}_{\mathrm{SP}}(k+d)-\boldsymbol{Y}(k+d))+\Delta\boldsymbol{U}^{\mathrm{T}}(k)\boldsymbol{R}\Delta\boldsymbol{U}(k) \\ &= (\boldsymbol{Y}_{\mathrm{SP}}(k+d)-\boldsymbol{A}\Delta\boldsymbol{U}(k))^{\mathrm{T}}\boldsymbol{Q}(\boldsymbol{Y}_{\mathrm{SP}}(k+d)-\boldsymbol{A}\Delta\boldsymbol{U}(k))+\Delta\boldsymbol{U}^{\mathrm{T}}(k)\boldsymbol{R}\Delta\boldsymbol{U}(k) \end{aligned}$$

$\boldsymbol{Q}$ 和 $\boldsymbol{R}$ 为正定矩阵，也就是说，特征值均为正。最简单的情况就是取对角矩阵，对角线上的元素均为正值。对 $\Delta\boldsymbol{U}(k)$ 求导并设为零，可得极值条件：

$$\frac{\partial \boldsymbol{J}}{\partial \Delta\boldsymbol{U}}=-\boldsymbol{A}^{\mathrm{T}}\boldsymbol{Q}(\boldsymbol{Y}_{\mathrm{SP}}(k+d)-\boldsymbol{A}\Delta\boldsymbol{U}(k))+\boldsymbol{R}\Delta\boldsymbol{U}(k)=0$$

重新安排可得：

$$\Delta\boldsymbol{U}(k)=[\boldsymbol{R}+\boldsymbol{A}^{\mathrm{T}}\boldsymbol{Q}\boldsymbol{A}]^{-1}\boldsymbol{A}^{\mathrm{T}}\boldsymbol{Q}\boldsymbol{Y}_{\mathrm{SP}}(k+d)$$

熟悉现代控制理论的读者可能会有点奇怪，那个大名鼎鼎（或者臭名昭著）的里卡蒂方程哪去了？那是从线性二次型控制问题得来的，尽管目标函数形式相似，系统模型是以 $x(k+1)=Ax(k)+Bu(k)$ 的递归形式出现的，而不是模型预估控制中的 $\boldsymbol{Y}(k)=\boldsymbol{A}\Delta\boldsymbol{U}(k)$ 的非递归形式，所以这里的反馈控制律的求解更加简单直接，不需要用到里卡蒂方程。

实际模型预估控制

模型预估控制从以实测数据为基础的模型开始，用严格的数学方法直接计算出控制器，在理论上不需要参数整定，但成功的应用依然取决于很多实用技巧，这些技巧从模型开始。

如前所述，模型预估控制以非参数模型为主，比如阶跃响应，所以只要有可靠的输入-输出开环响应数据，就可直接用于模型。

模型预估控制的生命力在于多变量，虽然也有用于单回路的模型预估控制，但主要应用还是多变量。

在理论上，输入与输出可以任意配对。在实践中，输出应该与“主导输入”配对，使得“主导传递函数”落在模型矩阵的对角线上。这不仅有利于模型预估控制问题的数值计算，避免矩阵病态，也有利于最终的参数整定。

对角线元素越是主导，非对角线元素越弱，多变量系统越接近多回路系统，输入-输出对之间的交联越弱，参数整定越容易，系统的整体性能也越可预测。相反，很强的非对角元素容易导致难以预测的系统行为，尤其是模型不精确或者参数整定不妥当的情况下。

数学上有方法帮助确定输入-输出对，但在实践中，还是以对过程的深入了解来确定的输入-输出对更加可靠。比如，精馏塔用回流-塔顶浓度、再沸器蒸汽-塔底浓度配对，就是较好的选择，也在过程机理上有明确的解释，容易被工艺和操作人员接受，也容易在出问题的时候从工艺机理方面查证原因。

基于线性系统的叠加原理，对每一个输入变量分别施加阶跃信号，得到响应的单输入-多输出模型，最后把所有输入作用下的单输入-多输出模型拼起来，就得到完整的多输入-多输出模型。在实践中，一般也是这样做的。一个一个输入变量有利于预测系统行为，发生异常的时候也便于理解和处置。

注意：单输入-多输出的测试基本上都是开环的。闭环测试在理论上就有可辨识性的问题，因为输入通过反馈控制律与输出关联，输入-输出的因果关系不再单纯。在理论上，有很多办法可以做到有效的闭环辨识，但最后都归结于独立于输出的外界扰动。也就是说，回到某种开环测试，只是开环的输入最终归结到独立的外界扰动。与其这样，不如直接用开环测试。

开环测试一般需要在不同的输入数值上反复进行几次，确保系统响应数据在尽可能接近全量程的范围里都可靠。比如，控制变量的工作范围在 100~1000 kg/h，阶跃幅度在 50 到 100 kg/h 范围，如果条件容许的话，可在 200、500、800 kg/h 的地方分别用正负 50 kg/h 然后 100 kg/h 的流量变化，考察不同工作点的影响和不同阶跃幅度的影响。如果是理想线性系统的话，这些不同组合应该没有影响。而且要避免过早截断，尽量让阶跃响应走完全程，确保获得有效的稳态数据。

问题是开环测试时间如果较长，过程需要长时间处在不受控制的状态，工艺上未必容许。精馏塔时间常数动辄几小时，一套开环测试下来，可能需要几天。有一个说法：一个过程如果几天都不需要闭环控制，那也就没必要费事折腾模型预估控制了。有点极端，但不乏道理。事实上，图 5-4 中就有几个响应明显没有走完全程。

一个变通的办法是用闭环的双位控制，在思路上有点相似于 PID 整定的 Astrom-Hagglund 法。输入不再连续变化，只在高低位之间跃变，以输出保持在高低限之间为原则，但不以稳定在设定值为目标。高低位之间的跃变相当于正反阶跃输入，在输出没有达到高低限之前，闭环响应与开环响应相同。缺点是可能还没有接近稳态就切换，动态数据充足，稳态数据不足，最后得到的时间常数相对精确，但增益就比较粗糙了。这只有通过仔细确定输入的高低位和输出的高低限解决，给过程输出最大的活动空间而不导致失控。

这样，即使长时间测试，也不至于让过程失控，可以有效地降低操作和工艺方面的担忧。

不论是开环测试还是闭环双位控制下的测试，应该避免多个输入变量同时变化，最起码要避免多个输入变量之间同步变化。这还是因为叠加定理。系统输出是系统输入的叠加，叠加可以发生在时间序列上，也可以发生在不同输入变量之间。根据同一个输出，在任一特定时间，是无法从当前输出中辨认是哪一个输入作用导致的。

在理论上，如果所有输入变化都是线性独立的，即使同时变化（但不可能同步变化，那样就不可能还是线性独立的），还是可以区分出不同输入变量的作用的。但从实际出发，还是保持输入的“纯净”为好。复杂系统的开环测试本来就充满不定性，需要时刻确保输出不至于失控，多个输入的交互作用使得开环条件下预测输出走向高度复杂，给本来就高风险的开环测试带来额外风险。

在理想情况下，应该对每一个输入分别动作；在该输入变化的时候，其他输入保持定常，以确保数据不受污染。在应用闭环双位控制的时候，只有一个输出可以保持在高低限之内，通常其他输出只能听其自然。在输入-输出配对合理的情况下，这一般不是问题，非对角线元素只有弱响应，不造成超限。在理论上，也可以任一输出触及高低限的时候，都触发双位控制跃变，这需要预知交互关系，还有可能在动态响应还没有展开的时候就切换输入，影响数据质量。

另一个问题是非线性。模型预估控制实际上是总称，具体算法的数学表达和工程实现各式各样，但很多都声称能包揽非线性。这不能说是虚假宣传，但在理论上是不严谨的。

不论哪一种具体实现，模型预估控制的理论基础是线性系统，最终来自叠加原理。叠加原理分两部分：

1）一分钱一分货的话，两分钱就是两分货。

2）在一斤货的时候一分钱一分货，在一百斤货的时候依然一分钱一分货。

但非线性就不一定这样。如果有促销，一分钱一分货，但五分钱可能只能买三分货，因为超过促销限度了。反过来，市场紧俏的话，一斤货的时候一分钱一分货，五斤货的时候可能一分半钱一分货了。

一切偏离线性的行为都是非线性，所以非线性很难一言以蔽之。但非线性是确实存在的。模型预估控制在本质上是线性的，前向预估得越远，非线性的影响越大。在基本模型预估控制的基础上，用静态的非线性模型实时更新增益甚至时间常数，相当于滑动的小范围线性化。

不论是用代数方程形式的参数模型，还是非参数的神经元网络，主流的“非线性”模型预估控制都是这样的做法。在工作点大体不变的时候能有效工作，工作点缓慢漂移的时候也可以，但工作点快速移动的时候，模型预估控制的线性框架就不适用了。

好在过程工业里这样的情况不多，最常见的工作点大幅度移动是在线转产，包括产品转产和产量大幅度快速升降。除非对模型预估控制特别有信心，一般情况下这期间模型预估控制暂停，由专门的转产控制来控制工艺条件的转移，转产完成、达到新稳态后模型预估控制再上线，此时重新初始化，回避了非线性远程预估的难题。

最典型的非线性其实是约束，不过模型预估控制有一整套在线处理约束的办法，不需要暂停和重新上线。

基本模型预估控制是无约束的最优化，也就是说，所有变量都可以在正负无穷大之间变化。如果解算出来的控制变量和被控变量都在上下限之内，也相当于无约束最优化。要是按无约束的情况解算出来结果在上下限之外，就必须调整条件或者计算方法，重新解算，确保结果回到上下限之内。

约束最优化分两个情况：控制变量受到约束和被控变量受到约束。

控制变量受到约束也分两个情况：当前控制变量 $u(k)$ 受到约束和未来控制变量 $u(k+j)$ $(j>1)$ 受到约束。未来控制变量受到约束可以“到时候再说”，也可以认真处理，但当前控制变量受到约束是一定要处理的。

控制变量的约束也只有在多输入情况下才有意义。单输入的时候，控制变量被上下限约束住了，也就到此为止了，谈不上进一步的最优化。但在多输入的时候，某一控制变量被上下限“卡住”了，其他控制变量可以通过交叉耦合关系继续影响整个系统，继续最优化。

假定在无约束最优化的解算中，第一个控制变量 $\Delta u_1(k)$ 触及上限 $u_{1\max}$，控制增量只能“削顶”：$\overline{\Delta u_{1\max}}=u_{1\max}-u_1(k-1)$。也就是说，在再次解算最优解的时候，$\Delta u_1(k)=\overline{\Delta u_{1\max}}$已经是已知常量了。重写系统模型，把 $\boldsymbol{\Delta U}$ 中 $\Delta u_1(k)$ 项抽出，在 $\boldsymbol{A}$ 矩阵中把对应列抽出，另组列向量 $\boldsymbol{B}$，这样：

$$\boldsymbol{Y}(k)=\overline{\boldsymbol{A}}\Delta\overline{\boldsymbol{U}}(k)+\boldsymbol{B}\overline{\Delta u_{1\max}}$$

其中，$\overline{\boldsymbol{\Delta U}}$和$\overline{\boldsymbol{A}}$是抽出 $\Delta u_1(k)$ 的 $\boldsymbol{\Delta U}$ 和对应列的 $\boldsymbol{A}$ 矩阵。重组目标函数和求解可得：

$$\Delta\overline{\boldsymbol{U}}(k)=[\overline{R}+\boldsymbol{A}^{\mathrm{T}}\boldsymbol{Q}\boldsymbol{A}]^{-1}\boldsymbol{A}^{\mathrm{T}}\boldsymbol{Q}\left(\boldsymbol{Y}_{\mathrm{SP}}(k+d)-\boldsymbol{B}\overline{\Delta u_{1\max}}\right)$$

如果还是有超出上下限的，继续照此处理，直到所有关注的控制变量都在上下限之内。如果所有控制变量都超出上下限，那这个最优化问题就没有可行解，没有办法了。

被控变量受约束是完全不一样的处理方式，这里用到不等式约束的罚函数方法。

罚函数就是把约束条件加入目标函数，转化为无约束问题，但通过特别大的加权，使得最优化优先将罚函数项最小化，使得约束变量回到极限之内。

简单的被控变量约束就是：

$$y_{i,\min}\leqslant y_i(k+1)\leqslant y_{i,\max},\quad i=1\cdots N$$

更加一般的表达是：

$$g_j(\boldsymbol{Y}(k))\leqslant 0,\quad j=1\cdots\overline{N}$$

这样，罚函数项就可写为：

$$\boldsymbol{G}(k)^{\mathrm{T}}\boldsymbol{S}\boldsymbol{G}(k)$$

其中：

$$\boldsymbol{G}(k)=\begin{bmatrix}\max(0,g_1(k))\\ \vdots\\ \max(0,g_{\bar{N}}(k))\end{bmatrix}$$

而且$\|\boldsymbol{S}\|$具有很大的范数。在最简单的情况下，$\boldsymbol{S}$可以取为$\sigma\boldsymbol{I}$，σ为很大的正数，$\boldsymbol{I}$为单位矩阵，也就是说，$\boldsymbol{I}$的对角线元素均为1，非对角线元素均为0。

于是目标函数改写为：

$$J(k)=(\boldsymbol{Y}_{\mathrm{SP}}(k)-\boldsymbol{Y}(k))^{\mathrm{T}}\boldsymbol{Q}(\boldsymbol{Y}_{\mathrm{SP}}(k)-\boldsymbol{Y}(k))+\Delta\boldsymbol{U}^{\mathrm{T}}(k)\boldsymbol{R}\Delta\boldsymbol{U}(k)+\boldsymbol{G}^{\mathrm{T}}(k)\boldsymbol{S}\boldsymbol{G}(k)$$

对目标函数$J(k)$最小化的结果是：在约束条件都满足的情况下，回到无约束最优化的结果；有约束条件违反时，罚函数项主导，最优化的“能量”统统用于使得罚函数项达到最小，控制作用努力使得被控变量回到满足约束条件的区域。

值得注意的是，控制变量的极限能确保不会超限，所以也称硬约束；被控变量的极限只能“尽量”，并不能确保不会超限，所以也称“软约束”。

带约束的被控变量概念是多变量控制特有的。单变量控制的被控变量有上下限，但更主要的是有设定值。正常的控制目标是降低被控变量围绕设定值的波动。对于多变量过程，当$M=N$时，输入变量数量与输出变量数量相当，系统是“方”的。但在很多情况下，输出变量数量超过输入变量数量，“多余”的输出变量是约束变量，并不要求控制到特定的设定值，但需要保持在上下限之内。

在实际多变量控制应用中，可能只有很少几个被控变量有真正的设定值，其余的只是约束变量。约束变量虽然没有真正意义上的设定值，可能还是有松散意义上的“目标值”，只有在主要控制目标都实现的时候，才将这些约束变量缓慢地“拉”到目标值，为未来的抗干扰预留空间。

比如，缓存容器液位可能就是这样的约束，不超出上下限是“硬性”的控制要求，但一切都太平无事的时候，缓慢拉到中位液位有利于在未来发生过程扰动的时候有更强的应对能力，这里液位中位就是“目标值”。

“目标值”的处理也是用罚函数的方法，只是反其道而行之，用等式约束的方式，而且只有特别低的加权。

$$J(k)=(\boldsymbol{Y}_{\mathrm{SP}}(k)-\boldsymbol{Y}(k))^{\mathrm{T}}\boldsymbol{Q}(\boldsymbol{Y}_{\mathrm{SP}}(k)-\boldsymbol{Y}(k))+\Delta\boldsymbol{U}^{\mathrm{T}}(k)\boldsymbol{R}\Delta\boldsymbol{U}(k)$$
$$+\boldsymbol{G}^{\mathrm{T}}(k)\boldsymbol{S}\boldsymbol{G}(k)+\boldsymbol{H}^{\mathrm{T}}(k)\boldsymbol{T}\boldsymbol{H}(k)$$

其中：

$$
\boldsymbol{H}(k)=\begin{bmatrix} y_1(k+1)-y_{1,\mathrm{obj}}(k+1) \\ \vdots \\ y_N(k+1)-y_{N,\mathrm{obj}}(k+1) \end{bmatrix}
$$

$y_{i,\mathrm{obj}}(k+1)$为$y_i(k+1)$的目标值。在最简单的情况下，$\boldsymbol{T}$可以取为$\delta\boldsymbol{I}$，δ为很小的正数，$\boldsymbol{I}$为单位矩阵。

这样，在通常情况下，$\boldsymbol{Y}(k)$和$\Delta\boldsymbol{U}(k)$项主导，相当于无约束情况；在被控变量“越界”的时候，$\boldsymbol{G}(k)$项主导；在$\boldsymbol{Y}(k)$和$\Delta\boldsymbol{U}(k)$达到最小而且没有被控变量越界的时候，$\boldsymbol{H}(k)$项慢慢起作用，最终将被控变量拉到目标值。

这里描述的只是基本的模型预估控制约束处理方式，具体的算法还有很多变型。

应该指出的是，这里使用的是非参数模型。对于线性系统，参数模型（如常见的传递函数结构）与非参数模型一一对应，所以这里的方法可以照搬到以传递函数为基础的模型预估控制算法上，有些控制算法也确实是以传递函数为基础的。

在理论上，两条技术路线没有差别。在实际上，差别也更多地存在于说法中。比如，非参数模型派会强调“不规则形状的响应曲线都能使用”，比如持续不规则振荡的响应曲线依然是响应曲线。从算法来说，这是可以套入现有模型预估控制的。问题是：不规则响应曲线表征的是偏离线性系统的理论基础，曲线形状越是不规则，偏离基本假定越远，适用性的基础越不可靠，使用效果取决于人品。

“非线性模型预估控制”也是一样的。非线性很弱的时候，这是有效的“和稀泥”，但这种情况用有效的参数整定也经常能取得有用的效果。非线性很强的时候，理论基础不再适用，泥糊的墙毕竟是泥糊的墙，不堪大任。

模型预估控制的参数整定

在理论上，模型预估控制基于被控过程的动态模型，在数学化的设计中全面考虑了过程的动态行为和闭环系统的性能要求，在实施前对于模型和控制器可进行闭环仿真和调试，最后实施的时候不需要在线参数整定。实际上，动态模型不可能绝对精确，设计中给定的性能要求未必符合实际需要，还是需要大量参数整定的。由于多变量的交互作用，还有大滞后、约束、实际非线性等问题，模型预估控制的参数整定并不简单直观。

回顾目标函数：

$$J(k)=(\boldsymbol{Y}_{\mathrm{SP}}(k)-\boldsymbol{Y}(k))^{\mathrm{T}}\boldsymbol{Q}(\boldsymbol{Y}_{\mathrm{SP}}(k)-\boldsymbol{Y}(k))+\Delta\boldsymbol{U}^{\mathrm{T}}(k)\boldsymbol{R}\Delta\boldsymbol{U}(k)$$

$\boldsymbol{Q}$ 和 $\boldsymbol{R}$ 矩阵是最主要的控制器参数。在这里，$\boldsymbol{Q}$ 是 $N\times N$ 矩阵，可有 N^2 个参数；$\boldsymbol{R}$ 是 $M\times M$ 矩阵，可有 M^2 个参数。显然，可调参数的数量远远超过 M 个多回路的简单叠加。

参数越多，可以调节的抓手越多，但使用也越复杂。一般汽车只有前轮转向，少数汽车的后轮也能转向，但是与前轮的转向有某种联动，从驾车人的角度来说，依然只转动前轮。如果前后轮可以分别转向，操控肯定更加灵活，但驾车也更加手忙脚乱。控制器参数也是一样的，需要的不是“更多”，而是“足够多”。

尽管 $\boldsymbol{Q}$ 和 $\boldsymbol{R}$ 可以是全矩阵，也就是说，所有对角和非对角元素都有实质性的数值。在实用中，一般选对角矩阵。也就是说，非对角线元素全部为零。目标函数的数值无所谓，只求达到最小，$\boldsymbol{Q}$ 和 $\boldsymbol{R}$ 的作为在于相对“大小”，所以，$\boldsymbol{Q}$ 和 $\boldsymbol{R}$ 之间只需要一个矩阵具有可调参数，另一个取单位矩阵 $\boldsymbol{I}$ 即可。一般取 $\boldsymbol{Q}=\boldsymbol{I}$，$\boldsymbol{R}$ 的对角线元素成为可调参数，常称之为控制动作抑制因子，因为这些因子数值越大，相应的控制动作在最优化中加权越大，越是受到抑制，动作越是迟缓。

这是模型预估控制最主要的可调参数，其作用可比照为 PID 控制中的比例控制增益 k_{p}，只是与 k_{p}反向：控制动作抑制因子越大，控制作用越弱。

注意，控制动作抑制因子在整定时不宜“小步慢跑”，一般以 10 为倍数增加或者减少，这一点与比例控制增益不同，后者一般不做这样大幅度的改动。

如前所述，模型预估控制的生命力在于多变量，因此要考虑 $\boldsymbol{A}$ 矩阵的对角线元素和非对角线元素。如果只有对角线元素，那就是多回路了。但是有时候，非对角线元素较弱的时候，可以对 $\boldsymbol{A}$ 矩阵简化，只留对角线元素，把非对角线元素对应的输入-输出关系按照前馈处理。

也就是说，解算出控制作用后，用新得到的控制作用作为前馈驱动变量，通过原本为非对角元素的输入-输出关系计算相应的输出变量，以此作为前馈通道的响应，按照前馈控制处理。

与“真正的多变量”相比，对角化后参数整定相当于多回路，简单得多，但非对角元素的影响要滞后一拍才体现出来。在弱非对角元素的时候，这样做没有问题。如果非对角元素很强，这样做就不适宜了，只能迎难而上，按照“全员矩阵”设计和参数整定。

在动态测试的数据处理时，要注意“数据尺度”问题。数据数量级相差太大的话，容易导致数值计算病态，不利于精确性和稳定性。一般需要对原始数据进行归一化，也就是说：

$$\hat{x}=\frac{x-x_{\min}}{x_{\max}-x_{\min}}$$

归一化后，实际使用数据$\hat{x}$都在 0~1 之间变化，相当于 PID 控制器的无量纲化，PID 的输入、输出都是 0~100%。这样也便于不同应用之间的整定参数之间的比较。

归一化系数$\frac{1}{x_{\max}-x_{\min}}$最终“埋入”$\boldsymbol{Q}$ 和 $\boldsymbol{R}$ 矩阵，也成为可整定参数的一部分。在控制动作抑制因子整定幅度很大的时候，可以改变归一化系数来“帮忙”，把前者拉回到更加舒适的范围。

“滑动漏斗”整定方法

除了使用控制动作抑制因子和归一化系数，还有一个常用整定方法是“控制区间滑动漏斗”方法。这是在当前预估的基础上，构建一个向前延伸到整个预估区间的漏斗形约束区域，开口较大，端口较小，如图 5-5 所示。

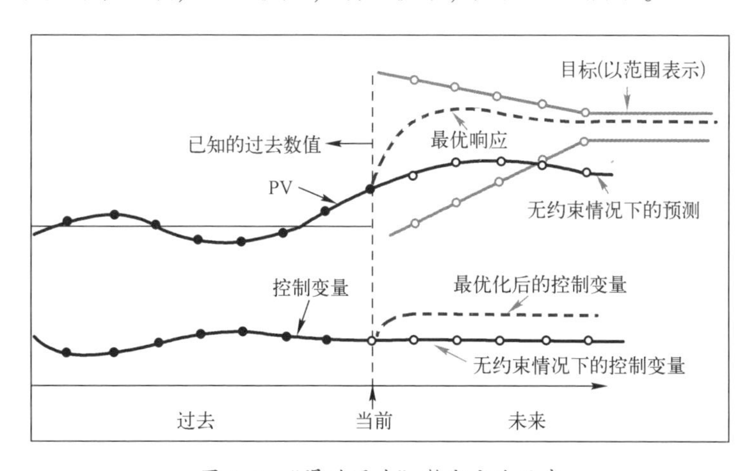

图 5-5 “滑动漏斗”整定方法示意

“漏斗”的长度、开口和端口宽度（上下可以不对称）都是可整定参数，中线为设定值。长度通常取预估区间数值，开口和端口一般选上下对称，但可以选为不对称。漏斗用于“导入”未来响应，用逐渐收紧的漏斗壁对输出进行约束，以此解出未来控制区间里的控制动作。

"漏斗"使得未来响应最终趋向设定值。漏斗终端端口的右方为小误差区，可让控制系统自然地逐步消除余差。

"漏斗"的上下壁面相当于额外的不等式约束，在算法中相应处理。注意，常见的被控变量上下限依然存在，在处理上，只是在目标函数里加权权限的差别。上下限加权最大，"漏斗"壁面加权较小，控制变量和被控变量本身的加权更小，目标值加权最小。

"滑动漏斗"比单纯使用控制动作抑制因子更为直观，但两者互不排斥，可以一起使用。

反向响应问题

有时会遇到开环响应中具有反向动作的情况。如图 5-6 所示，在这样的情况下，最初的反向响应会扰乱模型预估控制的行为，可以通过在预估设定中"忽略"这一段来解决。比如，以简化的单变量情况为例，将目标函数改为：

$$J(k)=\sum_{i=P_0}^{P}\left[y_{\mathrm{SP}}(k+i)-y(k+i)\right]^2+\delta\sum_{j=1}^{m}\left[\Delta u(k+j-1)\right]^2$$

其中，P_0就是预估值的起始时间。在这里，如果采样周期为 1s，P_0 可以设定为 2s，

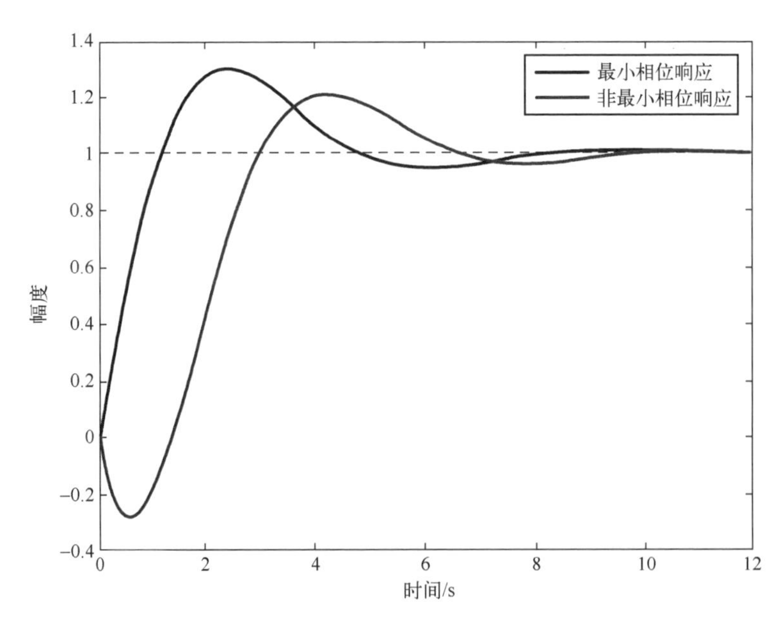

图 5-6　反向响应也称非最小相位响应。这里黑线为最小相位响应，蓝线即为非最小相位响应

确保避开最初的反向响应。P_0设定过大的话，对最关键的最初响应不敏感，控制会比较迟钝。对于很大的纯滞后，也有用 P_0处理的，同样，以 P_0设定到大于纯滞后为宜。

积分过程的处理

最常见的动态过程都是自稳定的，也就是说，在阶跃输入作用下，输出最终稳定在某一稳态。但积分过程是线性增长的，没有稳态。常见的积分过程有储罐液位，尤其是控制阀在输出端的情况下。

典型模型预估控制的动态模型假定为自稳定，一般说来，模型预估控制以回避积分过程为宜。也就是说，储罐液位之类的过程不宜包括在输入-输出对中。但有时回避不了，那就需要将积分过程的数据进行差分，等效为自稳定过程，对相应输出变量的差分进行控制。

积分过程的阶跃响应是线性无限增长的，永远不会达到稳定，如图 5-7 所示，但对积分环节进行差分后，阶跃响应就是自稳的，如图 5-8 所示。

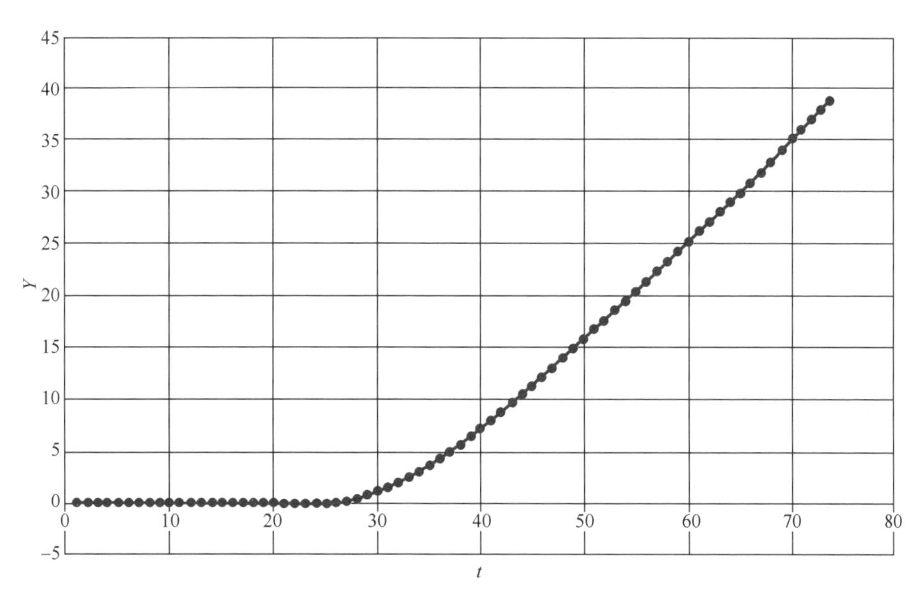

图 5-7　积分过程的阶跃响应

注意：这样的处理相当于纯微分控制，可以使得输出变量稳定下来，但不能保证稳定到设定值，还需要额外手段将趋稳的被控变量“带到”设定值，比如

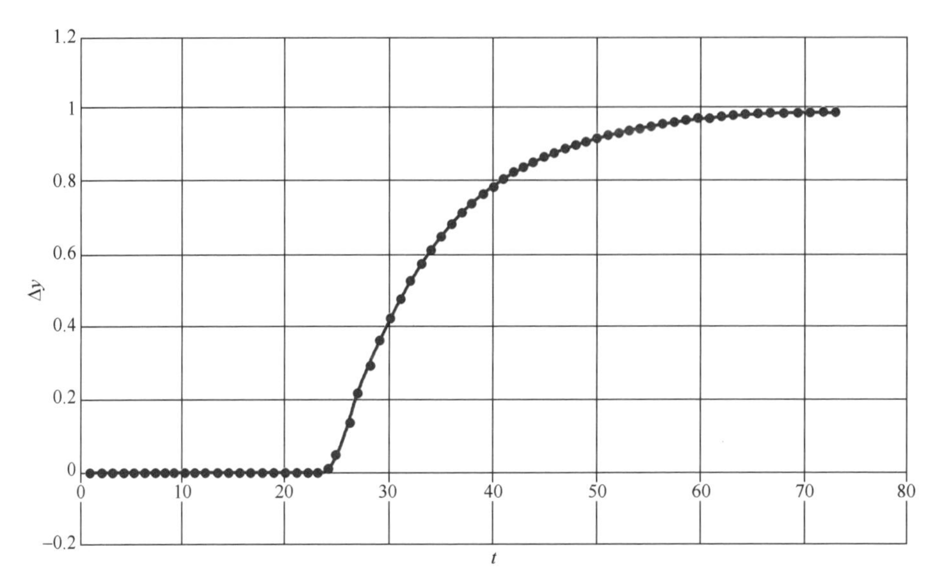

图 5-8　积分过程的差分阶跃响应

在还有余差存在的情况下，在相关的控制变量上有意施加较小但固定的偏置，像积分作用那样消除余差。

模型预估控制与 PID 的关系及其他问题

模型预估控制越来越普及。事实上，很多 DCS 厂家在现成组态选择中，包括单回路模型预估控制，试图取代 PID。从硬件和软件实施来说，单回路模型预估控制和 PID 对用户没有差别，都是可以调用的组态。PID 不需要过程动态模型，模型预估控制需要，但厂家套餐里通常有现成的应用和操作指南，做起来并没有跨不过去的坎。PID 需要参数整定，模型预估控制也需要参数整定。

但 PID 依然是基本甚至不那么基本的控制回路中最常用的构型，PID 依然有很长的生命力。在工程实践中，简单的才是美丽的。这是因为简单不仅意味着实施和维护上的便利，还便于理解。只有容易理解，才容易发现问题，纠正问题，发现机会，不断改进。简单、直观也容易得到用户的信任和接受。

在更具体的层面上，模型预估控制不仅在理论上更加复杂，在算法组态上也更加复杂。输入、输出关系不容易追索，这对理解和查错很不利。整定参数比较陌生，控制器行为有时候也会费解。

用组态实现的控制功能考虑全面，高度可靠，尤其是运行速率高，可以执行秒级甚至亚秒级的采样速率。大多数模型预估控制还是通过编程实现的，需要通过 OPC 外挂到 DCS，采样速率要低一个等级，通常不宜快于 30 s。

在正常运行条件下，大部分过程控制应用并不要求多快的采样速率。但在异常情况触发连锁保护时，PID 回路也要相应行动起来，包括将当前工况有序转移到安全的待命状态，采样速率不够就不能及时启动保护动作，这是不行的。

OPC 意为“开放平台通信”，全称 Open Platform Communication，旧称 OLE for Process Control，OLE 意为对象链接与嵌入（Object Linking and Embedding），但 OPC 已经超过 OLE，引入 . NET Framework、XML 等技术了。

OPC 是各种 DCS 和实时计算机系统的通用通信架构，但通用性增强了，可靠性和数据率方面必然受到损失。OPC 不宜用于高可靠、高速率的控制场合，尤其不用于关键任务系统控制。速度限制还不一定在于 OPC，更可能是 DCS 为 OPC 接口预留的通信带宽。

典型 DCS 在设计上就是把 OPC 外链作为可靠性和速率要求较低的“锦上添花”的，而不是用于关键控制任务的。关键控制任务只能由 DCS 内部的功能模块执行，才能保证高可靠性、高响应速度。在系统通信任务繁重的时候，尤其是由于某种过程或者系统异常而通信和计算任务爆发性增加的时候，需要有序牺牲次要任务，OPC 就是较早的“牺牲品”，以保证关键控制任务依然有足够的 CPU 算力和信道带宽。

这样，通过 OPC 接入 DCS 的模型预估控制要在设计时就考虑“故障-降级”问题。也就是说，模型预估控制由于某种原因故障或者通信不灵时，下级的 PID 控制“就地接管控制”，维持当前状态。有时这是打一个嗝的事，有时就比较长了。不管是哪一种情况，可靠、稳定、高响应速度的 PID 底层是必要的，是雪中之炭，而不是锦上之花。

控制系统说到底是自动决策架构，权力下放、自下而上，才能保证决策意图更加敏捷、可靠、不受意外干扰地执行，这个原则在这里也是适用的。

这不是说应该尽量回避模型预估控制，而是应该只在有必要的场合使用。

模型预估控制建立在 PID 底层的基础上，这决定了不能有 PID 控制不力的时候用模型预估控制帮忙的想法。在这里，PID 控制是皮，模型预估控制是毛，皮之不存，毛将焉附。模型预估控制应用不成功，首先可能出问题的地方未必是模型预估控制本身，而是底层的 PID 控制。只有 PID 控制各尽其职，才谈得上模型预估控制指挥若定。

在某种意义上，模型预估控制与 PID 好比串级控制中主回路和副回路的关系。确实，串级回路中主副回路的一般考虑这里也适用。也就是说，在整定上，副回路要“快”，主回路要“慢”；主要干扰应该落在副回路，主回路“兜底”其他琐碎干扰。

但这与人们对模型预估控制的期望可能不尽符合，很容易有把主要干扰交给模型预估控制的冲动。比如，精馏塔控制取消回流流量、再沸器蒸汽流量、塔顶塔底液位回路，模型预估控制的控制作用直接到控制阀。

这当然是可以的，在早期也很流行，但很快就发现：最频繁的扰动还是在流量、液位层面，模型预估控制的采样频率相对不高，也没有必要等流量、液位影响到塔顶、塔底浓度再反应。所以，趋势是“把底层控制交给 PID，只把必须按多变量、大滞后、非线性、约束控制的任务交给模型预估控制”。

事实上，还可以更进一步。比如，聚合反应器控制的被控变量有聚合物性质（链长、密度等）和转化率等，主要控制变量是浓度、配比等，最终落实在各种进料（包括催化剂）的流量上。在整体架构上，应该在流量回路的基础上，组建浓度、配比的“中层回路”，如反应器章节里介绍的那样。模型预估控制驱动这些“中层回路”，通过浓度、配比回路最终驱动进料流量回路。

这样的分层架构各司其职，流量层面的扰动（比如由于各种流体动力因素、泵的工况、阀的不精确等）就地解决，浓度、配比与流量的关系在中层解决，模型预估控制驱动的浓度、配比本来就是典型工艺条件规定的操作变量，也是操作规程里规定的产品质量或者转化率发生偏差时的控制手段，在控制结构上容易理解，容易接受，也容易在发生问题的时候隔离原因。

并行设备的偏置

过程工业里常有并行运作的多套同型设备。比如，乙烯装置可能有 8~12 套甚至更多的同型裂解炉。这些同型裂解炉说起来相同，但经过若干年的运行都有差别，要达到全过程最优，需要进行差异化运行。

这些裂解炉在同一个综合产能控制系统的分配控制之下运行，分配控制包括总进料流量控制（TFC）和总转化率控制（TCC）。操作人员只需要给定总的进料流量和总转化率要求，综合产能控制会为每一个裂解炉分别计算进料流量和转化率设定值，然后就由各裂解炉自己的模型预估控制接过具体的控制任务。也就是说，这是一个“一对多”的串级控制。

在简化情况下，TFC 只需要将总的进料要求平均分配到各裂解炉就完成任务，这就是各裂解炉的基础进料流量。考虑到差异化要求，需要对各裂解炉的基础进料流量加一个可调偏置，但可调偏置之和需要为零，确保总和进料流量依然满足要求。

假定 TFC 解算出需要的总进料流量为 F_{total}，每个裂解炉的基础进料流量就是：

$$F_{i,\text{base}} = \frac{F_{\text{total}}}{N}$$

其中，N 为在线的裂解炉数量，因为有些裂解炉可能正在除焦或者维修中。实际裂解炉进料流量为：

$$F_i = F_{i,\text{base}} + \Delta_i, \quad F_{i,\min} \leqslant F_i \leqslant F_{i,\max}, \quad \sum_{i=1}^{N} \Delta_i = 0$$

其中，Δ_i为各个裂解炉进料流量的偏置值；$F_{i,\min}$ 和 $F_{i,\max}$ 为各个裂解炉进料流量的上下限。

在使用中，根据各裂解炉的状态，人工设定部分 Δ_i，需要自动计算其余的 Δ_i，以使得最后的 Δ_i之和为零。这个计算很简单，问题在于各裂解炉的实际进料流量有上下限。如果定义：

$$\Delta = \sum_{i=1}^{N} \Delta_i$$

这可以单独作为一个 N 输入-单输出模型预估控制问题处理，被控变量为 Δ，设定值为 0，约束变量为 F_i，控制变量为 Δ_i，人工设定部分当作脱开模型预估控制的手动变量处理，自动计算部分由控制算法解算。

好处是模型极端简单，只有简单的代数算式（$1/N$），不需要动态模型，还“自然”解决了约束问题。同时，现成的模型预估控制算法解决了初始化问题。也就是说，在切入模型预估控制的时候，第一个控制变量计算值强制拉到当前值，避免切换带来的扰动，以后再通过增量变化。这是与 PID 类似的问题。

问题是，这样“无中生有”的闭环回路引入额外的动态和稳定性问题，使得全系统动态不必要地复杂化。在工况和偏置值变化不大的时候，所有变化都很缓慢，问题不大。要是由于工况要求而使得偏置值急剧变化，额外的动态可能导致稳定性问题。

更加直接的办法是根据物料平衡直接计算。如果有 M($M<N$) 个偏置值是人工设置的，$N-M$ 个偏置值需要自动计算，而且为了简化起见，假定前 M 个偏置值人工设定为$\overline{\Delta_k}$，后 $N-M$ 个偏置值为自动计算，实际中需要重新排序也不难，

这样在无约束的情况下：

$$\Delta_j = \frac{\sum_{k=1}^{M} \overline{\Delta_k}}{N - M}, \quad j = M + 1 \cdots N - M$$

在有约束的情况下，受到限制的偏置值作为新增的人工设定处理，数值上直接用上下限代入，可重新计算。

TCC 也有分配控制的问题，同样可以比照 TFC，按照单独的模型预估控制问题处理，有同样的优缺点，也可以用更加直接的物料平衡方法计算，但转化率的物料平衡计算更加复杂。

转化率定义为进料中被转化部分的占比，产率则是进料中转化为产品部分的占比。两者有所不同，转化率代表的是转化为产品和副产品的总成，产率只考虑转化为产品的部分。两者之间的差别可由选择性来代表，这是被转化部分中最终转为为产品部分的占比。

转化率和产率都重要。对于乙烯过程来说，乙烷或者石脑油裂解后，产生乙烯、高碳烯烃（丙烯、丁烯、己烯等）、苯类产品等。产品是乙烯，但高碳烯烃和苯也是重要的、有很高价值的化工中间体。在乙烯制造过程中，会根据市场价格灵活决定选择性的要求，在乙烯生产和副产品生产中达到产值最大化。

另一方面，转化率、产率、选择性都是相关的，但又不是线性的。一般控制转化率，产率和选择性随之确定。转化率是通过提高裂解温度实现的，但更高的温度导致选择性降低，温度太高还产生过量的氮氧化物，可能突破排污标准。在实际运作中，需要根据工艺可能性、市场价格、排污限制来决定总的最优转化率，并落实到各裂解炉，同时根据各个裂解炉的具体情况，赋予一定的偏置量，最大限度地挖掘全装置的潜力。

总转化率定义为：

$$Q_{\text{total}} = \frac{P_{\text{total}}}{F_{\text{total}}}$$

其中，F 为进料，P 为被转化的部分。在理想情况下，各裂解炉的转化率与总转化率相同：

$$Q_{i,\text{base}} = Q_{\text{total}}, \quad i = 1 \cdots N$$

各裂解炉的实际转化率为：

$$Q_i = Q_{i,\text{base}} + \delta_i, \quad i = 1 \cdots N$$

其中，δ_i 为可调的偏置值，假定前 M 个裂解炉的偏置值人工设置为 $\overline{\delta_i}$，后 $N-M$ 个裂解炉采用同样数值的自动计算偏置值 δ，同样，实际中可以容易地自动重新排序来满足这样的简单化要求。这样：

$$F_{\text{total}} \cdot Q_{\text{total}} = \sum_{i=1}^{M} F_i \cdot Q_i + \sum_{j=M+1}^{N} F_j \cdot Q_j$$

$$Q_{i,\min} \leqslant Q_i \leqslant Q_{i,\max}, \quad 1 = 1 \cdots N$$

其中，各裂解炉进料 F_i 由 TFC 决定，所以是已知量。由于 $Q_{i,\text{base}} = Q_{\text{total}}$，所以：

$$\begin{aligned}\sum_{i=1}^{M} F_i \cdot Q_i + \sum_{j=M+1}^{N} F_j \cdot Q_j &= \sum_{i=1}^{M} F_i \cdot (Q_{i,\text{base}} + \overline{\delta_i}) + \sum_{j=M+1}^{N} F_j \cdot (Q_{j,\text{base}} + \delta) \\ &= \sum_{i=1}^{N} F_i \cdot Q_{i,\text{base}} + \sum_{i=1}^{M} F_i \cdot \overline{\delta_i} + \delta \sum_{j=M+1}^{N} F_j \\ &= F_{\text{total}} \cdot Q_{\text{total}} + \sum_{i=1}^{M} F_i \cdot \overline{\delta_i} + \delta \sum_{j=M+1}^{N} F_j\end{aligned}$$

这样，无约束情况下的自动计算偏置值为：

$$\delta = -\frac{\sum_{i=1}^{M} F_i \overline{\delta_i}}{\sum_{j=M+1}^{N} F_j}$$

在有约束的情况下，受到限制的偏置值对标人工设定，数值上直接用上下限代入，合并到人工设定项后重新计算。

这里讨论的是乙烯裂解炉，但类似的情况在过程工业里不少，所有具有大型并行设备的分配控制都可按类似方式处理。

软件缓冲层的问题

除了算法方面，模型预估控制还有实现上需要注意的问题。

简化的单回路模型预估控制还有可能用系统组态搭建，一般的模型预估控制是不能光用组态构建的，需要一定的编程。

模型预估控制可以由用户用 DCS 自带语言编程实现，这有知根知底、容易查错和增补的好处，但也考验自控工程师的数学和编程功力，更有长期维护的问题。且不说自定义软件的功能完备性和可靠性问题，如果没有完善的文档和交接，原作者升职、调任或者离职容易造成不可接受的缺口。一般以使用商用模型预估控制软件为多。

商用模型预估控制很少直接用 DCS 自带语言编写，一般用通用程序设计语言编写，然后在数据上通过 OPC 与 DCS 对接，以便适用于所有主要 DCS，避免用特定 DCS 的语言带来的重复建设的问题。

在理论上，模型预估控制算法可以通过 OPC 直接从 DCS 读取实时过程数据，并直接驱动 PID 的设定值。在实际上，OPC 的读写以通过用户自定义的缓冲层为宜。

OPC 可靠性和算法可靠性问题在下一章里会涉及。

缓冲层一般由自控工程师用 DCS 自带语言编写，包括上传接口和下载接口。

上传接口将模型预估控制和其他高级功能需要读取的实时过程数据预先汇集到公用的缓存中，供不同高级功能读取。这也是“一站式”数据滤波和可靠性检验的地方，避免上级应用多点重复同样的预处理。

在 OPC 读取和实施过程数据之间插入中间层，也使得测试、查错和投运更加便利。在需要的时候，人工更改中间层的暂存数据，可以在上级应用中便利地核实数据通信的正确性。在实时过程数据因为某种原因不能用的时候，也可断开自动更新，用人工估计的当前数据插入，暂时保持上级应用继续运作。

上传数据不仅包括实时过程数据，还应包括下层 PID 控制器的积分饱和状态、初始化状态、手动/自动/串级模式等状态数据，以确保模型预估控制与下层 PID 控制器之间的协调工作。还要包括 PID 的当前设定值，便于模型预估控制算法计算控制增量和执行初始化计算。与增量式 PID 一样，模型预估控制也有位置式和增量式，一般以增量式为宜，所以需要回读 PID 的当前设定值，确保下层 PID 在本地模式和模型预估控制模式之间转换的时候协调工作。

在 OPC 写入和驱动 PID 设定值之间插入中间层不仅有测试、查错和投运的便利，还便于插入必要的可信性检验。OPC 或者上级应用是可能出错的，计算出很离谱的数据而不加检验就直接驱动 PID 的话，可能带来灾难性的结果。

典型的可信性检验包括但不限于：

1）超限检验：PID 控制器有设定值上下限，但模型预估控制容许驱动的范围可能小于这个范围。如果从 OPC 下载的驱动数据超限，不仅冻结驱动 PID，而且开始计数。连续或者累计超限达到规定次数的话，发出告警，并自动脱开上级应用，转入本地的 PID 模式待命。

2）变化幅度检验：如果 OPC 下载的两次驱动数据之间超过预设幅度，判定为不可信，不予下载；连续或者累计达到规定次数不可信的话，发出告警，并自动脱开上级应用，转入本地的 PID 模式待命。

3）刷新间隔检验：模型预估控制应该在每次输出的时候，刷新下载接口的

“心跳”变量，加载接口在每次接收数据后重置。如果累计规定次数没有刷新，默认模型预估控制已经因为故障而停止计算和发送数据，此时应发出告警和自动脱开，转入本地的 PID 模式待命。

4）数据质量检验：模型预估控制应该在每次输出的时候，刷新下载接口的数据质量变量，下载接口在每次接收数据后重置。如果累计规定次数数据质量有问题，默认模型预估控制已经出错，此时应发出告警和自动脱开，转入本地的 PID 模式待命。

中间层的功能和具体要求方面，模型预估控制厂商可能提供建议，但一般由用户方确定和实施。对于一般模型预估控制项目来说，这可能是用户端最大的工作量所在。这不仅有企业内部自控和 DCS 标准的关系，还有用户人机界面设计的问题。DCS 一般不能直接显示模型预估控制的各种参数和状态，只能通过中间层参数显示。

从责任来说，用户是最终把关的，也因此需要把刹车抓在自己的手里。出问题的时候，找商用软件的厂商是不解决问题的，最大的损失还是自己的。

故障的解决与预防

控制系统的故障或者常见的不能正常工作的情况来源分五大类：

1）仪电。

2）DCS。

3）先进控制软件。

4）控制算法。

5）工艺变迁或异常。

在工业上有 RACI 的说法，分别代表问责（Accountability，不论是不是直接出手参加解决，功劳有你的，但出了问题也是你的责任）、负责（Responsibility，直接负责解决，但最终责任未必是你的）、咨询（Consulting，不直接参与解决，但别人在具体解决的过程中一定会来征求你的意见）、知会（Informed，不参与解决，别人在具体解决的时候，只要通知你进展就可以了）。

对于这五大类故障，自控工程师有不同的 RACI。仪电和 DCS 故障是 C 和 I，先进控制软件是 R、C 和 I，控制算法是 A 和 R，工艺变迁或异常就可能是 R、C 和 I 了。当然，这里是指自控工程师的主要分工为控制算法、组态应用和控制应用的搭建，而不是从仪电、DCS 到先进控制软件一把抓的情况。

也就是说，自控工程师不光要精通控制算法、组态应用和控制应用的搭建，也需要对仪电、DCS 和工艺有足够的了解，否则需要向其他专业人员求援，或者其他专业人员来询问或者求援的时候，连话都说不上，这是不行的。工艺变迁或异常导致控制系统失灵的话，起因不在自控工程师，但自控工程师不仅会被叫上一起帮助解决问题，还有可能成为解决问题的主要手段或者过渡手段，由此引出的维护和排故也将落到自控工程师这里。

问题的解决也分两个方面：一个是未知解决方案，另一个是已知解决方案但需要等待机会，现在需要临时的过渡性解决方案。这些情况需要分别讨论。

仪电故障

仪电故障是最常见的。仪电是控制系统的耳目和手足，耳目不灵，手足不灵，再厉害的控制算法也是抓瞎。

最多的情况实际上是由于设备磨损或者物品老化造成的。传感器使用时间久了，可能出现元器件老化，接线松动，甚至可能出现鸟啄造成断线或者冰雪雨水造成短路的问题。控制阀的阀杆长年不断上下移动，密封圈、阀杆有可能磨损，弹簧、膜盒有可能老化。

定期检修、更换可以避免很大一部分问题，但故障还是可能发生。如果是传感器断线，那倒容易诊断，因为信号一下子丢失了，DCS 自检会发出告警。其他故障的典型症状是持续漂移，或者不规则振荡，夹杂着断断续续的丢失信号。这通常可以根据上下游其他数据判断，如果其他数据都在平稳状态，只某一个数值莫名其妙乱变，这需要首先到现场核查，看看有没有目视可见的异常，否则就要查是不是传感器出毛病了，包括接线。

有的时候，有问题的传感器有邻近的其他传感器可以临时替代。比如，按照安全设计原则，同一过程参数（如流量、温度）需要用各自独立的传感器分别作为控制系统和连锁保护系统的输入，以保证不会因为单点故障而一损俱损。这时，一个有问题，可以从另一个暂时硬件或者软件搭接过来，在抢修期间保持两个系统都能工作，直到修复和还原。

在系统层面，两路信号貌似都接入 DCS，但可能通过不同的硬件路径，也可能属于不同的系统“分舱”，具体搭接要看具体系统，最大的挑战通常在于如何管理这样的临时更动。需要有完整的手续和工程文件，明确更动细节，并规定还原时机（比如不超过 72 h）。不能因为貌似正常工作就忘了。

器件修复和更换后，需要做信号贯通检查，由仪电人员在现场输入测试信号，控制室这边在 DCS 上核查无误，方可投入使用。自控方面通常需要配合。需要确认所有使用相关过程输入信号的控制回路、连锁保护和在线计算、报警，统统转入某种冻结状态，或者用可人工插入的暂时值代替，确保测试信号不会引起误动作。测试完成后，再恢复系统状态。

如果不是系统自检首先发现问题，控制阀故障通常从过程参数发生失控漂移开始注意到这个问题。DCS 上看似控制阀在努力控制，但没有产生应有的过程响应。同样，首先要到现场检查，比较阀杆位置与 DCS 上的指示，必要的时候切换到手动，在隔离上下游并打开旁通阀之后，在 DCS 上用手动控制信号移动阀位，观察响应，判断控制阀是否依然在正确工作。更科学的办法是由仪电人员连上专用设备，做一个阀门的输入-输出曲线。

注意，这样的检查无法判断阀芯松动或者损坏的情况，只能评估阀杆移动的情况。必要时，还是需要停车、拆开检查。

控制阀突然失效的情况较少见，常见的问题是阀杆黏滞，动作不利索。从回路响应来看，过程参数偏离设定值，积分作用使得控制输出逐步上升，从 DCS 上看好像控制阀在响应，但阀杆黏滞使得实际阀位没有变化，直到某一时刻，阀的作动机构突破摩擦阻力，阀杆一下子开始动作，然而又动作过度，使得过程参数突跳和超调；于是积分作用反方向运动，开始反向循环。最后就是控制输出像三角波一样，而过程参数像方波一样。

阀的密封圈过紧容易造成这种现象。但密封圈太松的话，可能造成泄漏。在控制阀上安装阀门定位器可以缓解这个问题。阀门定位器相当于阀位的闭环控制回路。DCS 不再直接控制阀杆动作，而是指定阀位设定值，由阀门定位器实测阀位，通过 PID 控制精确控制实际阀位。阀门定位器实际上就是串级回路的副回路，有 PID 参数整定问题，但阀门特性相对一致、相对简单，整定一般还算简单。工作良好的阀门定位器可以大大缓解阀杆黏滞的问题，但有时也不能完全解决。总体来说还是很考验仪电人员的手艺的，密封圈要松紧适度，否则就要容忍一定程度的阀杆黏滞了。

DCS 故障

DCS 是高可靠性实时计算机系统，不仅元器件可靠性标准高，而且具有冗余设计、容错设计，还有完善的系统自检和自动隔离，由冗余的不间断电源供电。由于系统原因的大范围的黑屏、宕机十分罕见，一旦出现，自控的主要任务是配合将工艺过程安全地转移到无害状态，和系统复原后重新启动各种控制应用，其他的就是 DCS 专业的问题了。

但因为自控使用不当，导致 DCS 故障，确实是可能的。

作为实时计算机系统，DCS 对任务按时完成有很高的要求，一般要求在规定的时间段（通常为毫秒级甚至更短的时间）完成，并留有余地。作为容错设计，DCS 常有“甩任务”的功能，一旦有任务不能在规定时间段里完成，就按照优先等级，低级任务为高级任务让路，腾出资源，低级任务被“甩”。通常，计算任务属于低级任务，图形功能因为和人工输入级别相同，实际上级别较高，控制回路的级别很高，连锁报警的级别更高，系统功能级别最高。

一旦发现“甩任务”，系统会自动记录。累计到一定数量，或者高于一定频率，系统会报警。这时，自控需要和 DCS 专业共同查错，确保在线计算和控制应用没有过度占用系统资源。不必要的高采样频率需要降低，编程中的无限循环首先需要清除。

大程序有时需要打碎成小模块，以便在规定的时间段里完成。这时需要对小模块的时序进行有效管理，确保正确的执行顺序。大程序尤其容易被“甩任务”，但 DCS 的任务流实际上像潮汐一样，高峰是一阵一阵的，还可能因为不同任务周期的不一致而貌似无规律，就像行星什么时候排成一行一列一样。如果发现程序执行不稳定，有时顺利执行，有时似乎“跳过”，就需要考虑是否被“甩任务”了。需要与 DCS 专业合作，排查“被甩”的任务。

程序里不能出现无限循环，尤其要避免逆向 GoTo 的使用，这是常识，但有时会无意中掉入陷阱。在有的系统里，软件开关有“请求”和“现状”两个控制开关，对于确认开关的动作（从 OFF 到 ON 或者从 ON 到 OFF）和状态（现在是 OFF 还是 ON）很有用。但在将“请求”从 OFF 变到 ON 的时候，会自动重启执行一次。在程序中自动设置“请求”开关的时候，就要非常小心，比如只有在“现状”处于 OFF 的时候，才容许“请求”从 OFF 设置到 ON，并在程序中某一位置把“现状”也翻转到 ON 的位置，确保不会重复启动。

DCS 已经发展成高度互联的“邦联系统”。也就是说，它是松散互联的系统。各种非原厂外挂模块成为 DCS 的耳目和手足，补充 DCS 的功能，延长 DCS 的控制范围。通过串联口、OPC 或者其他手段，DCS 可以从外挂模块读取或者写入数据。但外挂模块的数据率可能与 DCS 不一致，在 DCS 上可以使用的采样速率在外挂模块上未必可行。如果 DCS 速率高于外挂速率，读取的时候可能造成重复数据；写入的时候可能造成数据堵塞。通过串行口异步输出时，会等对方“回执”以确认收到。如果多次输出但没有等到“回执”，会被系统判定为通信故障而出错，输出速率高于外挂的接收和回执速率，就可能出现这个问题。错误累计过多的话，系统就会报警。

DCS 节点或者全系统故障恢复时，有热启动和冷启动。在宕机时，系统在很多情况下有能力抓获最后状态并妥善存储。这样，热启动时直接从最后状态开始，有利于迅速过渡到正常工作。

有时系统故障程度较深，最后状态不完整或者根本没抓住，那就要冷启动了。冷启动是指复原历史上某一状态，这时就需要有系统的规程，仔细比较所有可能在过去这段时间里发生变化的参数。过程工艺参数不是问题，反正它是一直在变的。系统组态参数一般也不是问题，只要在这一段时间里没有组态变化。

在这里，将系统组态变化记入系统日志是很重要的，这不仅是一个记录，还是提供改变的理由的好地方。否则系统历史数据或许可以从系统里调出来，但原因就没法调出来了。

容易丢失的是系统内的暂存数据。比如前述推断控制里提到的用间隙的实验室数据更新在线预估模型的应用里，需要暂存近期历史数据，便于调取和比较。冷启动的话，这样的暂存数据很可能就丢失了，需要像相关应用全新投运时一样的初始化处理。

图形界面问题也可划入 DCS 故障。在多数情况下，这以 OPC 堵塞为主。图形作为人机操作的主要界面，其实具有相当高的系统访问权限。换句话说，界面里的字符、图形如果有过高的访问速率，会成为 DCS 不可承受的通信负担。

图形访问有两种方式。一种方式是由“数据服务器”自动汇总所有访问要求，每一个数据只向 DCS 访问一次，然后通过数据缓存，在所有需要用到这个数据的图面里共享。这种方式的数据访问效率是最高的，有效降低了重复访问，但有突出的单点故障的问题。数据服务器并不是一个物理装置，只是一个系统级的应用。如果数据服务器出现故障，所有图形界面的访问都会中断。在系统层面上，有各种方法提高冗余和可靠性，但单点故障的结构性威胁依然存在。

另一种方式是由所有图形界面自行向 DCS 发出访问要求，此方式的特点与数据服务器正好相反：有重复访问和效率问题，但可靠性大大提高。

这两种方式很难说谁具有绝对的优劣，对于用户来说，常常没得选，系统采用哪一种，就只能用哪一种。但两种方式具有不同的故障特点。采用数据服务器方式，如果所有图形界面都“冻结”了，显然是数据服务器出了问题。如果只有个别图形界面“冻结”，更有可能是具体的图形界面或者工作站出了问题。

采用分布式访问就只有从具体的工作站入手了。

但不管是哪一种情况，避免过度访问造成数据丢包是非常重要的。

OPC 毕竟是优先级较低的通信，如果访问过于频繁，造成系统响应不及，系统会自动甩包。问题是，这样的甩包有可能是以看似随机的方式发生的。

按照固定频率的访问当然不是随机的，但非常大数量的不同访问要求的频率叠加到一起，尖峰负荷可能以“杂乱无章”的方式出现，每一个尖峰对应一次可能的丢包。这可以看作傅里叶变换的反问题。傅里叶变换是把看似杂乱无章的信号分解成很多频率分量，这里是很多频率分量合成看似杂乱无章的信号。

但这样看似随机的尖峰负荷造成数据丢包的话，可能出现同一图形界面里有的数据更新了，有的数据没有更新。这个问题在很多时候会在下一次更新时自动补上，不注意观察的话，好像没有丢包一样。

更大的问题是组态显示。一个控制器或者数据点有很多参数，如控制器的位号和名称、功能简述、测量值、设定值、输出值、模式（自动/手动/串级）、工程量纲、警报状态等。有的数据是周期性更新的，如各种数值；有的数据不需要更新，如位号、名称、量纲。为了降低无效访问，这些不需要更新的数据只有在调入新控制器或者数据点的时候更新一下，以后不再更新，直到调入下一个控制器或者数据点。但要是这时发生部分数据丢包，自动更新的时变数据最终会跟上来，但只有在调入时更新的固定数据就得不到刷新，有些是新的，有些可能还是上一次留下的。这样的脱节非常危险和具有误导性，因为操作人员看到的控制器或者数据点名称与实际数据不符合。

为了防止上述情况发生，需要对所有类别的数据科学指定不同的访问速率，尽量降低访问负担。不需要快速更新的数据坚决降低访问频率。比如，测量值需要最频繁的更新，但过程系统一般变化不会那么快，15 s 就够用了，只有个别需要快速更新的可以加速到 10 s 甚至 5 s。设定值和输出值变化较慢，30 s 甚至 60 s 就够用了。控制器模式变化更不频繁，60 s 甚至 90 s 为宜。

这些访问速率看起来慢得不可忍受，实际上是够用的。更快的访问速率对大部分过程装置的操作人员实际上用处不大，频繁的大幅度变化只有自动监测和控制才跟得上，人工监测和控制跟不上。图形界面更新速率和控制应用更新速率是两回事。

这好像反常识，实际不然。大部分已知的紧急情况都有现成的对策，只要触发条件满足，可以自动高速执行。PLC 的反应速度是毫秒级的。需要人工介入的紧急操作通常不是条件反射式的，而是需要想一想、判断一下才能做出的反应，这就决定了不可能太快、太频繁。过于频繁、琐碎的数据刷新反而扰乱判断和决心。

一旦发现有数据丢包的情况，由于问题的“随机性”，没有太好的办法，只有在仿真系统上用类似黑客的暴击法试图重现，用大量高频率的访问加速尖峰负荷的出现。这只有在仿真系统上才能做，实际系统这样做的话，故障还没有查出来，系统已经因过负荷而宕机了。

先进控制软件故障

先进控制软件包括模型预估控制软件、大数据分析软件、过程历史数据库软件等。过程历史数据库是非常有用的软件应用，将 DCS 的当前数据记录下来，并形成可以调用和分析的历史数据。当前数据可以供工艺和商务部门的准实时监测用，历史数据不仅用于将现状态与过去进行比较和分析，也是事故复现中的法律依据。

过程历史数据库通过 OPC 与 DCS 通信，一般由专职的数据服务器提供数据。在软件接口方面，只有几种常见 DCS 需要对接，软件成熟可靠，一般很少出现问题。软件也有自动负荷均衡功能，避免对 DCS 的访问“扎堆”。

大数据分析越来越重要，已经成为先进控制软件的重要部分，但不直接与 DCS 对接，而是与过程历史数据库对接，相关技术支援一般由 IT 方面负责。

模型预估控制软件通过 OPC 与 DCS 通信，而不是用 DCS 的“原生语言”直接装入 DCS 内。这是因为先进控制软件的研发方需要考虑跨平台应用的问题，用 DCS“原生语言”编制软件容易受到平台局限。因此，模型预估控制软件的故障大体有三种：软件本身、OPC，以及 DCS 端的缓冲层。

软件本身出故障是可能的，但这是黑箱，用户可能发现问题，一般只有厂商才能解决。DCS 端的缓冲层是用户自定义的，由自控工程师用 DCS 自带语言编程，这类故障按照一般的 DCS 查错处理即可解决。OPC 的问题介于两者之间，经常容易“掉到缝隙里”，两头不靠。

与过程历史数据库不同，模型预估控制常常是扎堆访问的。说到底，模型预估控制也是采样控制，只是每一次要采样很多。一个 M 输入-N 输出的控制器需要读入远远超过 M 的数据，因为要读入设定值、测量值、模式、初始化状态、积分饱和状态、上下限等；写出也超过 N 个数据，因为要写出输出值（一般是下级的设定值）、预估值、预估误差等。

从算法的数学需要来说，所有输入值需要在同一时刻读取，以保证数据同步，所有输出值也一样，这就扎堆了。由于没有办法在时间上错开，只有在空间上错开。需要多开 OPC 通道，将读入和写出要求在各通道之间均摊，避免撞车。

与图形 OPC 一样，这里也有两种 OPC 读写方式。一种是直接通过 OPC 读写，另一种是通过数据缓存集中读写。每一次 OPC 读写都有一定的打开和关闭步骤，分别读写需要分别的打开和关闭，效率较低，但读写可靠。集中读写只有一次性打开和关闭，效率更高，但可靠性稍低。

一般对于关键数据，尤其是写出到 DCS 的输出数据，采用分别的 OPC 写出，以求可靠执行。其他数据采用集中读写，以节约 OPC 资源。

OPC 越来越重要，也越来越可靠。但一般来说，DCS 内部执行最为可靠，OPC 的可靠性还不够，通过 OPC 外挂的计算模块（通常为网络级服务器）的硬件软件可靠性也达不到 DCS 的标准，通过 OPC 的外来驱动只用于非关键任务。这里，关键任务与非关键任务的区别不是对效益和效率而言，而是对安全生产而言。先进控制可以通过 OPC，但连锁保护必然由专用系统或者 DCS 执行。

控制算法故障

控制算法说到底是数学表述在计算机上的程序实现。这是软件，软件是没有磨损的，但软件在长期正常运行后，确实有“突然”开始出错的情况。

控制算法里的数学部分其实是最不容易出错的。这是设计时倾注最大关注和精力的部分，精心推导，仔细编程，通常还反复验算过很多次，确保无误。数学就是数学，是经得起时间考验的。如果有推导错误，会早早暴露出来，罕有正常运作很长时间才出问题的情况。负数开根、除以零之类的简单数值计算错误只要编程习惯良好，不难预防。堆栈指针溢出之类也是良好编程习惯可以预防的问题。

需要注意的是“IF…THEN”的管理。结构化编程、单向前向流动这些都是常识，但复杂的大程序的分叉管理依然充满挑战。测试只能覆盖有限的场景，想象得到的都会确保无误，问题常常出在想象不到的场景。但想象不到不等于不会发生。

所有场景都是人工介入和过程状态的组合，甚至与人工动作的顺序和过程状态的变迁有关。通常程序执行路径受到良好测试，但不常见的人工介入和过程状态的组合或者不常见的动作顺序和状态变迁有可能会走到意外的分叉，所以以前没有发现过有问题，随着工艺状态的变迁、操作规程的改进、个人的操作习惯，种种因素的组合可能导致程序“偶然”走到问题分叉。

发生这种情况时，没有特别好的办法，只有像福尔摩斯一样，仔细复原操作经过，对照程序执行路径，确定问题之所在。对于设计时认为不可能出现的场景，需要特别检查并确保原先的假定依然是正确的。

更加科学的做法是 Kepner-Tregoe 方法。Charles Kepner 和 Benjamin Tregoe 在 20 世纪 50 年代受雇于美国空军，研究出这个结构化的查错和解决问题的方法，避免了主要靠灵机一动和大海捞针的老路子。

具体来说，首先确定一个时间窗口，仔细罗列出因果关系。在所有可能的原因里，在事件的时间窗口没有发生变化的，大概率不是真实的原因。在事后才发生的，也是一样。然后对所有落在有效时间窗口里的变化进行排查，与实际发生的事件对照因果性和一致性，排除因果方向不一致的，最后才是可能的原因。原因可能有多个，但从海里捞针变为池里捞针，范围大大缩小。

在理想情况下，还需要实际走一遍以确认问题。但不能在实际过程上走，而是在过程仿真系统上走。过程仿真系统是对实际过程的高精度仿真，核心是工艺过程的能量、物料的动态计算，计入了设备和管道容量等因素，一些复杂的过程模型还包括环境气温、原料纯度和设备老化的影响。在人机交互方面，为了逼真，用户通过全套 DCS 控制台与过程模型交互，可以按需要得到逼真的 1:1 实景训练，还可以“快进”以加速获得最终结果，或者“慢放”以仔细考察过程行为。

过程模型需要与实际过程数据进行对比、校正，使得模型行为与实际过程尽可能贴近。实际过程行为会随时间而发生缓慢漂移，设备老化、原料来源变更、工艺条件优化和变迁、新的操作规程等都是因素，需要及时更新。必须避免过程仿真系统一旦建立就一劳永逸的想法。

过程仿真系统一般是为操作人员训练而建立的。工艺操作越来越复杂，异常情况（重大故障、全过程开停车等）处理越来越复杂，很多资深操作人员都多少年碰不上一次，但真的碰到了，必须在电光石火之间正确处置，否则后果不堪设想。不论是正常运行的最优操作，还是异常情况的正确处理，通过过程仿真系统实施的实景训练都非常重要，绝不是可有可无、可以“岗上自学”的。

工艺优化也需要在过程仿真上先走一遍，以确保过程行为不出意外和工艺规程和参数修改的可行性，并由参试人员实际演练一遍。

这样的平台对控制算法来说也是最好的验证平台和查错平台。过程仿真系统不仅是对过程行为的模仿，也是对整个过程控制系统行为的模仿，具有从基本 PID 控制到先进控制的所有层次。只要有可能，所有新的控制应用首先在过程仿真系统上反复测试是极其重要的。其重要性体现在以下几个方面：

1）确保与现有控制系统的完整对接，并保持功能、行为和结构上的一致。

2）确保控制应用正确工作，尤其在异常情况下依然正确工作。

3）在设计和实施的时候就获得用户反馈，及早改进，有利于一次投运成功。

4）帮助用户从功能到人机界面熟悉新的控制应用。

5）出错的时候帮助复现问题。

过程仿真系统不仅对控制算法的开发和验证有重要作用，对人机界面、先进控制软件的 DCS 接口等的开发和验证也同样有重要作用。

控制算法还有数据预处理和模式切换部分，这些都容易出问题。如果说整个控制应用里数学算法占编程的 30%的话，数据预处理和模式切换就占 70%。

实时数据通常都有有效数值，但传感器或者回路中某个位置出故障时，会出现“坏数据”问题。这时数值要么离谱，要么根本不再是个数值。在计算机里，常常以“NaN”“--------”或者“********”表示，有的时候也以“999999”或者“-999999”表示。在数据读入时，需要进行有效性检测。碰到“坏数据”，要么中断计算并报警，要么用上一个有效数据暂代。前一个办法保险，但有的计算不容许这样中途跳票；后一个办法有可能被长期不变的虚假数据蒙骗，最后还是会出问题，所以需要一定的“数据沉寂”检测和报警，提醒操作人员有序关停相关应用。

接下来可能需要对输入数据进行上下限检测，以确保传感器工作正常；可能还需要变化率检测和“沉寂”检测，急剧变化的数据和长期冻结不变的数据都是可疑的。超限或者异常数据可用与处理“坏数据”类似的方式处理。

模式切换是控制算法里最容易出错的部分。有的时候是因为自动暂停计算，等待操作人员下一步指令或者数据；有的时候是因为操作人员强行打断计算，人工接管。完全的自动计算或者人工接管都好办，难办的是部分自动、部分人工，但这恰恰是最常见的状态，因为操作人员只是对部分功能不满意，要人工接管，其他部分希望继续处于自动状态下。不满意也只是暂时的，重回满意后会切回自动。比如全自动驾驶时，遇到弯曲陡峭的下坡路，驾车人只接管过来制动器，但转向和油门依然处于自动状态，过了这段路后又回到全自动状态。

这个问题在多变量控制或者长周期、复杂顺序控制中特别突出。常出现只有少数几个控制变量需要人工干预的情况，其他的还是希望留在自动状态。长周期、复杂顺序控制中也有类似情况，执行了很多步，但碰到有一段需要人工干预，过了这段后希望自动控制再次接管。

这两种情况不一样，但问题类似，麻烦都出在初始化、无扰动切换。很难一概而论，需要具体情况具体对待，但可以 PID 的初始化和无扰动切换作为参考。

工艺变迁和异常导致的控制系统工作不正常

在设备和控制应用设计得当的时候，最有可能造成控制应用异常的就是工艺参数和操作规范的变迁。重大工艺变化应该事先与自控沟通，冷不防因为重大工艺变化而控制应用发生差错的情况较少，大多是因为操作动作或者顺序的微小改变。最难办的是潜移默化的渐进优化造成的改变，连当事的操作人员自己都没有意识到。这是典型的温水煮青蛙的问题。

工艺条件潜移默化的变迁很可能造成控制系统行为的异常，但人们的第一反应常常是控制器整定出了问题。

比如，聚合反应用到催化剂，催化剂为较高的反应速率而优化。但是，片面追求高反应速率的话，催化剂可能过于敏感，制备或者反应条件略有偏差，反应速率就会大幅度下降。如果是高压液相反应，假定反应物（单体）的密度比产物（聚合物）密度低很多，这样的催化剂性能不稳定造成反应物消耗和产物生成的不稳定。反应速率高的时候，反应物大量消耗，产物大量生成，反应器内压力降低；反应速率低的时候正好相反。这样的压力波动反过来影响反应物和催化剂的配比和反应条件，对反应的不稳定性推波助澜，造成周期性的压力波动。

这样的情况下，重新整定控制器是“头痛医头、脚痛医脚”，不解决问题。而且在前面 PID 特性时提到过，在有周期性外来扰动时，PID 能做到的最高境界就是压低波动的幅度，不可能“熨平”波动，也无法改变波动的周期。实际上，放大到任何反馈控制都是一样，换上模型预估控制也是一样。反馈都是要看到变化才能做出反应的，在理论上都做不到“对冲”外来扰动。

这样的过程波动只有通过过程措施才能解决。对于这个特定情况，可以从催化剂着手，降低反应速率，降低敏感度，提高反应的稳定性。另一个办法是降低反应器的通过流量，延长平均停留时间，也可以提高反应的稳定性。

在过程出现“莫名其妙”的波动时，有一个办法来判断是过程问题，还是控制器整定问题。把控制器放到手动模式，冻结输出变化，如果过程趋于平稳，波动降低乃至消失，那么这是控制器整定的问题；如果过程继续波动，模式大体不变，这大概率是过程问题，不是控制器整定能解决的。

这是因为大部分实际系统都是开环稳定的。也就是说，输入一旦冻结，输出会自然稳定在某一稳态。控制阀阀杆黏滞也有类似的表现：冻结控制器输出，过程波动很快趋于消失。

正确区分过程问题还是控制问题十分重要，这是对症下药的基础。

一个问题是，过程因为某种原因，特性发生急剧变化，导致控制响应急剧变化。比如，精馏塔在长期增产后，终于突破液泛极限。

液泛也称淹塔。液泛有两大类：降液管液泛和雾沫夹带液泛。下塔板压力太高，把降液管中液体“托起”，液体下降不畅，这是降液管液泛。如果不是设计不当造成降液管面积过小，一般降液管液泛是由液相负荷过大、气相负荷过小造成的。简单地说，降液太多（经常可追溯到回流量过大），造成降液管“堵塞”。

雾沫夹带液泛则是指下塔板上升气流速度过大，吹动上塔板上的液相，造成雾沫夹带。这主要是由于气相速度过大造成的，经常可追溯到再沸器出力过大。

不幸的是，随着增产和通过流量的增加，加大回流量和再沸量是维持塔顶、塔底产品质量的基本手段。好事多迈一步，变成了坏事。

最简单的办法当然是降低精馏塔负荷，也就是降低通过流量。但这等于降低了产量。从生产角度来说，还是希望尽量“摸到”液泛的边缘，甚至进入浅度液泛，以尽量提高产量。但液泛的精馏塔具有很不相同的动态特性，表现在常用的操控手段突然非常迟钝，甚至表现出明显的纯滞后。

要维持起码的稳定运行，需要对控制器的参数重新整定，如果是模型预估控制，需要对模型的相应参数适当修改，以适应新的情况。

需要注意的是：这样的措施只能是临时的，解决液泛最终靠降低精馏塔负荷，或者对设备扩容。那时，控制器参数需要重新调整，必须与时俱进。

人的因素

发生差错后，首先要查错。在查错过程中，最忌讳的就是推卸责任，谁都知道这样不好，但这是人之常情。在缺乏沟通和自控神秘化的环境里，矛头首先所指的经常是控制应用。谁也不明白这到底是怎么运作的，这也因此成为最方便的替罪羊，一旦成为习惯，更加容易错怪。自控方面如果缺乏沟通，一味护短，只会白的抹成黑的，还越抹越黑。

在规程上，保持详细、精确的系统和自控日志是非常有用的。不仅可以迅速查清近期的所有系统和自控变化，也立刻明了变化的原因和当事人。后者不是为了追责，而是为了了解日志里都不一定记录的更加具体的情况。

另外，回路响应出现异常时，也要克制立刻重新整定回路 PID 参数的冲动。回路不会莫名其妙就不正常了。不找出原因就直接重新整定 PID，不仅容易掩盖真正的问题，而且在深层问题解决后还是要恢复原来的 PID 整定。在没有找出问题前先用 PID 整定过渡一下、争取时间，这是可以的，但不能以此作为万金油，凡事先拿上来抹一下，把这当作解决问题的药方。

在确认设备和仪表运作正常之后，首先要了解故障前后的操作顺序和时间。如果控制应用的差错发生在过程异常期间，是在操作人员一系列应急处理动作中间发生的，更要具体了解所有过程事件和操作动作的顺序和时间。口头询问只是开始，通常需要调用系统记录，确定精确的时间顺序。

不过即使有系统记录可以查询，口头询问依然是必要的，这不仅显示了沟通的诚意，更是理解操作意图的必要步骤。光看系统记录不一定看得出操作意图，理解操作意图是理解操作习惯的基础。掌握这些数据后，才可能确定出错原因，并找到解决办法。

解决的办法有时是修改控制应用，补上逻辑漏洞，或者使之更加适应操作习惯；有时则是帮助操作人员修改或者强化操作规程，加强培训，理解控制应用的正确使用。

即使自控的可靠性信誉建立后，控制应用依然会出现不可解释的反应，操作人员依然会寻求自控工程师的帮助，但已经不是“你的应用又出问题了”，而是“我觉得我出错了，但我还是不明白到底错在哪里”。这样的有益互动是良好合作的基础，任何自控应用都需要操作人员的认可和合作才能发挥作用，切忌形成以邻为壑、“你的业绩、我的问题”的有害氛围。

有的时候确实是控制应用出错，但实在找不出为什么出错，最好的办法是老实沟通：“我也不知道为什么，我们一起多加观察，下一次再出现的时候帮我留心一下，截获更多数据，我们一起抓住毛病”。这是能够得到谅解的。世界上不能解释的事情多得很，谁都有碰到的时候，关键是诚意和沟通。达到这样的沟通就容易形成互相帮助的正反馈，建立良好、互信的工作关系。

人工智能时代的过程控制

人工智能不是近些年才“突然”冒出来的。阿兰·图灵被称为人工智能之父，他是1954年去世的，有名的“图灵试验”是在1950年提出的，至今依然是人工智能的主要判据。人工智能的基石在70多年前就夯下了。

在当前的人工智能火爆之前，“专家系统”、神经元网络等相继成为流行的人工智能方法，但AlphaGo通过围棋打败李世石后，人工智能使得人们另眼相看。此前围棋被公认为不可能仅通过计算机算力就能破解的对策，是人工智能“打不过”人类智能的“终极关卡”。在第一轮里，AlphaGo还用历代名家名局训练。在第二轮里，AlphaGo不再用历代名家名局训练，而是左右手互博，自我训练，再次轻松打败人类围棋高手。此后，不再有计算机对人类棋手的围棋大战，已经没有意义了。

ChatGPT开创了生成式人工智能，再一次震撼了人们。人工智能有能力理解人们用自然语言表达的概略指令，“创作”出文章、诗歌，或者自主收集数据、形成报告。人工智能绘画在评委不知情的情况下，赢得主要由人类画家参与的大赛，这可算“图灵试验”的实战战果了。

人工智能是否会超过人类智能？这其实不是技术问题，而是哲学问题。在哲学上，这个问题并没有定论。另一方面，人类对自己的智能都不甚了了，超过与否到底意味着什么也说不清楚，所以人工智能是否会超过人类智能更是理论问题，而不是实际问题。

这不影响在实用层面上，人工智能对各行各业都构成挑战。永动机不可能实现，但动力机械的效率提高不仅可能，而且在现实中一直在发生。一样的道理。

具体到过程控制，人工智能很难简单地代替PID控制、模型预估控制和其他控制方法，原因很简单，这违反工程技术第一原则：KISS（Keep It Simple Stupid），简单实用为王。

舍近求远、画蛇添足的事情总是会有的，但人类最终没有重新发明轮子，因为轮子已经足够完美。对于大多数基本的过程控制需要，PID 是最“KISS”的，没有必要重新发明轮子。对于更加复杂的多变量、约束、大滞后、最优控制，模型预估控制也够用了，同样没有必要重新发明轮子。画蛇添足，反受其害，人类智能早就认识到这一点。

更加复杂的控制问题是否能用人工智能解决是存疑的，至少在可预见的将来，没有简单的答案。

简单神经元网络模型嵌入模型预估控制，这已经实现了。一般是用神经元网络随工艺条件变化进行增益修正，有时也用作时间常数修正，但模型预估控制的基础构架依然是线性动态系统。含有神经元网络的混合模型预估控制一般还是认作改型模型预估控制，而不是人工智能控制。

神经元网络的好处是可以匹配几乎任意形状的过程特性数据，问题也在于这样的匹配没有任何可信的化学或者物理解释，纯属“凑数据”。一旦工艺条件有任何偏移，神经元网络模型的可信性就成了问题。

在实用中，这样的混合架构并没有获得多大的成功。在很多时候，神经元网络被更加简单直观的半机理模型取代。半机理模型具有一定的化学和物理基础，但留出足够的可调参数，便于与实际数据匹配。这样的模型一般对工艺条件的偏移相对不敏感，便于理解和更新，接受度更高。

当前人工智能的主流是大模型，Chat GPT 3.5 拥有约 1750 亿个参数，Chat GPT 4 则拥有约 100 万亿个参数。其智能水平也是惊人的。用海量的数据训练后，生成式模型可以根据概略输入产生（而非“查表格”）“生成式输出”。

这具有双重意义。概略输入更加接近人类思维习惯，也对“机器理解”提出更高的要求。同时，生成式输出在某种意义上是原创的，这是现实世界里各种知识和反应的综合，但找不到直接的蓝本。

在更加深层的意义上，这依然是根据已知规则和输入-输出数据集产生的，只是对输入的精确度要求大大放宽，输出也可能在已知数据集的“空隙”中产生。由于概略输入的解读具有一定的随机性，也必定与已知数据集的输入值有所差异，输出直接套用已知答案的概率较低，注定更加“原创”。

但对于过程控制来说，原创性远没有一致性和可理解性重要。更大的问题是必要性。

工艺过程已经在自动控制之下，产生的大量数据训练出来的人工智能模型只是复现已经在良好工作的 PID 或者模型预估控制，这就“画蛇添足”了。如果工艺过程长期在手动控制之下，大概率过程并没有那么重要，或者重复性太低，同样难以用大数据训练出来的模型实施有效控制。

最大的问题在于信任。PID、模型预估控制和其他以数学为基础的控制方法具有相对严格的理论基础，性质和行为在大多数情况下可以严格证明，其余情况下也足够“看得见摸得着”，性能和行为的可预测性较好。人工智能则在很大程度上还是黑箱，人们对于为什么会产生特定的输出还是不甚了了。

在 AlphaGo 大战李世石和柯洁的时候，有些棋路即使在事后复盘的时候依然费解。人类棋手不会走出那样的棋，对最后的胜负也说不好是有益还是有害。这些大模型也称深度学习模型，模型特性极端复杂，已经超出人类进行常规数学分析的能力了。其中涉及的数学计算在某些时候进入奇点是可能的，但也是无法预测和防范的。

在解决信任问题之前，人类很难把重要的控制决策交给人工智能，无关紧要的控制决策交给人工智能则缺乏意义。这决定了人工智能直接用于闭环动态控制还比较遥远。

但人工智能在间接应用上还是大有可为的。

回路整定有大量经验数据。经验法通常不是阶跃试验，而是直接在闭环时调整 PID 参数，同时观察闭环响应。有时把设定值动一动，大部分时候就是在过程的自然扰动下观察、调整。工业上存在大量的数据，既有足够的重复性，又有足够的多样性。可能需要有人从各个公司、装置收集，一家一地一时未必够用，但这是做得到的。

回路性能评估也有大量经验数据。现有方法采用频谱分析，但结果的判读还是有很大的经验性。同样，在汇集大量数据的基础上，是有可能形成人工智能回路性能评估的。

好处是，这样的间接应用容易做到“人在回路中”。回路整定可以给出建议的 PID 参数，由自控工程师判定可行后再实施。回路评估也只提供评估报告，并不直接改变回路性能。

当然也有坏处。对于这样的“人工智能辅助工具”，只有高级自控工程师才能驾驭自如，初级自控工程师在照单全收和盲目拒绝之间，缺少实战经验提供的底气。但初级自控工程师的经验累积阶段都被人工智能替代后，如何从初级成长为高级，是一个难题。精英化和高度训练是很窄的路。

Chat GPT 一类的生成式人工智能还可能在编程方面有很大的用武之地。大量的编程实际上是重复性工作。并非简单的机械重复，而是大同小异的同质重复。这恰恰是生成式人工智能的特长，而且概略输入越是清晰，输出越是直接、可靠。

这个意义其实远比降低自控工程师工作负担要大。

第一代 DCS 在 20 世纪七八十年代投入使用，都是专用硬件、专用语言。第二代 DCS 在 20 世纪 90 年代以后投入使用，硬件开始分叉，底层硬件依然是专用的，但上层开始使用通用平台（如 PC 或者 UNIX/Linux 工作站），软件和语言也通用化了，尤其是人机界面，开始采用 Visual Basic、Visual C、Java、HTML 等通用工具，在通信协议上基本上统一到 OPC。第三代 DCS 在硬件、软件的插件化、通用化和扩展性方面进一步提高。

每一代的发展都带来了巨大的技术提升，问题是大量用原有语言编写的控制、人机界面和数据通信应用需要移植到新平台上。这不仅工作量巨大，也容易出错。在操作方面，操作人员常年形成的经验和肌肉记忆也不容易轻易被“差不多但不一样”的新操作环境所替代，除非能可靠证明不会导致人为错误。

在很多时候，过程工业对 DCS 升级的迟疑不是来自硬件投资，而是来自各种应用里凝聚的知识产权。过程工业对 DCS 的后向兼容的偏执般的坚持就是来自这里。

但长期依赖后向兼容是有问题的。新增控制应用很可能还是用新平台编写的，这就带来新老平台的相容性、人员培训和系统维护问题。在理想情况下，应该有序地把老平台上的软件完整、可靠地移植到新平台，既便于未来改进，也便于日常维护和人员培训。已经有不少地方因为“过时”语言已经没人熟悉，而出现“陈年程序”没法维护的问题。哪怕只需要加减几行简单的指令，也因为不熟悉而不敢擅动。

各个厂家通常提供软件移植工具，但在可靠性和完整性方面总是差强人意，最大问题出在新老平台之间在语言架构、功能、指令方面很少有一一对应的。

但在另一方面，计算机语言大概是“自然语言”输入里最精确的。这些程序也经过多年实际运作的考验，可靠性已经证明，是宝贵财富。用生成式人工智能武装起来的软件移植工具可先将现有程序转换为伪码，再转换为新平台所用的语言。

以伪码形式保存的老程序易读、易改，不局限于任何特定的计算机语言，可以作为以后移植的基础。这样，DCS 升级的时候，就易于不受后向兼容的限制，直接进入最大兼容性模式，便于未来加减功能和维护。

类似的人工智能应用还可以用于更加广泛的一般软件移植，在工业控制之外，存在更多的用过时语言编制的科学计算、金融、管理等软件。现在常用 DLE 打包嵌入新一代的软件，但这是彻底黑箱化，总有一天难以为继的。还是需要白箱化，与时俱进，才能确保继续可靠执行。

后　记

过程控制是实践的艺术。从简单的 PID 和单回路反馈控制开始，过程控制逐步发展成枝繁叶茂的科技大树。很多枝和叶具有扎实的理论基础，也有很多扎根于直觉的土壤。自控之树也是一大套“菜谱”，看菜下料，厨随客味。

经验很重要，经验给人信心。新手对参数整定具有强烈的畏惧感，因为心里一点没底，不知道跳出来的是老虎还是加菲猫。有经验后，就不怕了。如来佛的手掌够大，孙悟空再跳也跳不出手掌。

但经验不仅来自长期实践，也需要在理论的指导之下。缺乏理论指导的经验是向后看的，只对重复的场景可靠。现实是复杂的，貌似重复的场景也常常会有细微但不可忽略的差别，阴沟也会翻船。林子大了，什么鸟都有，100 次飞出金丝雀，101 次就可能飞出黑乌鸦。需要对林子和鸟有足够的理解，才能确保下一次飞出的依然是金丝雀，万一飞出黑乌鸦，也不会惊慌失措。

这里面似乎无迹可寻，实际上还是有线索的，只是这线索不大好用严谨的控制理论来描述。关键是要从控制实践出发，而不是“被理论牵着鼻子走”。要紧的是铭记：理论是为实践服务的，而不是反过来，高举理论的大锤，到处寻找可以砸几下的实践的钉子。

本书以实用过程控制为主题，但实际上，过程控制实践有更大的范围。比如，自控项目的提议、效益分析、组织、运作和投运、验收，尤其是对大型自控项目，还分过程工业企业内部项目和外包项目。事实上，本书主要是过程工业企业内部自控工程师的工作感悟，在工程咨询行业从事过程控制技术服务并不是一回事。

身在过程工业，自控工程师需要从用户端看问题，需要从工艺过程出发，确定控制方案的要求、评定性能好坏和进行人机界面设计，还需要考虑控制应用的长期维护问题。自身力量较强的时候，可以自己做项目。必须说，这可能是自控工程师最体现英雄本色和最有成就感的时候。但自己力量不足的时候，就需要外包。这时，企业端自控工程师是甲方的技术总管。

这不是简单的联络官。各行各业、各个企业有自己一套语言和运作方式，还有内部技术标准和安全规范。工艺和操作有自己的使用要求，外包方也有自己的技术信息要求，没有甲方自控工程师作为桥梁实行有效沟通，大家都很容易出现“每个字都认识，但连起来一点不知道什么意思”的问题。

企业自控工程师还需要根据自己的专业知识和对实际工艺过程、操作习惯的了解，参与外包方控制方案、实施计划的制订和执行，并向己方工艺、操作、项目管理和财务报告进展，还要在项目结束时接收所有技术说明和使用维护训练。

简而言之，不论是自己动手还是外包，身在过程工业的自控工程师的基点是工艺过程及其引申出来的控制要求、控制方案和具体的控制应用。他们长期在第一线，有条件熟悉工艺，熟悉操作，也有良好的人脉。对具体控制软件需要精通，但毕竟有供应商的技术服务做后盾，还是有救兵的。

但外包方的自控工程师有所不同。他们对工艺过程的理解以广度为主，以深度为辅。能接到什么项目常常不是由他们决定的，其实是“靠天吃饭、吃过算数”，所以对工艺过程和操作的理解很难深入。但对控制技术的理解需要专精，对具体控制软件的使用、维护、升级和查错更需要是专家，他们本来就是先进控制软件供应商的超级客服。

这是两个不同的技能集和思维方式。在理想情况下，需要两头兼顾。在实际上，也确实有两头兼顾的。有些先进控制软件供应商内部分专业，比如有些人专长炼油厂控制，有些人专长聚合反应控制。这些人通常具有相当丰富的相关过程的企业端经验，然后才转行到外包方，在先进控制技术和自控项目管理方面进一步深造。

另一个情况是从先进控制软件供应商的工作经验开始，然后转行过程工业。他们具有丰富的先进控制软件和自控项目管理经验，然后转行到具体企业，负责企业内部的先进过程控制。这一般是足够大的企业，自控团队较大，对基本过程控制和先进过程控制有所分工。他们原先从事的具体先进控制软件和转行后与实际使用的先进控制软件可能有所不同，但这不要紧，先进控制软件经常在很多方面是相通的。

比较尴尬的是一上来就直接进入企业内部的先进控制团队，但先进控制应用依然以外包为主。这样既缺乏第一线的实际经验，又缺乏先进控制软件方面的深度，可能两端都需要补课。

现代过程工业的控制系统基本上都是以计算机为基础的 DCS，过程控制技能和计算机技能的相对重要性是绕不过去的问题。

在过程工业从事过程控制的话，不论是用 DCS 自带语言，还是利用更加一般的 PC 和软件，编写控制应用或者自编应用工具时，计算机技能是必不可少的。DCS 一般都提供一定的应用管理工具，但总会有需要全新自编或者改进的地方，如 DCS 数据库检索、警报数据管理、组态文件和 Excel 之间的转换等。然而，控制是皮，计算机是毛，过程控制技能是主导的。

但在先进控制软件供应商工作的话，除了控制算法，软件的开发和纠错是基本的工作，计算机技能更为重要。不光需要对控制软件精通，还需要对 OPC 和各种软件接口精通。

如果在 DCS、PLC 制造商工作，那基本上从事的就是计算机专业了，只是产品恰好用于过程控制，技能方面肯定是计算机为王。

在学校里，学计算机的和学自控的有部分课程重叠，但有更多的是完全不同的。这不等于学计算机的不能干自控，或者学自控的不能干计算机。学校学习只是起点。能做到中级甚至高级岗位的话，70%的知识和技能可能来自于毕业后的实践、培训和自学。如果一个人一辈子都主要“吃”学校里学到的老本，注定超不过中级岗位，能长久保住初级就不容易了。

最重要的本事不是知道什么事该怎么干，而是知道怎么学习和去干全新的事。当然，不是什么全新的事都值得去学习，值得去干。有时候是兴趣，有时候是工作需要，有时候是行业转型被迫。但要会学习，这一点是不变的。

隔行如隔山。世界上凡是值得认真去做的事情，就没有“小菜一碟”的事。学校专业划分很细，是因为现代世界的复杂性太高，已经没法做到通才了。通才教育只是说法，顶多做到半成品。用人单位需要的是预制菜，扔进微波炉转一转就能上桌，顶多撒点盐和胡椒，或者浇几滴麻油。用人需求千变万化，除非对口培养，学校不可能提供预制菜。这是没法调和的，所以继续学习不是工作一段时间以后的事，而是出校门后第一分钟就要开始的。

总体来说，过程控制在过程工业里的地位越来越重要，过程工业数字化、信息化、大数据化和人工智能的应用加强而不是减弱了过程控制的作用。空前丰富的信息和高度互联的设备提供了前所未有的机会，极大提高的产能和质量要求使得过程控制的作用从后台保障提升到前台主导。

比如，精馏塔增减负荷需要几个小时，塔顶风冷能力受到当时气温和风速的影响，不考虑日夜温差的固定进料只能根据日间最高温度设定，以确保精馏塔不至过载，但这导致夜间气温较低时的产能浪费。人工在昼夜之间调整是现在的主流做法，但效果因人而异。把网上的当天 24 小时天气预报信息下载到 DCS，作为过程通过流量的参考输入，赶在气温变化之前就启动相应增减精馏塔负荷的提前量，可以确保 24 小时都在最高产能运行，而不至于在昼间风冷冷却不足导致塔顶产品质量不达标，或在夜间风冷有余力而浪费产能。

在航空工业上，静不稳定性成为常见的战斗机设计基础，如果飞控不能正常工作，战斗机根本飞不起来，或者在飞行中马上有失稳的危险。越来越强调极限运行的过程工业也不远了。在很多地方，过程控制已经像机修、仪电一样，成为关键保障职能。

新的要求也对实用过程控制提出新的要求，理论上需要寻找新的工具，实践中需要寻找新的办法。对于过程控制来说，理论之树常青，实践之花更是常开。

附录　过程控制常用术语英汉对照

为便利读者，这里罗列一些过程控制常用术语英汉对照。这里的选择从过程工业角度出发，一些术语属于工业术语，学术术语或者日常用语可能有所不同。

A

advanced process control	APC	先进过程控制
applications engineer		自控工程师
artificial intelligence	AI	人工智能
auto-man station		手动-自动控制站
auto-tuning		自动整定
averaging control		均匀控制
basic process control system	BPCS	基本控制系统层

B

bias		偏置
Bode plot		伯德图
boiler		锅炉
bumpless transfer		无扰动切换

C

cascade control		串级控制
centrifugal pump		离心泵

characteristic equation		特征方程
closed loop		闭环
compressor		压缩机
concentration		浓度
constrained optimization		约束最优化
constraint		约束
contact engineer		工艺工程师
continuous stirred tank reactor	CSTR	连续搅拌釜反应器
contractor		承包商
control constraint		控制约束
control horizon		控制区间
control valve		控制阀
controlled process		被控过程
controller		控制器
convergence		收敛性
cracking		裂解
cross limiting control		交叉极限控制

D

data server		数据服务器
decoupling control		解偶控制
differential		微分
direct action		正作用
distillation column		精馏
distributed control system	DCS	分布式控制系统
disturbance		干扰
disturbance rejection		干扰抑制
dual gain PID		双增益 PID
dynamic		动态
dynamic linking embedding	DLE	动态链接与嵌入

E

electrician		电工
empirical method		经验法

error		误差
error squared PID		误差平方 PID

F

fail closed valve		故障时自动全关阀
fail last valve		故障时自动保持原位阀
fail open valve		故障时自动全开阀
federated system		邦联系统
feedback		反馈
feedback control loop		反馈控制回路
feedforward control	FFC	前馈控制
filtering		滤波
final control element		执行机构
firewall		防火墙
first order system		一阶系统
flashing		闪蒸
flat lining		数据沉寂
flooding		液泛
flow		流量
fluidized bed reactor	FBR	流化床反应器
frequency domain		频域
frustum		滑动漏斗
fuel air ratio control		空燃比控制
furnace		加热炉

G

gain		增益

H

heat balance		能量平衡
heat exchanger		换热器
high order system		高阶系统
human factor		人的因素

human machine interface	HMI	人机界面

I

impulse response		脉冲响应
inferential control		推断控制
initialization		初始化
inlet		进口
instrument technician		仪表工
instrument electrical	I/E	仪电
integral		积分

K

knock out drum	KOD	气液分离罐

L

left half plane	LHP	左半平面
level		液位
light off		反应器点火
linear		线性
loop tuning		回路整定

M

make vent control		补压-泄压控制
mass balance		物料平衡
measurement, process variable	PV	测量值
millwright		机修工
mission critical control		关键任务控制
model predictive control		模型预估控制
move suppression factor		控制动作抑制因子
moving bed reactor		移动床反应器
multi-loop control		多回路控制
multivariable control		多变量控制

N

nitrogen pad		氮封

nonlinear		非线性
Nyquist plot		奈奎斯特图

O

objective function		目标函数
offset		余差
open loop		开环
Open Platform Communication	OPC	开放平台通信
operator		操作工
optimal control		最优控制
ordinary differential equation	ODE	常微分方程
outlet		出口
output	OP	输出
output constraint		输出约束
override control		选择性控制

P

phase change		相变
pipe		管道
plug flow reactor	PFR	活塞流反应器，管式反应器
pole		极点
pole zero cancellation		零极点对消
positive displacement pump		正排量泵
prediction horizon		预估区间
pressure		压力
process anomaly		过程异常
process control engineer		自控工程师
process engineer		工艺工程师
process historian		过程历史数据库
process variable	PV	过程变量/测量值
programmable logic controller	PLC	可编程序控制器

proportional		比例
pump		泵
PV tracking		测量值跟踪

R

ratio control		比值控制
reactor		反应器
relay control		开关控制
reset windup		积分饱和
reverse action		反作用
right half plane	RHP	右半平面
root locus		根轨迹

S

safe park		故障时过程状态转移到安全设定
scaling factor		归一化因子
second order system		二阶系统
sensor		传感器
setpoint	SP	设定值
shut down		过程停车
single loop control		单回路控制
split range control		分程控制
stability		稳定性
standard operating condition	SOC	标准工艺条件
standard operating procedure	SOP	标准操作规范
start up		过程开车
steady state		静态
step response		阶跃响应
system administrator		系统管理员

T

temperature		温度
time constant		时间常数

time delay		滞后
time domain		时域
time varying		时变
total conversion control	TC	总转化率控制
total feed control	TFC	总进料流量控制
transfer function		传递函数
transition control		转产控制
tray		塔板
tube bundle		管束
turn down ratio		（控制阀或者过程通过流量的）可调比
two degree of freedom control		双自由度控制

U

uncertainty		不确定性

V

valve position control		阀位控制
valve positioner		阀门定位器
valve stiction		阀杆黏滞
variable frequency drive	VFD	变频调速
variable gain PID		变增益 PID
vendor		供应商
vessel		容器

Z

zero		零点